鉄道と郊外

駅と沿線からの
郊外再生

角野幸博 編著

青木 嵩　水野優子
岡絵理子　松根辰一
伊丹康二　坂田清三

鹿島出版会

もくじ

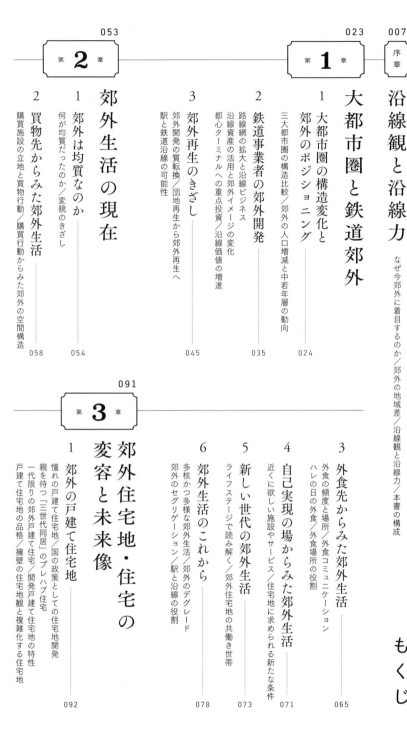

［凡例］特記ない図版や写真は著者作成、撮影による。

序章

沿線観と沿線力

角野幸博

なぜ今郊外に着目するのか

郊外とは本来「市街地に隣接した地域。まちはずれ。」（広辞苑）を意味するが、近年は「都市の周辺にあって、森林・田畑などが比較的多い住宅地区」（大辞林）のように低密度な住宅地も含めるようになっている。「郊外住宅地」というとより明快だが、田園地帯にスプロールした住宅地、計画的に開発された住宅団地そして住宅以外の都市的機能も有する大規模なニュータウンなど、じつは様々な状態の市街地を含んでいる。開発手法は、①土地区画整理事業によるもの、②旧住宅地造成事業法によるもの、③都市計画法に基づく開発許可制度によるもの、④新住宅市街地開発法に基づくもの、⑤各地方公共団体の宅地開発指導要綱によるものなどがあり、生み出された郊外像は開発手法によって微妙に異なる。

郊外という概念が成立するためには、まず都市あるいは都心が成立しなければならない。都市との対立概念としては農村あるいは田園地帯が思い浮かぶが、郊外は都市と農村との中間領域に位置するとともに、生活行動の面ではあくまで都心に従属する領域と理解される傾向にある。つまり都心の魅力あるいは課題がなければ、郊外が郊外として浮かび上がることはない。sub-urbもout-skirtも、都市あるいは都心が意識されるからこそ成立することばであり、その存在は本質的に都市に依拠している。したがって郊外を語るには都心の意味と魅力と課題を理解しておくことが大前提になる。ところが東京のように都心が巨大化しすぎると、郊外がより広範囲に広がるとともに、隣接県などの拠点都市をも大都市圏に包含してしまい、都心と郊外との関係がわかりづらくなる。巨大な一極構造の東京大都市圏は、今も他地域から人口を吸引し続けているが、そこから日本の大都市圏共通の特徴と未来像を導き出すことは難しいのではないだろうか。むしろそれぞれの大都市圏の郊外像をさぐるという視点が求められるだろう。

それにしても、なぜ郊外が繰り返し注目されるのだろうか。じつは郊外は今までに様々な視点から議論の対象となってきた。

第一は郊外住宅地の開発史に関するものである。近代以降に開発された個々の住宅地をひとつずつ取りあげて、それらを取りまとめた書籍を思い浮かべることができる（山口編、一九六七、片木他、二〇〇〇など）。日本には明治後期以降に鉄道事業者が沿線に開発した郊外住宅地が多数あり、鉄道会社の社史や鉄道史のなかでもそれらは紹介されている。また戦後は千里ニュータウンや多摩ニュータウンなど公的主体による大規模ニュータウン開発が進められたので、個々のニュータウン開発についての調査報告書や学術論文も数多い。第二は都市社会学や家族社会学からのアプローチによるものである。とくに二〇〇〇年前後には高度経済成長期に拡大した郊外生活の均質性や社会現象など、郊外住宅地を批判的に捉える著作が相次いだ。第三はマーケティングや消費生活の視点からのものである。消費生活のボリュームゾーンとして郊外居住者を位置付け、彼らのライフスタイルや消費行動に着目してその持続可能性や新たな階級社会の発生を指摘する。第四は人口論や高齢化の視点からのものである。日本の人口が減少過程に入り、人口移動も停滞するなかでの住宅市場への影響を論じ、都市圏レベルでの縮小や公共施設の再配置など、都市縮小政策に関する議論の対象として郊外住宅地を位置付けるものである。第五は福祉政策や子育て政策など、住民生活に直結する課題解決に関するものである。郊外住宅地での高齢化問題が顕在化するなかで、今も高齢者福祉や子育て支援のあり方について、住民やＮＰＯ等との協働をベースにした活動が各地で進められている。そして第六が、都市計画や住宅政策の視点からの、ニュータウン再生や郊外住宅地開発に関する計画論や制度論である。とくに近年はスポンジ状空地や空き家の増加、高齢化等に伴う公共公益施設の不適合、公共施設の老朽化、買物難民の発生などの諸課題に対して、土地利用計画の見直しや立地適正化計画の策定、公共交通政策の見直しなど郊外の再生方策が論じられている。

ここで近年の郊外住宅地政策を、ごく簡単に時系列的に捉えてみると次のようになる。一九八〇年代なかばまでは戸建て住宅団地よりも公的な集合住宅団地の高齢化問題や一部屋増築運動など居住環境の改善に関するものが主体であった。一九九〇年前後はまだ市街地拡大の勢いがとどまらず、無秩序な開発をコントロールしようという成長管理型の郊外論とともに、街並みやコモンスペースのデザイン等への関心が高まっていた。二〇〇〇年前後は拡大しすぎた郊外とそこでの均質な生活や病理現象に対する問題提起が相次いだ。二〇一〇年頃の郊外論は人口減少と高齢化、空地空き家の増大等を指摘する声が中心であった。またアメリカでは郊外住宅地の貧困化現象を指摘する著作も現れた。そして近年はその課題を引き継ぎながら、ワークライフスタイルの変化への対応や団地再生、リノベーションなど、新たなきざしを見出しながら再生の方向性を探る郊外論が現れている。本書はこうした流れを受けて、二〇二〇年代の郊外論に挑むものである。

郊外の地域差

ひと口に郊外と言っても、それぞれの住宅地はその成立背景や周辺環境、母都市の規模および母都市との距離などによって異なる特徴をもつ。近代日本の大都市圏には、鉄道会社や土地会社等によって多くの郊外住宅地が鉄道沿線に開発され、今も生活は鉄道に大きく依存している。三大都市圏のなかでも、東京圏では明治以降に近世の大名屋敷地などが岩崎家、阿部家、渡辺家などに下賜され、そこで市街地開発・住宅地開発が行われた。[*1] また同様に三井家、峯島家など比較的小さい土地を都市部に多数所有する者が借地経営を行うなど、財閥系の企業等に払い下げられて住宅地化が先行した地区がある。[*2] つまり既成市街地内のタネ地で住宅地開発が先行し、その後に鉄道会社の鉄道敷設などに伴って郊外開発が進んだのである。ところが関西では既成市街地には江戸の大名屋敷のようなタネ地が存在しなかったために、近世から続く別邸文化とあいまって明治期後半から郊外での住宅地開発が進んだ。その先駆けとなったのが船場の豪商たちの転出であり、これをモデルとして中産階級が続々と郊外へ移り住んだ。その先導役となったのが箕面有馬電気軌道（後の阪急電鉄㈱）をはじめとする鉄道会社と、日本住宅㈱などの土地会社であった。こうした関西での郊外開発のノウハウは、東急電鉄をはじめ関東の郊外開発にも影響を与えた。

戦後になると、人口増加が激しい三大都市圏では、発足間もない日本住宅公団による集合住宅団地や、千里、泉北、多摩、高蔵寺といった大規模ニュータウンが建設される。それと同時に鉄道会社や民間デベロッパーによる開発が次々と進められたが、なかには戦前からの鉄道会社の構想をそのまま引き継いだものもあった。例えば日本住宅公団が開発した香里団地（大阪府枚方市）は、戦前に京阪電鉄が自ら開発しようと入手していた土地を譲り受けたものだった。

戦前からの開発は駅から徒歩圏のものが中心であったが、やがて駅からバスなどでの通勤を前提とした宅地開発が進行した。またマイカーが普及すると、通勤手段と買物など日常生活手段とが異なることが普通になり、日常生活圏が複合化していった。駅からの徒歩圏を超えての郊外開発が進むとともに沿線人口が増え、沿線が住宅地で肥大化していった。その背景には、庶民の持ち家取得を推進した住宅金融公庫（現在の住宅金融支援機構）や、住宅ローン制度を充実させるとともに自ら郊外開発に関与した銀行や生命保険会社などの、金融機関の存在があったことも忘れてはならない。

地方都市の郊外でも大都市圏と同様に、増大する宅地需要に合わせて開発が進められた。ただし三大都市圏と比べると開発規模は小さく、人口も爆発的に増えたとまではいえなかった。地方圏のニュータウン開発では、良好なインフラ整備とあいまって、既成市街地に比べて高水準の住宅と居住環境が整備された。そのために開発された住宅地は地域内でのステータスが概して高く、旺盛な住宅需要に対応するというよりも、それぞれの都市圏のなかでの優良住宅地、あるいはモダンな暮らしを実現できる先進的な住宅地と位置付けられることも多かった。地方では鉄道事業者の役割は大都市圏ほどには大きくなく、JR以外に鉄道路線のない小規模な都市圏になるほどマイカー通勤への依存度が高まる。つまり鉄道に依存しない郊外が主流なのである。また近年は大都市圏郊外においても、中距離の路線バスが地方小都市周辺の郊外住宅地と大都市の都心とを直接結ぶ例が出てきており、広域レベルでも鉄道に頼らない郊外が拡大しつつあるといえるだろう。

海外に目を転じると、日本の大都市圏ほどには鉄道に依存していないところが多いことに気付く。片木篤は、アメリカの建築家ロバート・A・M・スターンが英米の郊外を交通機関別に「市電・地下鉄郊外」「鉄道郊外」「自動車郊外」に分類していることを紹介しているが（片木、二〇一七）、イギリスの田園都市は、レッチワースにせよウェルウィンにせよ鉄道駅を中心に整備されたとはいうものの、もともとはロンドンへの日常的な通勤は想定しておらず職住近接の独立した郊外都市であった。ドイツのUバーンは都心に乗り入れる近郊電車だが、鉄道事業は基本的には公営であり不動産事業を行って収益を得るという発想がそもそもない。アメリカの多くの大都市では高速道路網による自動車通勤が主体であり、鉄道は郊外から都心への通勤通学手段としてはあくまで補助的な位置付けになっている。アジア諸国の都心では慢性的な交通渋滞の緩和のための地下鉄建設が進められているが、路線延長距離はそう長くはない。ブラジルなどでは高所得者ほど都市の近くあるいは都市内に住み、所得が下がるほどインフラが未整備な郊外に住む傾向にあり、郊外住宅地の位置付けが大きく異なる。

このように考えると、郊外住宅地開発に鉄道事業者が深く関わってきたというのは日本の大都市圏特有の現象であることに気が付く。日本では民間鉄道事業者の存在が極めて大きく、阪急の小林一三が提起した事業モデルのように、鉄道敷設と沿線の不動産開発を組み合わせた事業とすることは、海外ではあまり事例がない。海外の多くの都市において鉄道事業はあくまで公的主体が中心に行っており、税金を投入して行う公共サービスとして理解されていることが多い。

沿線観と沿線力

郊外が都心に紐づけられた存在であるからこそ、その「紐」としての交通ネットワークに関心が及ぶ。それが鉄道である。郊外住宅地が近代日本の大都市圏に成立した理由は、鉄道という交通手段が市街地の拡大を促したからである。都心とつながるための紐があったからこそ人は郊外に出ていく決心をした。それを見越して、日本の鉄道事業者は郊外に住宅地開発や娯楽施設の整備を進めながら、沿線の不動産価値増進を目指した。

一般市民が住まいや居住地に求める機能や質のことを、「住居観」（扇田、一九六〇他）や「住宅地観」（角野、二〇〇〇他）と呼ぶことがある。住居観も住宅地観も個人の価値観やライフスタイルによって異なるが、共通する点も多く、いくつかのタイプに分けることもできる。これにならって都市圏住民あるいは鉄道事業者がそれぞれの鉄道沿線にもつイメージの総体を「沿線観」と呼ぶことにする。ある特定の沿線土地利用状況とそこで展開される経済活動や文化的活動、そして活動主体である事業者や住民の特徴が沿線観を形成する。沿線観は都市圏住民にとってはどの沿線に住まいを選ぶかという判断基準になり、鉄道事業者にとってはどのような沿線経営が適切であるかという戦略決定の基準でもある。開発が進み人口が定着するとともに、関東でも関西でも鉄道沿線ごとに固有の沿線イメージが生まれ、沿線観が形成されていった。

大都市圏人口が減少に転じた今、長く延びすぎた紐はどこかで切れるかもしれない。郊外の盛衰が鉄道事業の経営に直結するなかで、どの鉄道会社も紐を新たな事業の動脈ととらえて、沿線居住者の生活支援サービス事業に取り組んだり、郊外駅周辺での収益事業を模索したりしている。郊外の成長をけん引してきた鉄道事業者が郊外再生のステークホルダーとして、各々の沿線の魅力を高めて沿線に居住者をつなぎ留め、沿線での多様な消費を誘発するために、「沿線価値の増進」に努めている。こうした鉄道事業者による努力と、沿線居住者や企業の活動そして沿線がもつ様々な資源の総体が、鉄道沿線それぞれの「沿線力」を形成する。ここで沿線力とは、「移動の利便性に加えて沿線に立地する都市機能と娯楽機能、住環境の質および生活支援サービス等で構成される、沿線の総合的な魅力」と定義する。すなわち、沿線居住者の消費行動の増大を想定する「沿線価値」にとどまらず、沿線での業務や教育・文化・情報発信などの情報生産力を加えたものを「沿線力」と位置付ける。この沿線力の強弱が人口減少過程における大都市圏再編を左右するのではないだろうか。

本書ではこうした認識に基づいて、第一に、郊外の再生を考えることは都心の再生と大都市圏の再編につながること、第二に、人口減少下における都市像と郊外像の見直しを同時に進める必要があること、そして第三に郊外再生における鉄道事業者の役割が重要であるという立場で、鉄道を軸とした都市圏の再編と郊外再生の方途を探る。すなわち日本の郊外開発の特性を確認したうえで、持続可能な郊外住宅地あるいは郊外生活の再編・再生の可能性について、民間企業とくに鉄道事業者の役割と可能性に着目して、脈(沿線)としての鉄道と核(拠点)としての駅の再編をふまえた郊外再生論に挑むものである。とくに本書では私鉄のネットワークを早い時期に確立させ、創設当初から様々な沿線ビジネスを展開してきた関西圏を主に取り上げ、東京圏や国内の地方都市圏の郊外との差異を意識しながら、今後の郊外再生に関わる鉄道事業者ならびに地方公共団体の役割についての課題提起を行う。

議論の対象とするのは、戦後の高度経済成長期以降に私鉄沿線に開発されてきた郊外ニュータウンや民間開発による郊外住宅団地である。ただしライフスタイル分析や生活行動に関する考察は、個々の住宅団地に限らず郊外駅の駅勢圏に居住する住民全体を含む部分もある。急激な人口増加を経験し縮退の過程に入った大都市圏においても、人口増減は必ずしも都市の成長衰退に直結しないと考え、人口減少を都市安定時代への必然的移行現象として受け止めて、収縮プロセスを均衡的にコントロールすることの重要性を意識している。そのためには個々の郊外住宅地のみを取り上げるのではなく、都心と郊外の共生あるいは都市圏としての再編の可能性にも触れることになる。これに関連して、現在多くの自治体で策定が進められている立地適正化計画についても考察する。

なお郊外住宅地の変貌や再生を議論する際には、それぞれの成立背景や社会制度上の差異がもたらす地域差に注意しなければならない。単純にどの鉄道沿線が生き残りどの沿線が衰退するのかということではなく、同一団地のなかでの格差の発生や、建て替えられる住宅のダウングレードや用途混在による生き残り、鉄道駅に期待される役割などにも言及する。また郊外開発のメインターゲットであった標準家庭の減少とこれに伴う家族像や地域コミュニティの変化にも注目し、ワークライフスタイルの再構築が進むなかで今後の郊外が居住空間として受けもつべき役割についても考える。とくに郊外住宅地の高齢化が進行するなかで、高齢者の動向を意識することは不可欠だが、持続可能な郊外像を描くためには子育て世代や若者の生活行動に考察の多くを割くことにする。

また個々の住宅地や駅前の再生に加え、沿線まちづくりの課題として以下の三点を重要な検討項目とした。

第一は、沿線のスリム化をどのように誘導するかである。立地適正化計画における居住誘導区域の実効性については様々な意見があるが、当分の間空地や空き家がスポンジ状に発生することは間違いない。多様なタイプの駅前居住を推進するとともに、スポンジ化した郊外に居住する生活弱者への支援についても、生活サービス産業化を進める交通事業者とその関連企業が担う仕組みを、行政とともに検討する必要がある。

第二は、駅前における拠点機能の再編である。商業業務機能だけでなく、公共公益施設や生活支援サービス機能の駅周辺への集積・統合を進める。とくに教育機能は公共交通機関への依存度が高いために、拠点再編に大きな役割を果たすだろう。どの自治体でも公共施設のファシリティ・マネジメントが大きな課題になっているが、施設の統合や取捨選択を進める際には、駅周辺をどのように位置付けるかを積極的に考える必要がある。

第三は、拠点の機能分担とネットワークを、自治体の壁を越えて進めるための組織のありかたである。沿線まちづくりのプレーヤーとしての鉄道会社とその関連会社への期待は極めて大きいものの、拠点の設定と役割分担には沿線自治体間の調整が必要である。自治体ごとに個別の立地適正化計画を策定しても、企業や居住者は市境を越えて動くため、複数の自治体間での拠点機能の役割分担についての調整が必要である。鉄道会社のなかには東急電鉄と横浜市が結ぶ「次世代郊外まちづくりの推進に関する協定」のように、特定自治体との協定を締結しているところもあるが、今後は複数の自治体にまたがる組織あるいは協定が求められるだろう。

本書の構成

以上のような背景と目的のもとで、(公財)都市住宅学会関西支部では「郊外・住まいと鉄道研究委員会」を設けて共同研究を行ってきた。本書はこの研究会の主要メンバーによって執筆されたものである。共同研究の一部は、(公財)都市活力研究所ならびに阪急電鉄、京阪ホールディングスからの委託調査として実施された。二〇一四年度には梅田または難波を都心側ターミナルとする能勢電鉄日生中央駅、近鉄奈良線学園前駅および富雄駅、南海高野線林間田園都市駅周辺の郊外住宅地をとりあげ、アンケート調査（調査票配布数八六一四、回収数二六三六）ならびに沿線ごとの開発動向調査と商業施設などの立地動向調査を行った。二〇一五年度には同アンケート調査結果の追加分析を行うとともに、当該地域におけるパーソントリップ調査の分析と、住民へのグループインタビューならびに高校生への街頭インタビューを行った。また兵庫県川西市、猪名川町、奈良県奈良市、生駒市等の都市計画担当者へのヒアリングを実施した。二〇一六、二〇一七年度には中核市または施行時特例市クラスの衛星都市における駅の拠点化を検討するために、京阪本線枚方市駅とその隣接駅ならびに阪急京都線茨木市駅とその隣接駅を調査対象とし、阪急京都線に並走するJR東海道線茨木駅とその隣接駅の影響についても考察を進めた。また新しい試みとして、鉄道会社のグループ会社が運営するクレジットカード会員向けのアンケート調査（有効回答数京阪本線三四六五、阪急京都線四一一八）の結果を参考にするとともに、タウン誌や各市の広報誌の閲覧、パーソントリップ調査の分析、沿線自治体へのヒアリング等を行った。また一部の研究会メンバーはこれらの共同調査とは別に、二〇一七年度から二〇一九年度にかけて神戸電鉄粟生線の緑が丘駅周辺での調査や、関東を含む複数の鉄道事業者へのヒアリングを実施している。

本書で取り上げた地域や鉄道沿線、鉄道駅はこれら一連の調査研究に基づくものであり、各章の内容はこれらの共同研究ならびに個別研究の成果を各執筆者の責任で再構成したものである。個々の調査は関西大都市圏を主なフィールドとして実施したが、関東圏の複数の鉄道事業者にもヒアリングと現地視察を行った。本書からの知見は関西だけでなく、多くの地方都市圏の郊外や将来の東京大都市圏の郊外においても、参考になるものと考える。

本書の構成を以下に示す。

第1章は、三大都市圏の比較をもとに関西の都市圏構造の特徴を確認し、人口推移や通勤通学圏の変化などを分析することによって、大都市圏内に建設されてきた計画的住宅団地のポジショニングを行う。また各鉄道事業者の取り組みを概観するとともに、団地再生事業やニュータウン再生ガイドライン、親元近居制度など郊外再生のための萌芽的取り組みをいくつか紹介する。さらに近年の駅前や鉄道沿線の変容動向を概観して、第2章以降のイントロダクションとする。

第2章は、郊外生活の現在にスポットを当てる。郊外住宅地の開発実態とそこでの生活者の生活行動について、前述の調査結果をもとに考察を進める。とくに生活行動については、一般的な居住者アンケート調査に加えて、阪急京都線沿線と京阪本線沿線の鉄道系クレジットカード保有者を対象にしたアンケート調査からの知見を紹介する。また比較対象として、鉄道沿線にありながら鉄道への依存傾向が弱まりつつある郊外住宅地（兵庫県三木市緑が丘）をとりあげ、バスとの競合、不動産をもたない鉄道事業者の弱み、駅前市街地の発達不全とロードサイド店舗の役割などについても報告する。これらの結果から、購買、外食、自己実現などの生活行動においても多核化が進行していることを明らかにし、とくに中若年層の生活行動実態に着目することによって、郊外生活の将来像と世代を越えた郊外の持続可能性について考察する。またその過程で明らかになった、郊外のデグレードについても触れる。

第3章は、郊外住宅の変容と未来像についての論考である。戦前の郊外住宅がよりよい環境とライフスタイルを実現できるユートピアを意識していたのに対して、高度経済成長期のそれは、積極的に郊外に転出したというよりも、郊外に出ざるを得なかった流民のものというべきである。そうしたなかで戸建て住宅のデザインには彼らの思い入れが端的に示されていた。戦前の郊外住宅地は鉄道敷設とともに広がったのでその多くは駅の徒歩圏にあったが、戦後になって駅から歩いては行けないところでマイカーに頼らざるをえない住宅地が急増した結果、居住者のあこがれであった庭はマイカーに占拠されていった。地方から都会にやってきて自分たちのスイートホームを手に入れたかに見えた都市流民は、さらに老後の住まい方を考えなければならなかった。また上田篤は、「オイエダイジ、コドモダイジ、ジブンダイジ」というふうに都市流民の価値観が変化したことを指摘したが（上田：一九八五）、ジブンダイジ人間たちは家や家族を介して社会に関わるというよりも、個人としてつまり自分の部屋から直接都市につながっている。マイホームやマイカーへのこだわりが薄れる若者たちは、住まいの延長としての都市空間のなかに様々な居場所を見つけ、そこにそれぞれのコミュニティを築こうとする。そのことが郊外住宅のカタチや機能を大きく変えつつある。

第４章は、郊外駅の特徴と未来像についての論考である。当初は単なる停車場（テイシャバ）に過ぎなかった郊外駅には、後背圏に住宅建設が進むとともに様々な機能が期待されるようになった。駅の周辺にも小売店や飲食店が張り付いていき、駅と駅前は郊外居住者の生活拠点と理解されるようになった。拠点駅には業務機能の集積も進んだ。オフィスだけでなく、大学や工場の郊外進出も駅の拠点化に影響を与えた。また住宅地開発が駅からの徒歩圏を越えて遠距離化していくとともに、バスやタクシーあるいはマイカーの停車場や駐車場も必要となった。さらに駅周辺に都市機能の集積が進むとともに、駅前居住機能として高層マンションの建設も進んだ。

鉄道新線開発に伴って建設された拠点駅や郊外側のターミナル駅では、当初から拠点としての土地利用を当て込んだ計画もなされたが、すべてがもくろみどおりいったわけではない。とくに都心側のターミナルに商業集積が充実している場合や、沿線にロードサイド店舗が集積する場合には、住民の買物行動は分散してしまう。その結果単なる乗換のためのテイシャバにしかならなかった郊外駅も存在する。本章では、こうした駅の姿を、近鉄、南海、京阪、阪急、能勢電鉄などの駅を事例にタイプ化するとともに、関東の鉄道駅や高架下整備などの先行事例を参考にしながら、郊外再生に資する駅と駅前の姿を模索する。

　第5章は、多様化する鉄道事業についての論考である。民間鉄道事業者は創設以来一貫して、運賃収入以外の収入の道を探り続けてきた。たとえば電力事業は初期の鉄道事業者の多くが取り組もうとした。都心のターミナルデパートと郊外の集客施設そして沿線の不動産開発のビジネスモデルをつくったのは、阪急電鉄の創設者小林一三である。多くの鉄道事業者が小林の戦略を踏襲し、集客施設、娯楽施設、ホテル業そして旅行業などにも参入した。なかでも不動産事業は大きな位置を占めることになったが、別会社として独立させたところも多い。

　郊外の人口増加が停滞し始めた頃から、各鉄道事業者はさらなる事業領域を模索するようになった。沿線の居住者に対して、住み替え支援、リフォーム、介護福祉、子育て支援など総合的な生活支援サービスを提供することによって、沿線内への顧客の囲い込みと沿線ブランドの構築を目指し始めた。本章では、関西の各鉄道会社の創業時からの事業拡大状況を整理し、今後の可能性と課題を考察する。

　第6章は、各章からの知見と研究会メンバーの議論をふまえて、「沿線力」の強化による郊外再生の可能性を示したものである。都市計画以外の領域におけるネットワーク論も参考にしながら、郊外再生に関わる重要な論点として、居住単位（家族）の変化、ネットワーク居住、郊外コミュニティの成立、ワークライフスタイルの再構築、仕事の確保の重要性、住宅のアフォーダビリティなどを示す。また都市圏再編の可能性として、ステークホルダーを意識した沿線型コンパクトシティのイメージ、秩序ある用途混在、多様な住宅供給、郊外駅前の「駅前居住」、郊外の「新郊外居住」などを議論し、郊外という地域区分の妥当性にまで踏み込む。

　また多くの市町が策定を進める立地適正化計画との関連についても触れる。鉄道駅を有する自治体の多くは駅周辺を都市機能誘導区域に指定しているが、その実効性は不明である。同計画は自治体単位で策定するために、隣接する市町の計画との整合性を取りづらく競合関係にすらなる。こうした状況を確認するとともに、隣接自治体を含めた沿線としての都市圏再構築の可能性と、都市機能誘導拠点としての駅前での鉄道事業者の役割について考察する。

さらに鉄道事業者への期待という視点で、沿線エリアマネジメントの必要性を提起する。すなわち、不動産に依存しすぎない鉄道事業の将来像、公共政策と連携した空き家対策、高齢者福祉、子育て、ファシリティ・マネジメント体制の実現、駅と駅前の新しい姿と駅以外の拠点化の可能性などが議論になる。

そして最後に補論として、関東と関西の鉄道事業者の取り組みを比較し、経営規模や都市圏の大きさの違いと、経営戦略の差異をもう一度確認する。

本書で取り上げた様々な視点と主張について、諸学ならびに実務家の方々からの忌憚のないご意見とご指導を賜わりたい。

註

＊1　三菱財閥岩崎久弥による旧前田藩跡地での大和郷（一九二二年分譲）、旧福山藩主阿部家による旧福山藩跡地での西片町の開発（一八七二年）、渡辺財閥第一〇代渡辺治右衛門による佐竹藩屋敷地跡での日暮里渡辺町（一九一六年）など

＊2　竹内余所次郎調査によると明治三〇年代後半頃の東京市内最大の土地所有者は、三菱合資会社・岩崎久弥・岩崎弥之助で、所有地積は二三万余坪。第二位は三井銀行および三井一族で計一七万坪、第三位に峯島喜代・コウ親子（合わせて一一万坪）であった。峯島喜代は質商の家に生まれ、西南戦争で暴落した公債を大量購入し、急騰後にそれを全部売り払い、東京の土地を買い集め始めたという（牧野文雄、二〇一九）

第1章

大都市圏と鉄道郊外

角野幸博

1 大都市圏の構造変化と郊外のポジショニング

三大都市圏の構造比較

日本の三大都市圏のなかで今も人口流入傾向が続くのは、東京圏のみである。図1は三大都市圏の人口社会移動の推移を示したものだが、東京圏の一貫した社会増の傾向をはっきりと読み取ることができる。二〇〇八年に国全体が人口減少社会へ転じたことをふまえると、むしろ東京圏の方が特殊で、国内の多くの都市圏は大阪圏や名古屋圏のように、人口減少社会の真っただなかにあると考える方が妥当だろう。これからの大都市圏郊外のあり方を展望するためには、東京圏だけを見るのではなく、関西はじめ地方の都市圏の構造変化をつぶさに見ていくことが必要と思われる。

関西は日本で二番目の人口集積を誇る大都市圏とはいうものの、大阪府、京都府、兵庫県に奈良県を加えた四府県合計では、一九七〇年代なかば以降一貫して人口の社会減が続いている。つまり関西では京阪神地域の郊外で住宅開発が進行して人口が集積してきたものの、それ以外の地域では人口の社会減が続いてきたことがうかがえる。高度経済成長期までは西日本各地からの転入者を受け入れてきた関西だが、一九七〇年代以降の社会増減でみる限り、都市圏の活力維持は圏域内での人口移動に頼り続けてきたというべきだろう。また図2は二〇一〇年から二〇四〇年の間の市町別将来人口増減予想図だが、全国レベルで人口減少が予想されるなか関西も例外ではなく、とくに国土軸から離れた市町の人口減少が顕著である。

図3〜5は、二〇一五年時点での各大都市圏の政令指定都市（東京は二三区）への一〇パーセント通勤圏を示したものである。東京二三区への通勤圏は広範囲に広がっており、政令指定都市である横浜や川崎もその

1

大都市圏と鉄道郊外

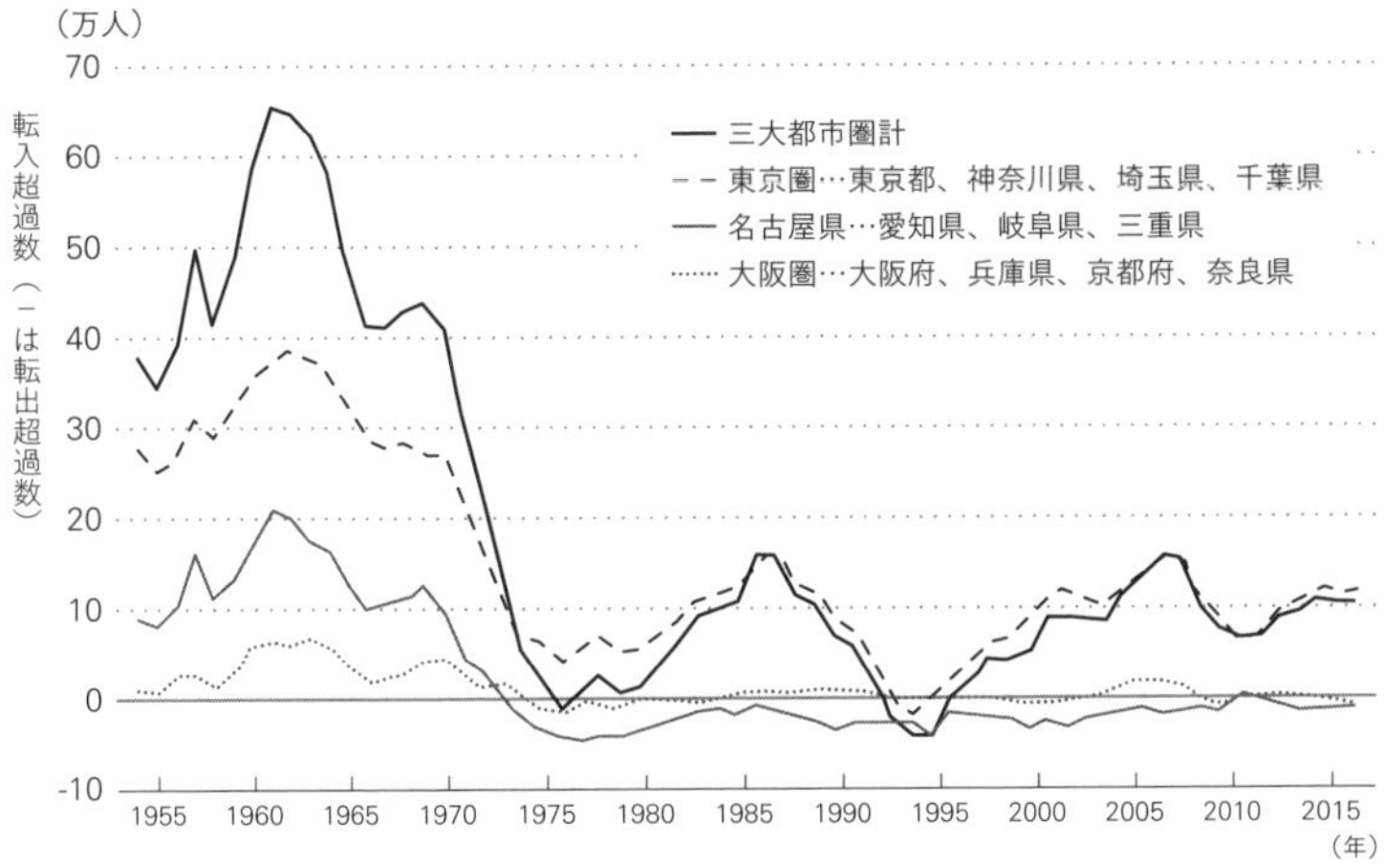

図1　三大都市圏の転入超過者数の推移(1954 ~ 2017年)
(出典：総務省統計局「住民基本台帳人口移動報告」)

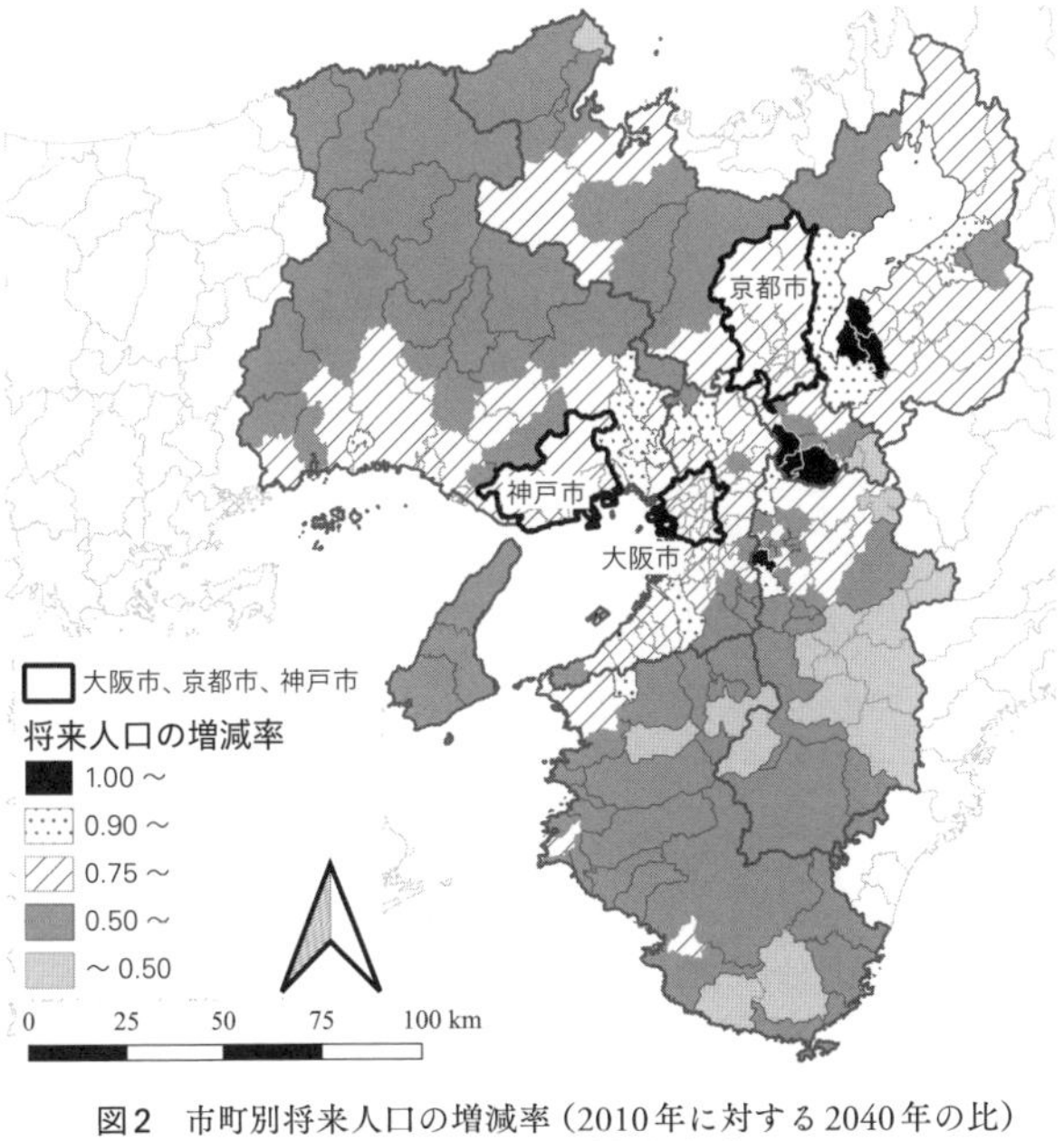

図2　市町別将来人口の増減率(2010年に対する2040年の比)
(出典：関西広域地方計画の概要)

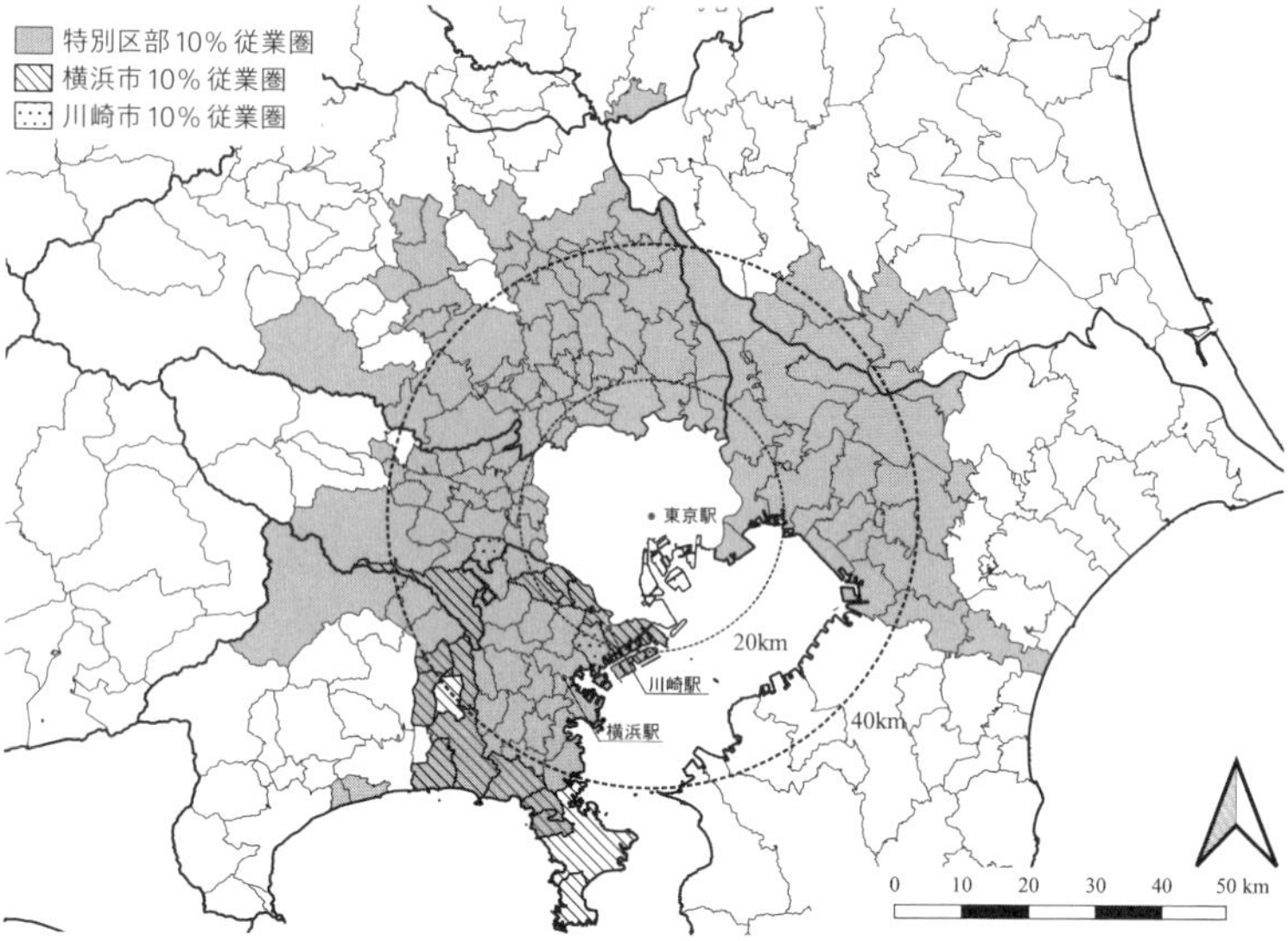

図3　東京都特別区部、横浜市、川崎市への10％従業圏（2015年）

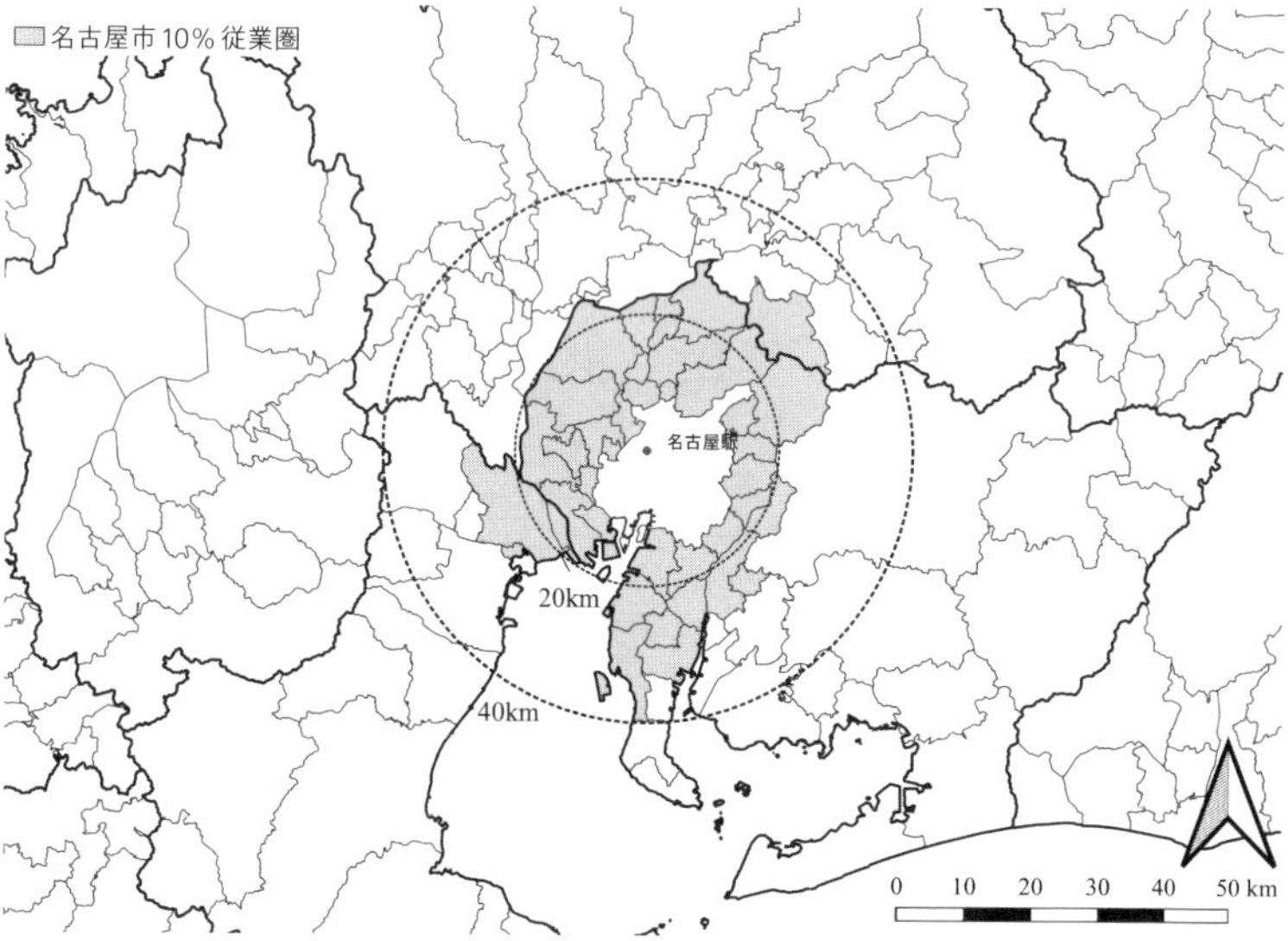

図4　名古屋市への10％従業圏（2015年）

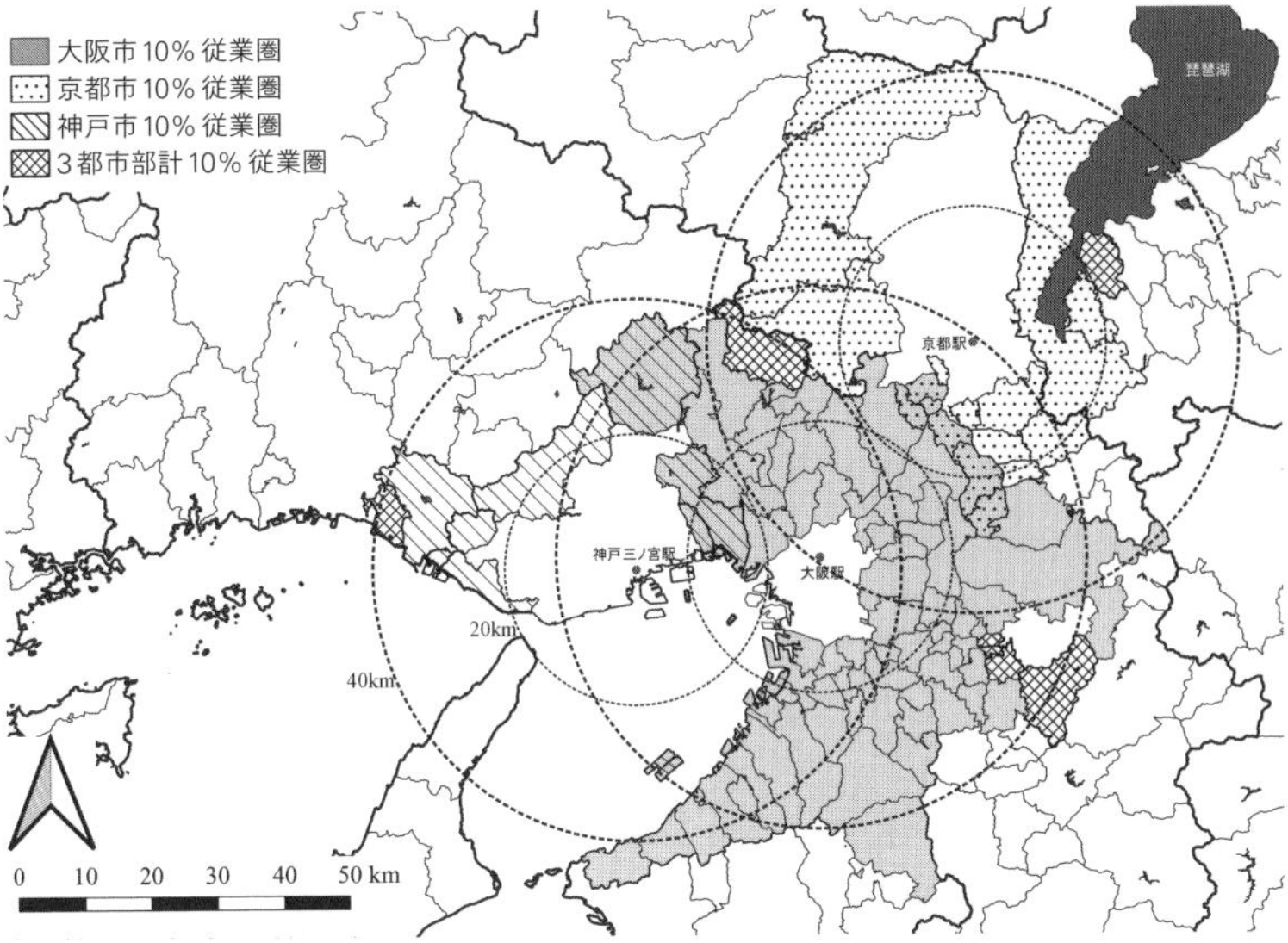

図5　大阪市、京都市、神戸市への10%従業圏（2015年）

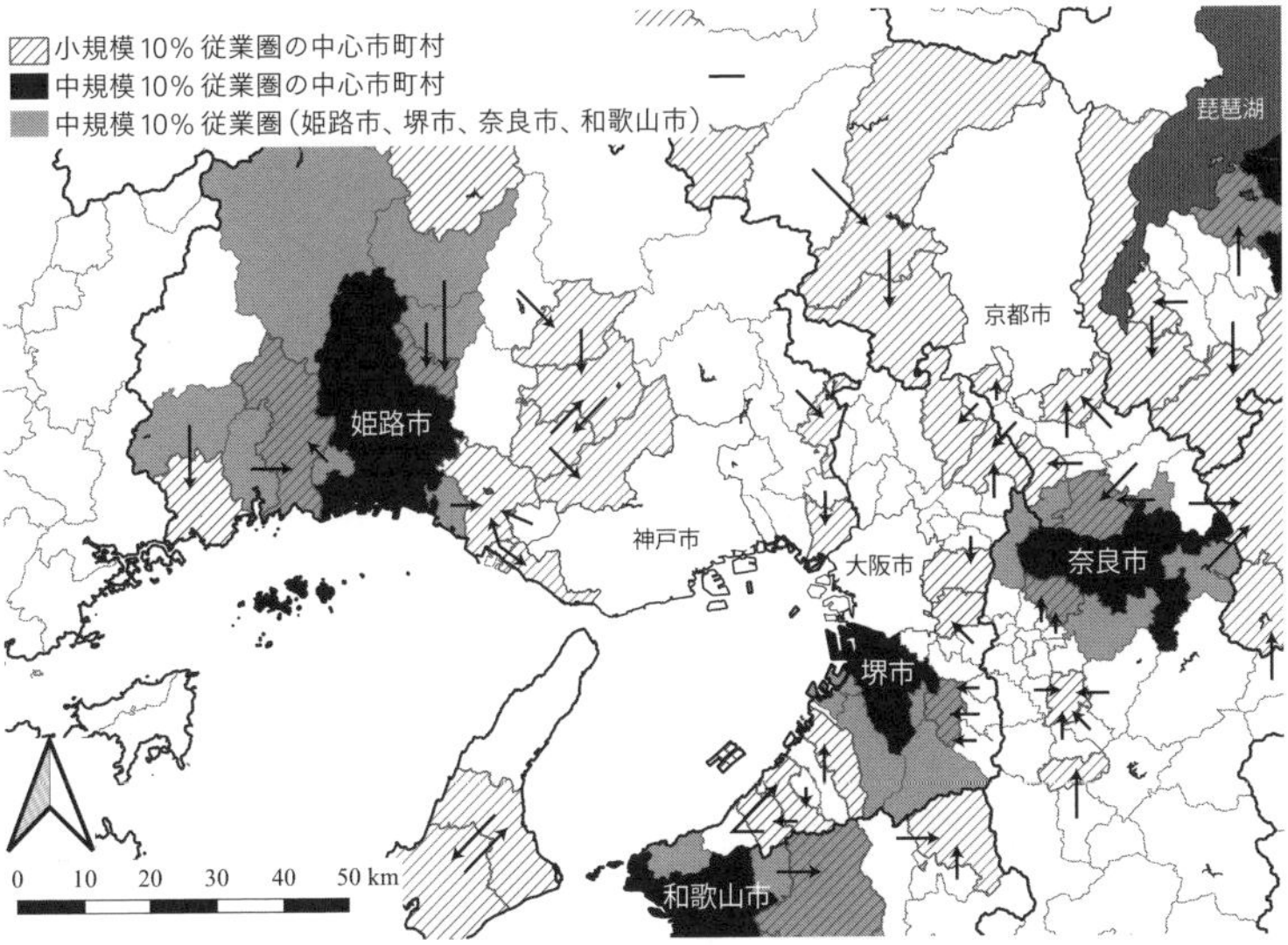

図6　京阪神三都以外への10%従業圏（2015年）

なかに含まれる。横浜と川崎への一〇パーセント通勤圏も、東京二三区への通勤圏域にほぼ含まれてしまう。また名古屋大都市圏は、岐阜県多治見市と三重県桑名市・木曽岬町・朝日町以外はすべて愛知県内に収まる。ところが関西の場合、大阪府南部や奈良県北部は大阪への通勤圏域だが、兵庫県阪神地域は大阪と神戸に、京都府南部の一部は大阪と京都への通勤圏域が重なっていることがわかる。つまり大阪大都市圏は大阪市を中心としながら、そこに京都ならびに神戸への都市圏が重なる構造をもつ。東京圏や名古屋圏のような一極集中型ではなく、大阪を中心としながらも三極型の構造になっている。また図6は京阪神三都以外の都市への周辺市町からの一〇パーセント通勤圏を示している。堺、姫路、奈良、和歌山などへの通勤圏が示されるとともに、細かな多極化、分散化の実態を読み取ることができる。

さらに図7〜9は、一九九五〜二〇一五年における各大都市圏の従業地の変化の傾向を、中心都市、自市、その他都市での従業率の増減によって示したものである。図7によると、埼玉・千葉方面では東京二三区よりも自市あるいはその他都市への通勤率が高まる傾向がみられる。神奈川方面では、二三区への通勤率が高まる一方で自市への通勤率が増加している。また東京都西部では二三区への通勤率とともにその他都市への通勤率が増加傾向にある。また図8によると名古屋圏では、名古屋市への通勤率が増加している市町はあるものの、その他都市への分散化傾向がみられる。そして関西では図9のように、阪神間と京阪間を中心に大阪市や京都市に近接する都市では両市への通勤率が高まったものの、大阪府北部および南部、奈良県、神戸市西部などの各方面で、自市あるいはその他都市への分散化が進む。これらのことから、どの大都市圏でも中心都市への通勤率が減衰しはじめ、地元あるいは隣接市町で働く人の比率が徐々に増えて、通勤圏の多核分散化が進行しつつあることがわかる。

ここから大阪大都市圏では、京阪神各都市の都心を中心とした同心円ベルト構造は維持されながらも、多

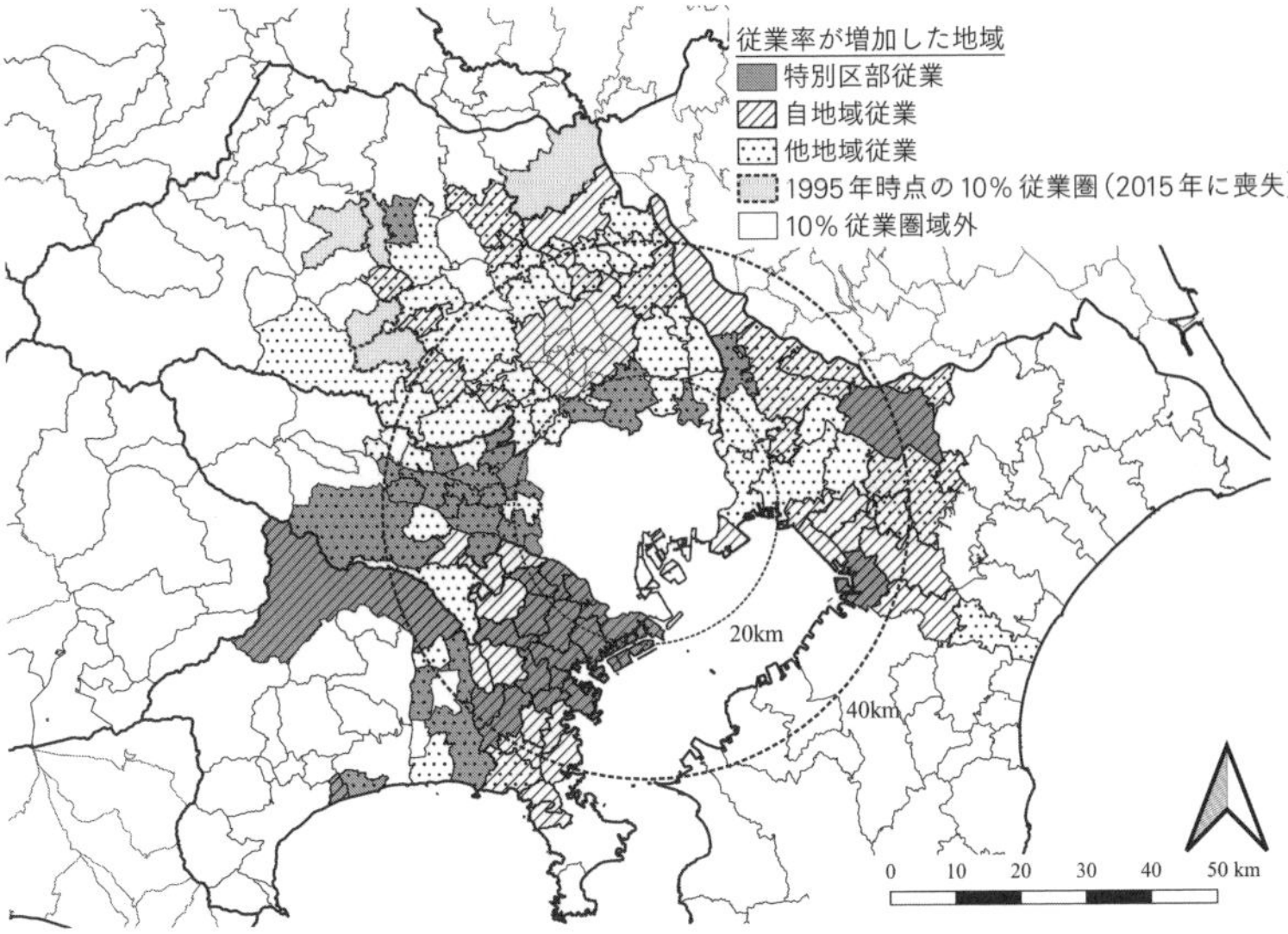

図7　東京都特別区部への従業率の変化（1995年から2015年）

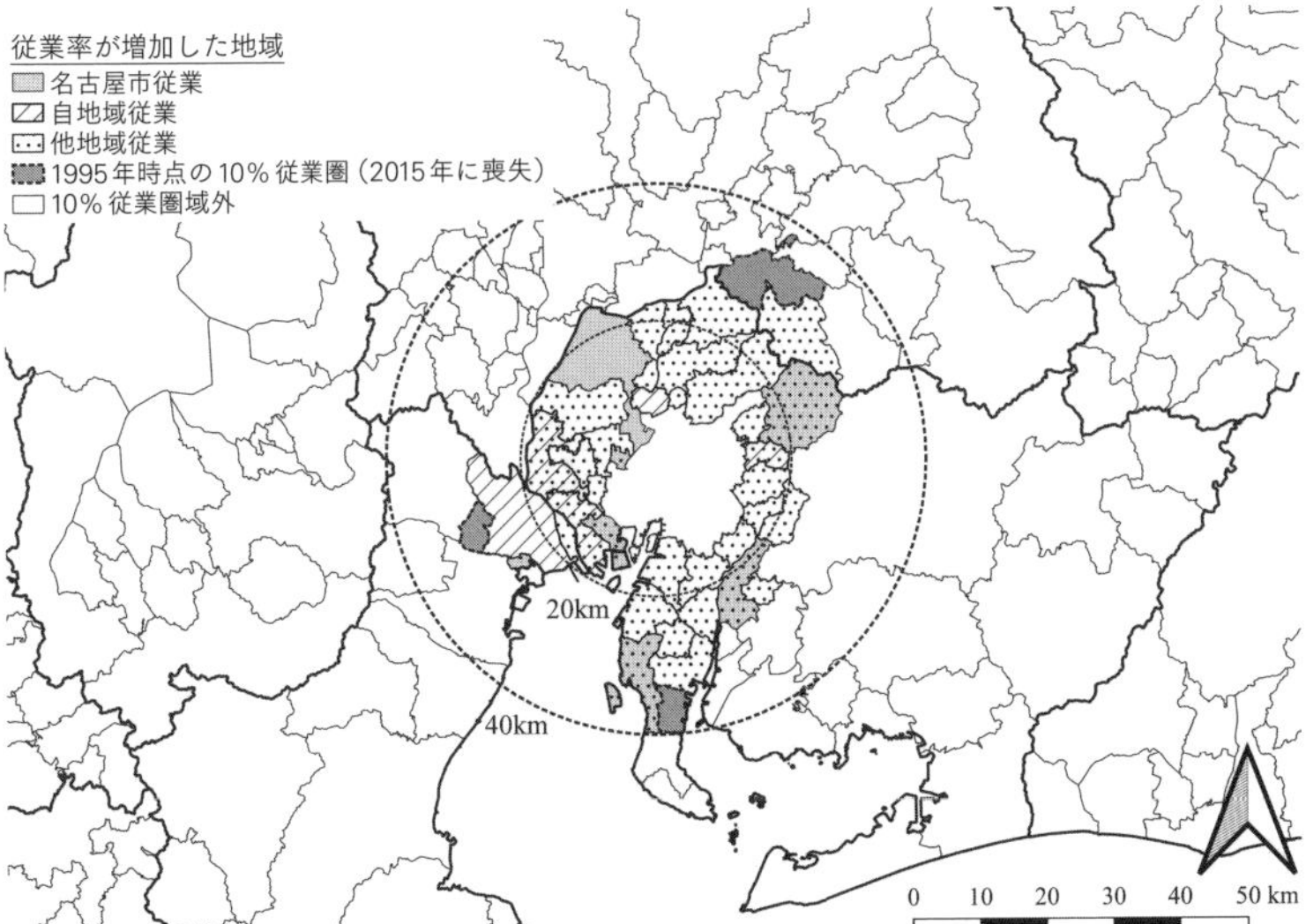

図8　名古屋市への従業率の変化（1995年から2015年）

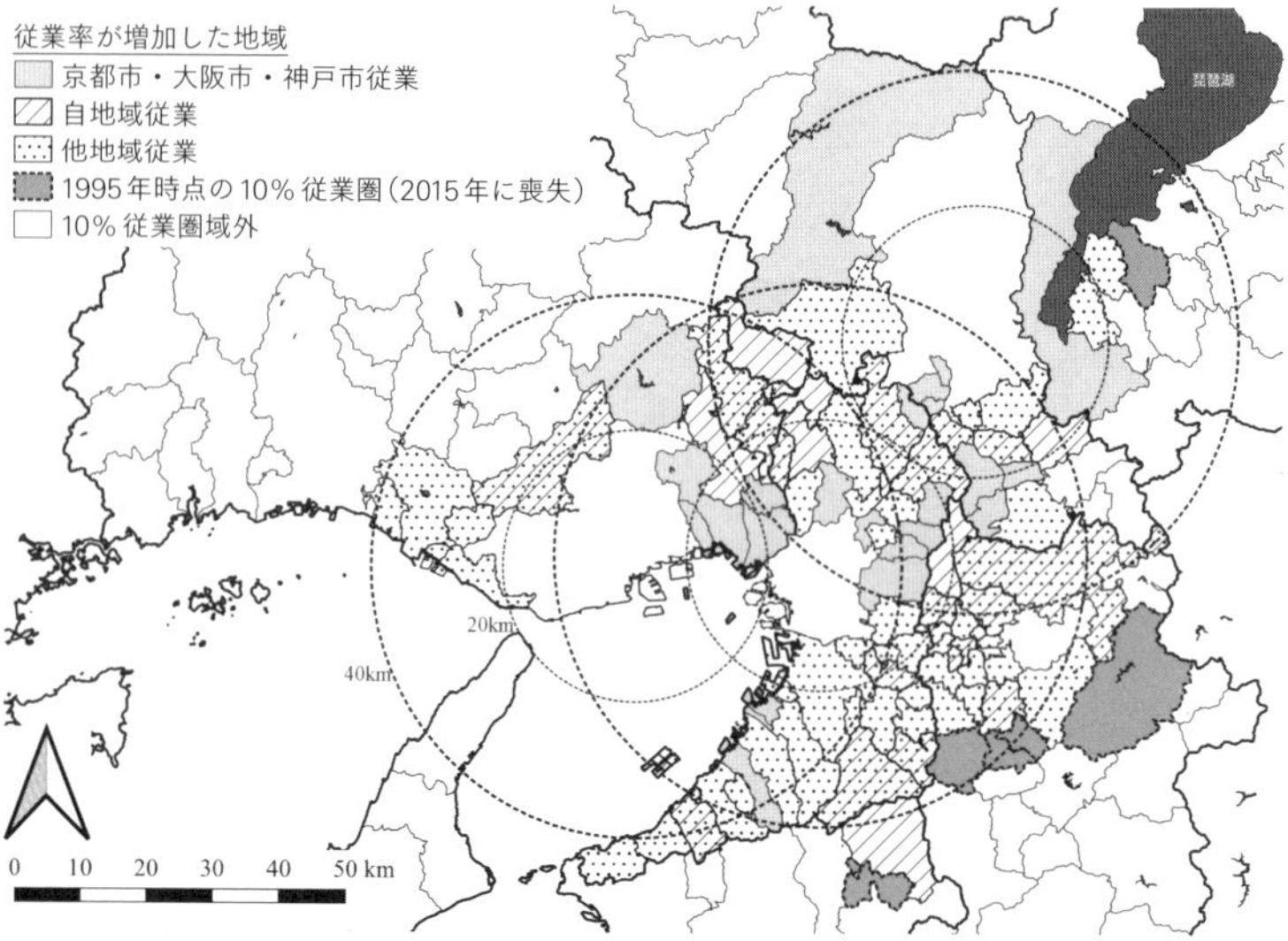

図9　大阪市・京都市・神戸市への従業率の変化（1995年から2015年）

極ネットワーク化が進んでいることがわかる。つまり三極構造を残しながら郊外部に小さな都市核や就業地が形成されつつあることがうかがわれる。その背景には女性の就業率の増加や、パート労働者など長距離の通勤を前提としない新たな「居住立地限定階層」が生まれていることに気が付かなければならない。

郊外住宅地の人口増減と中若年層の動向

このような変化のなかで、高度経済成長期を中心に開発されてきた郊外住宅地は今後どうなるのだろうか。図10〜12は東京圏、名古屋圏、大阪圏での一六ヘクタール以上の郊外住宅団地の分布を示したものである。関東の方が都心への一〇パーセント通勤圏を越えて広域に分布していることがわかるが、ここからは関西の状況をつぶさにみていくことにする。

関西では大阪の一〇〜二〇キロメートル圏に開発時期や開発主体の異なる住宅団地が混在し、三

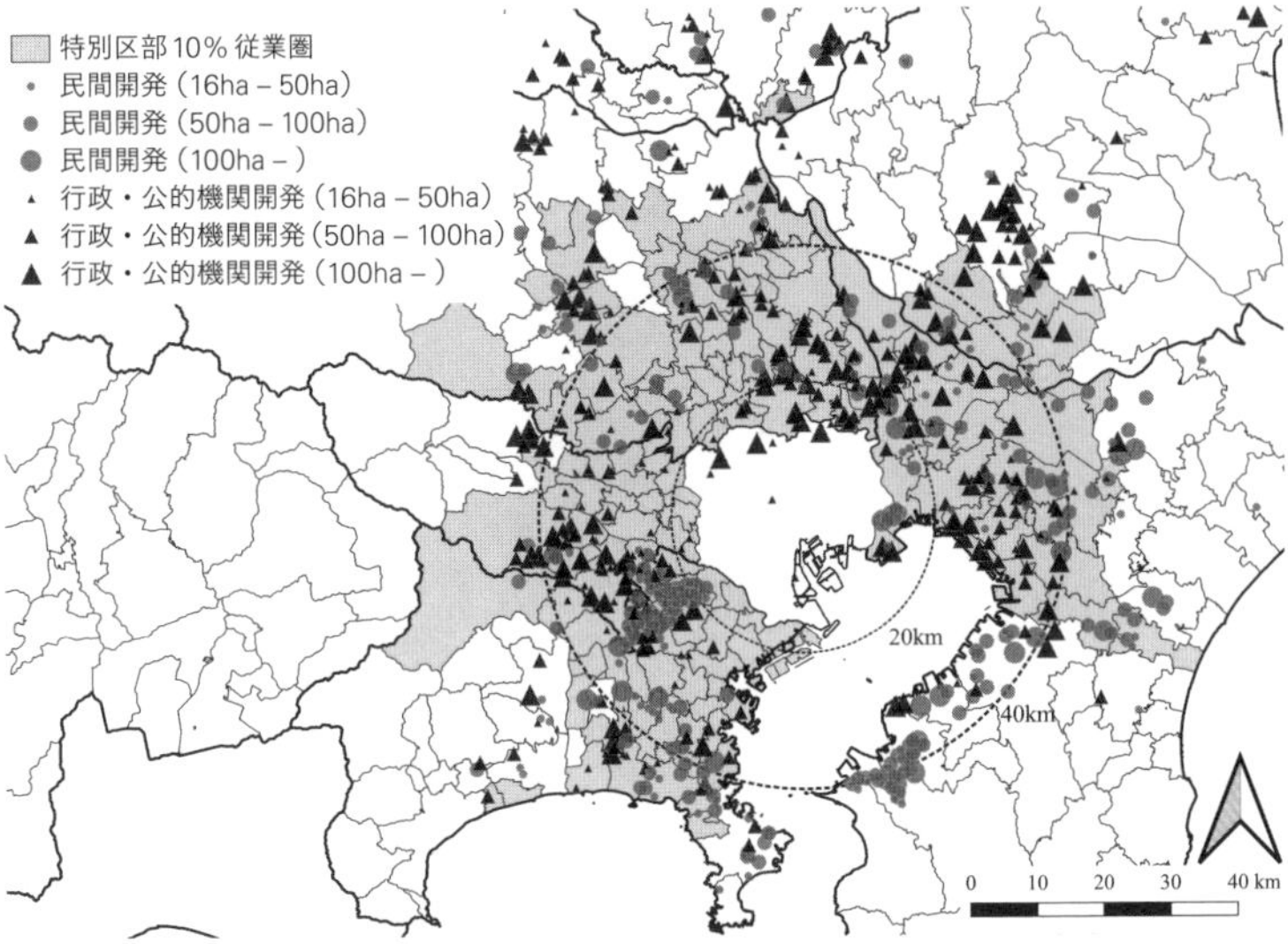

図10　東京都市圏における郊外住宅地開発（16ha以上）

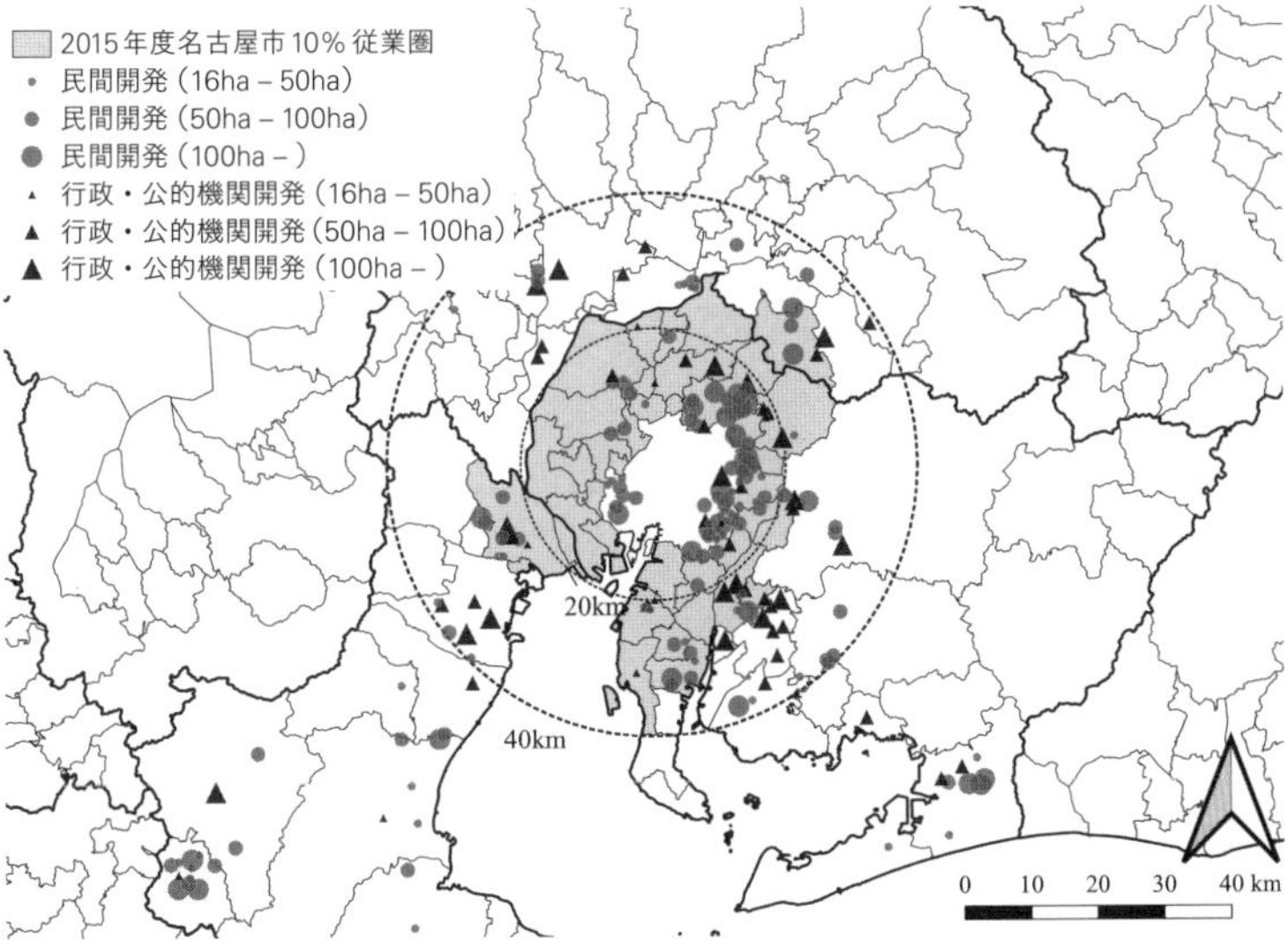

図11　名古屋都市圏における郊外住宅地開発（16ha以上）

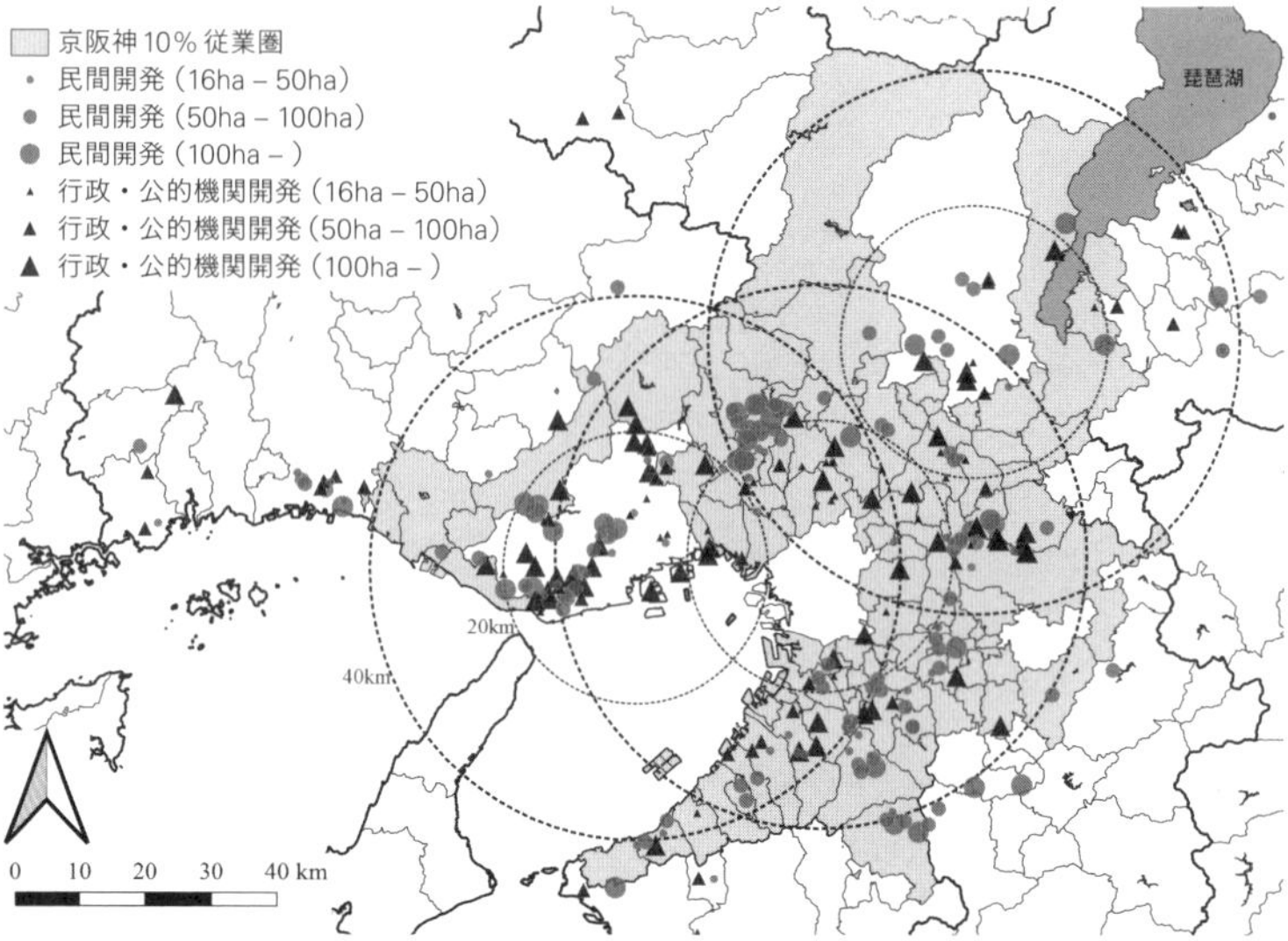

図12　大阪都市圏における郊外住宅地開発（16ha以上）

〇～四〇キロ圏には一九六〇年代から一九七〇年代にかけての民間企業による開発が進んだ。また一九八〇年代以降になると四〇キロメートル圏あたりで公的主体による大規模開発が継続した。方面別にみると北摂地域および奈良県北部地域での開発が多数を占め、大阪南部地域では一六ヘクタール以上の開発は多くはない。郊外住宅地の分布状況と、図2で示した二〇一〇年から二〇四〇年の間の市町別人口増減予測とを比べてみると、大阪南東部の三〇キロメートル圏以南では、住宅団地が立地する市町の大半で人口が現在の七五パーセント以下に減少する。また人口が現在の九〇パーセント以上にとどまる市町は北摂地域と堺市くらいであり、それ以外の市町では人口が現在の七五パーセントから九〇パーセント程度に減少する。大阪市から三〇キロメートル圏内であっても、大阪府東部や奈良県、京阪沿線などの郊外住宅地では空地や空き家が増加する可能性が高い。ただし官民の住宅団地が混ざり合って集中する京都府南

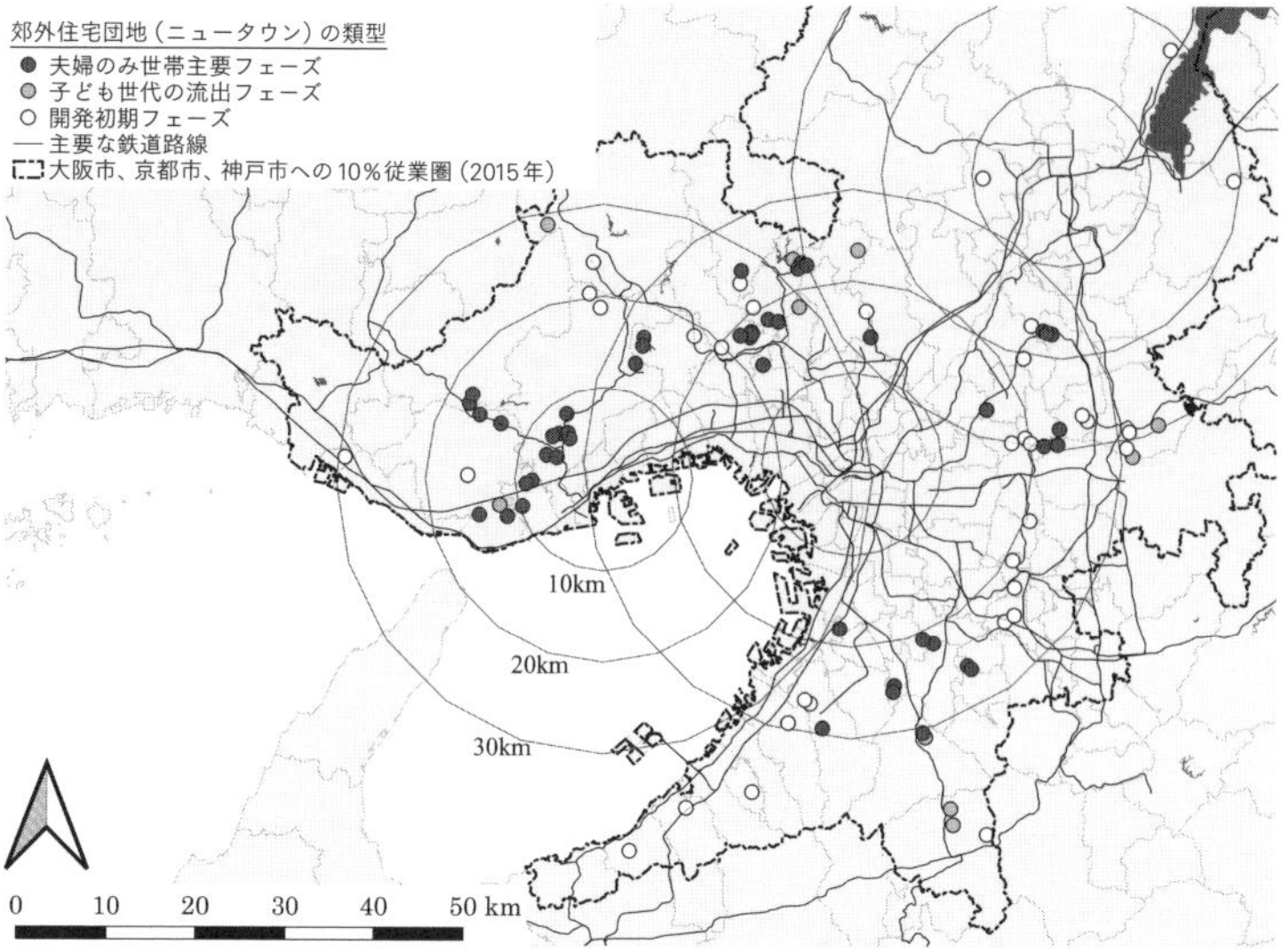

図13　世帯分離が進むニュータウン

部や奈良県北西部では、人口減少の程度に差がある市町がモザイク状に現れる。それぞれの市町には旧市街地や一六ヘクタール未満の住宅団地もあるので、図2の予測がそのまま住宅団地の人口増減を示すわけではないが、今後多くの郊外住宅団地が人口減少の影響を大きく受けることはまちがいない。

住宅団地ごとの持続可能性を探るために、国勢調査の小地域別データを使って、世帯分離が進む住宅団地（図13）、人口減少が進む住宅団地（図14）、人口減少が沈静化する住宅団地（図15）を取り出した（青木、二〇二〇）。これによると、大阪および京都から二〇〜三〇キロメートル圏、神戸から一〇キロメートル圏以北の住宅団地で二人世帯化が進んでいて、その多くは高齢者夫婦ではないかと思われる。また人口減少が進む住宅団地は、大阪から二〇〜三〇キロメートル圏の大阪南東部および奈良県北部、そして神戸市北部の六甲山北側にみられる。人口減少が沈静化する住宅団地は、

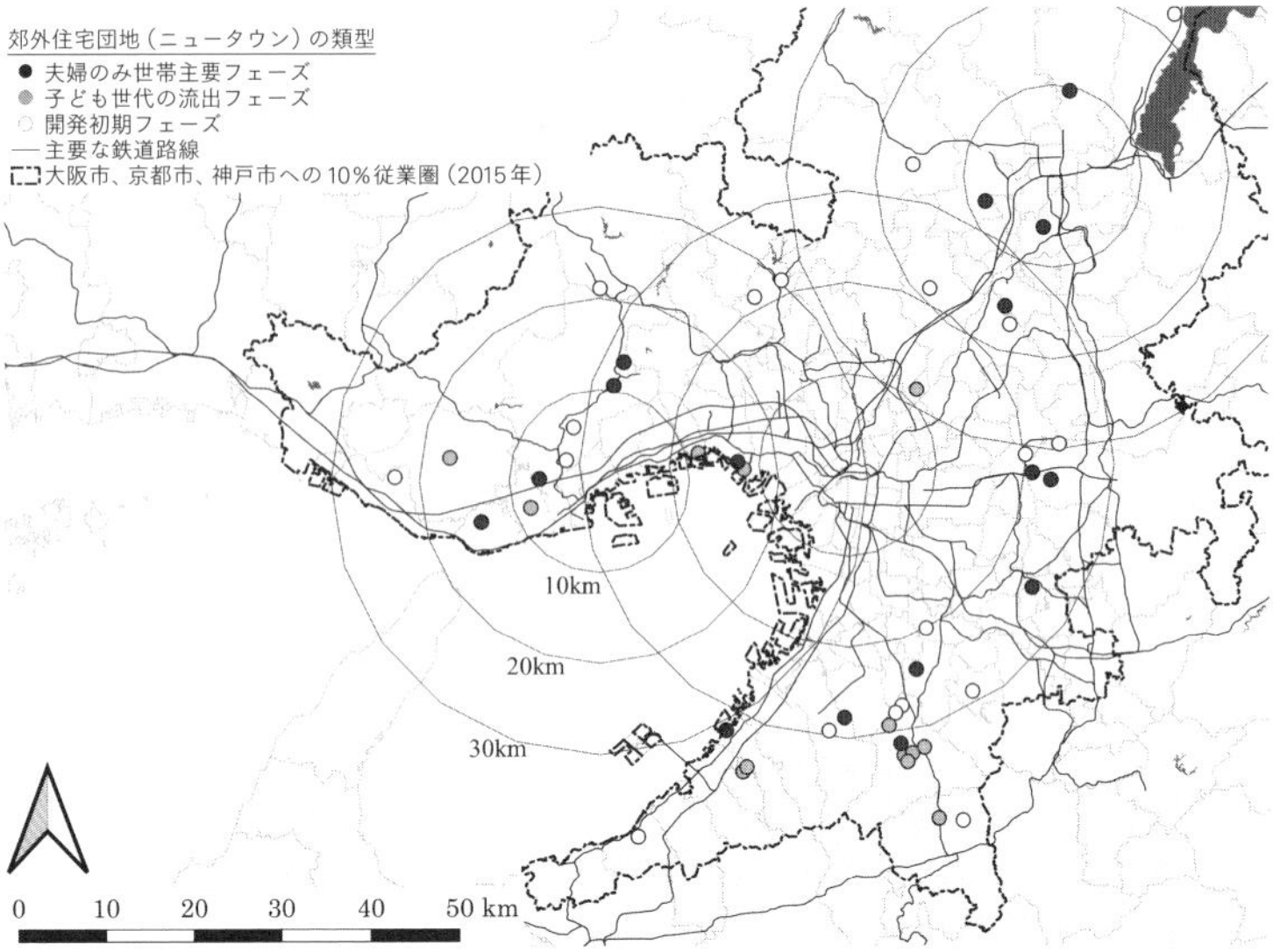

図14　人口減少過程にあるニュータウン

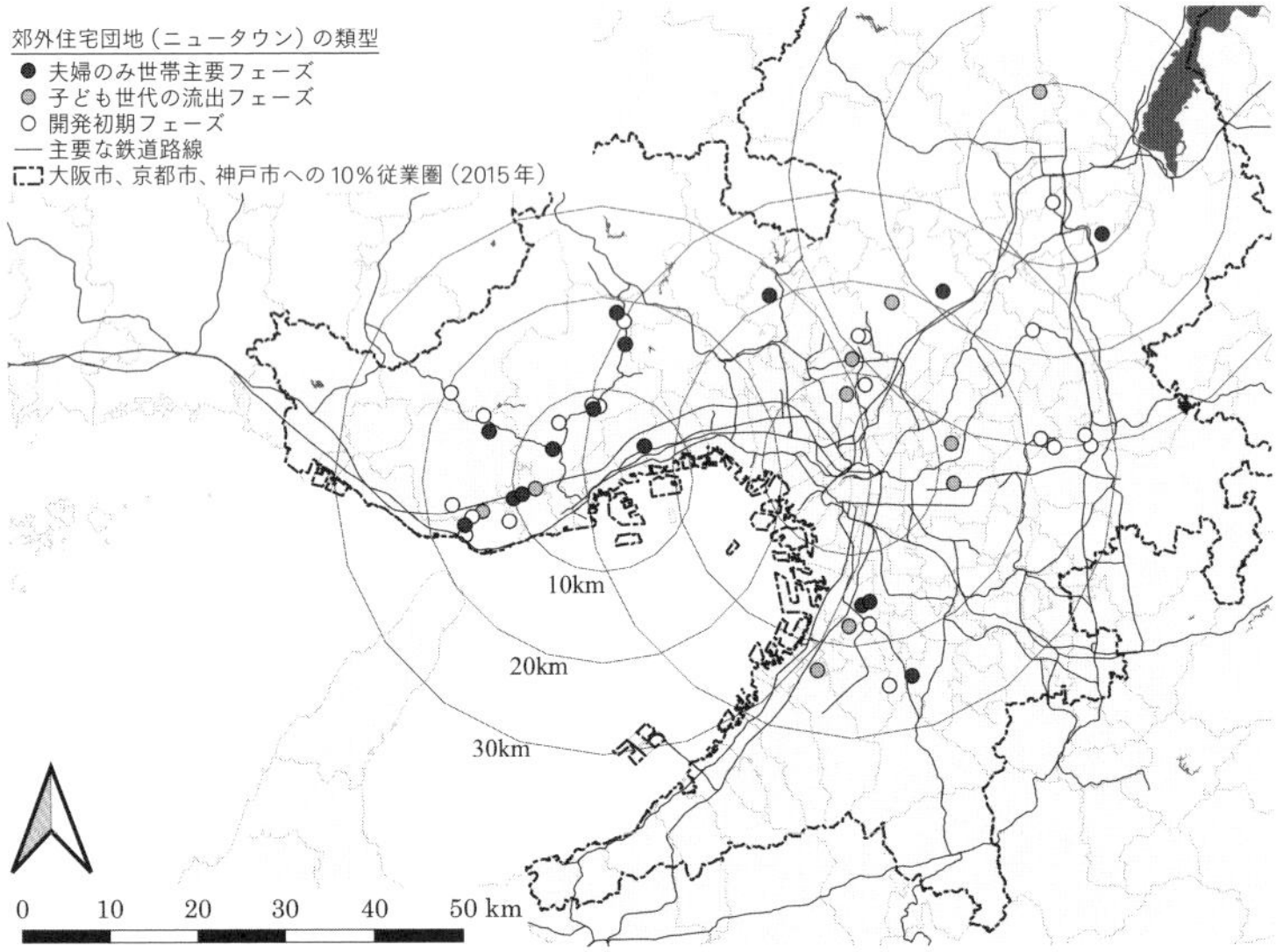

図15　人口減少が沈静化しつつあるニュータウン

大阪市東部の一〇キロメートル圏、奈良市、北摂、神戸市北部などに散らばっている。なお六甲山北側の地域には状況の異なる団地が混在している。

今後二〇年ほどの住宅団地の人口動向を予測するには、こうした住宅団地が次の世代にどのように引き継がれるのかを知る必要がある。中若年層とくに子育て世代の転出入動向が鍵を握ると考えられ、女性や高齢者の就業率の増加、出生率の変化、ワークライフスタイルの変化が住宅需要構造に強く影響する。また人口の都心回帰現象が今後どのように続くのかも、郊外居住の将来を占ううえで無視できない。このように郊外住宅地の持続可能性については、個々の郊外住宅地固有の状況と、都心を含む大都市圏の構造変化との両面から考えなければならない。

2 鉄道事業者の郊外開発

路線網の拡大と沿線ビジネス

本書のテーマである「鉄道からの郊外再生」を考えるには、路線網を拡大しながら郊外開発に関わり、同時に多様な沿線ビジネスを展開してきた鉄道事業者の役割を理解しておかねばならない。詳細は第5章に譲るとして、ここでは概要を紹介する。

近代以降の鉄道事業者の事業内容を端的に言うと、都市と田園地域あるいは都市間に鉄道を敷設して旅客を輸送する運輸業、輸送のために自社あるいは他社で発電した電気を製造・販売する電力業、そして沿線に不動産を取得しその価値を高めて経営する不動産業が軸となってきた。片木篤はこのことを「電鉄―電力―不動産業の三角形」と表現する（片木、二〇一七）。明治になって全国各地で民間資本による鉄道敷設が始ま

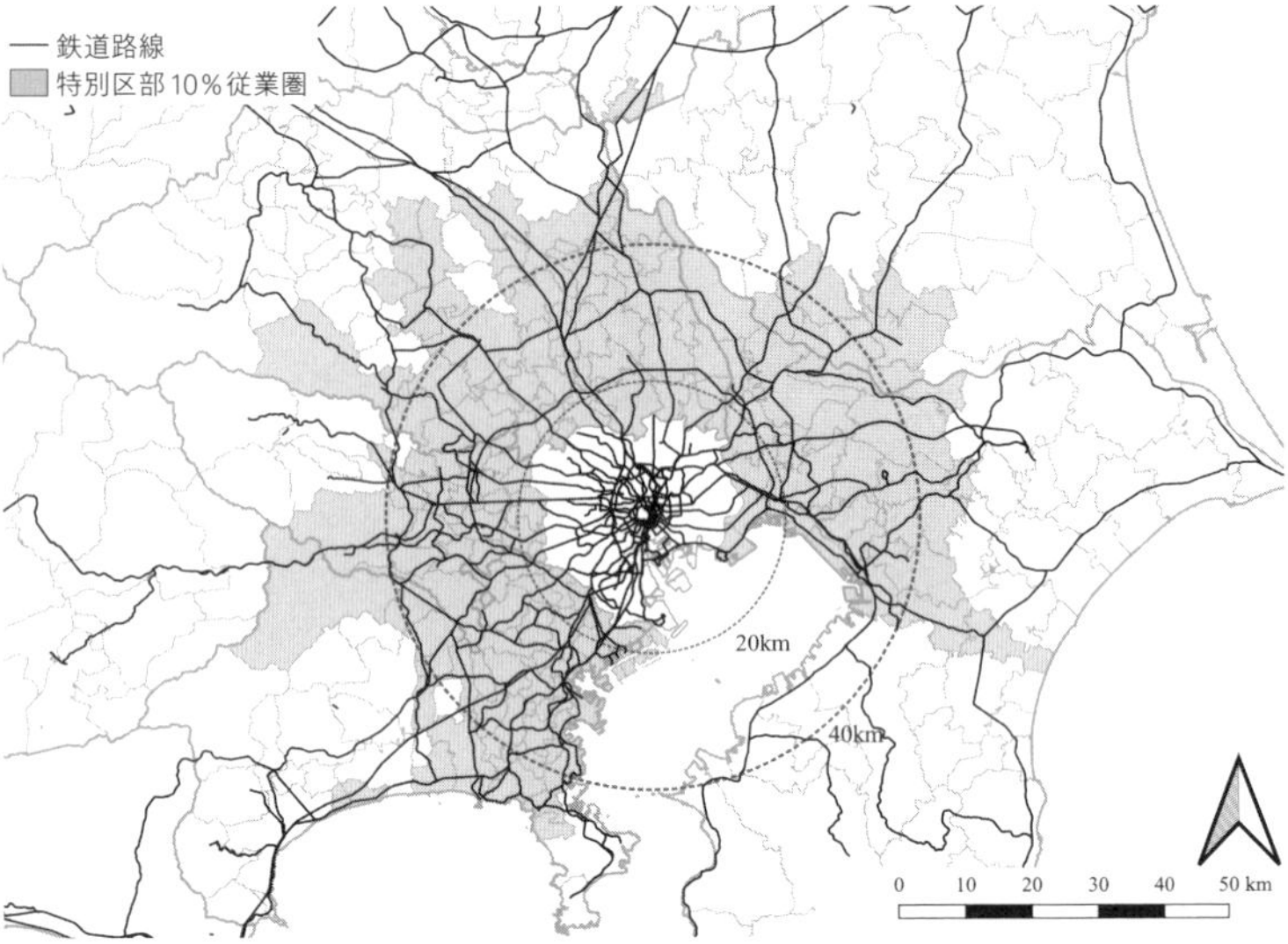

図16　東京都市圏の鉄道ネットワーク

ったが、その多くは鉄道国有化法（一九〇六年）によって国有化された。その時に国有化を免れて私鉄として存続しているのは、南海鉄道と東武鉄道くらいである。その後、「インターアーバン」（都市間電気鉄道）の輸送を目的として、関東では京浜電気鉄道、京成電気鉄道、京王電気軌道が誕生し、また旧西武鉄道の前身である川越電気軌道や、東京急行電鉄の前身である目黒蒲田電鉄、小田原急行電鉄などが次々と開業した。関西では、阪神電気鉄道、京阪電気鉄道、阪急の前身である箕面有馬電気軌道、近畿日本鉄道の前身である大阪電気軌道が開業した。電力事業との関連では、電鉄会社が電力事業に乗り出した京阪電気鉄道や、逆に電力会社が電鉄経営に乗り出した小田急を挙げておこう。また名古屋都市圏では名古屋鉄道（名鉄）と近畿日本鉄道がネットワークを形成している。愛知馬車鉄道を前身とする名鉄は、名岐鉄道と名前を変えた時期もあったが、各務原鉄道や瀬戸電気軌道などと合併しながら路線を拡大した。

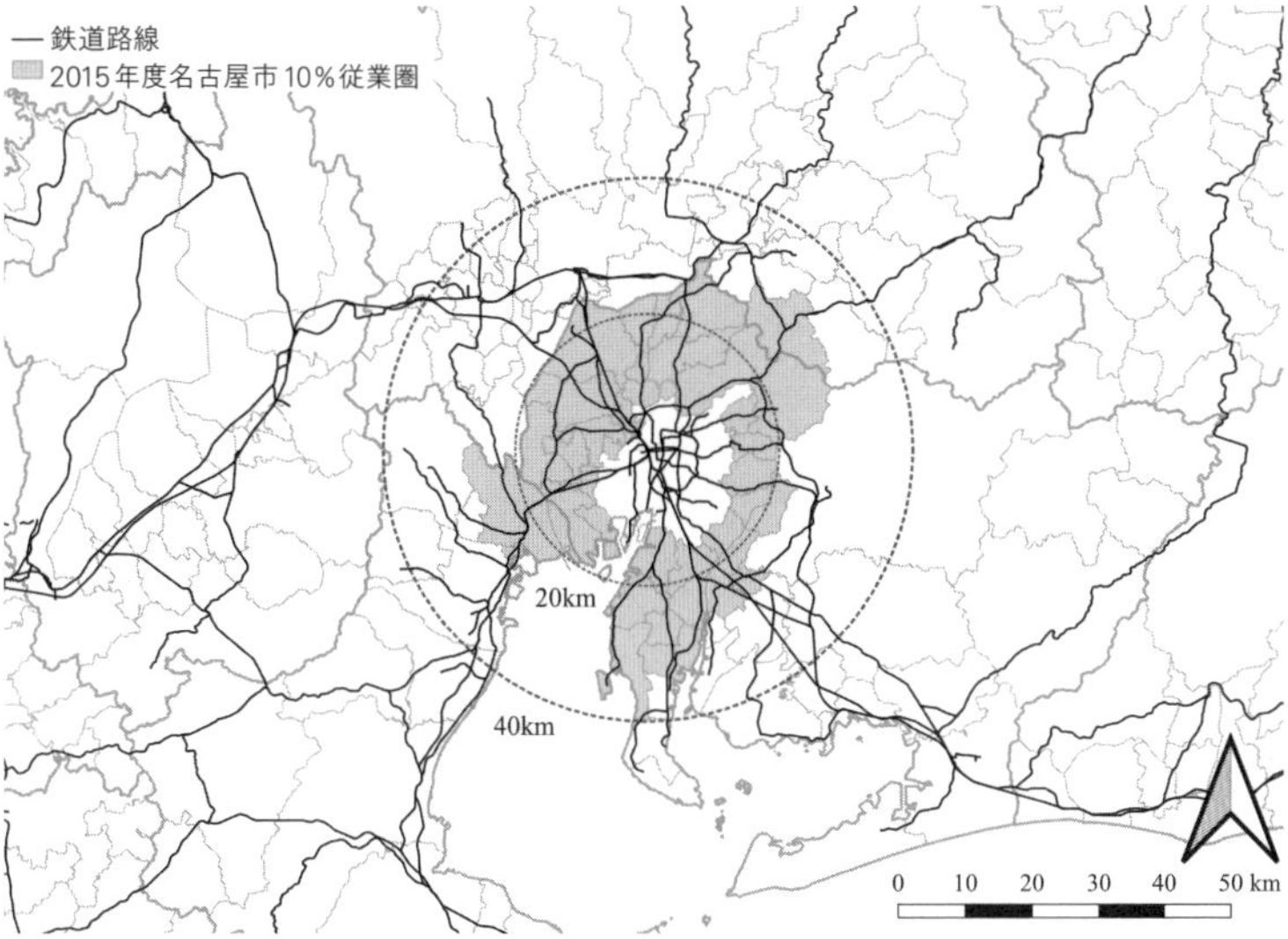

図17　名古屋都市圏の鉄道ネットワーク

また近畿日本鉄道も、参宮急行電鉄や伊勢鉄道をはじめいくつもの鉄道会社との合併、吸収を経て今の組織になっている。図16〜18に三大都市圏の現在の鉄道ネットワークを示す。東京圏は都心から放射状かつ同心円状に高密度なネットワークが形成されており、大阪圏はやはり大阪を中心とするとともに京都もネットワークの中心性をもつことがわかる。また名古屋圏も名古屋駅の中心性が明確だが、ネットワークの密度は他の大都市圏ほどではない。

本書のテーマである郊外住宅地開発の視点からすると、不動産事業についてより深く語らなければならない。住宅地開発はもとより、沿線での観光地開発やスポーツ施設経営、学校誘致など、その内容は多岐にわたる。観光開発については、自社所有地などでの新規開発に取り組む前には、既存の社寺仏閣などへの参詣電車として会社が設立され、その後に自ら沿線開発に取り組んだ例も少なくない。複数の私鉄が都心からセクター別に路

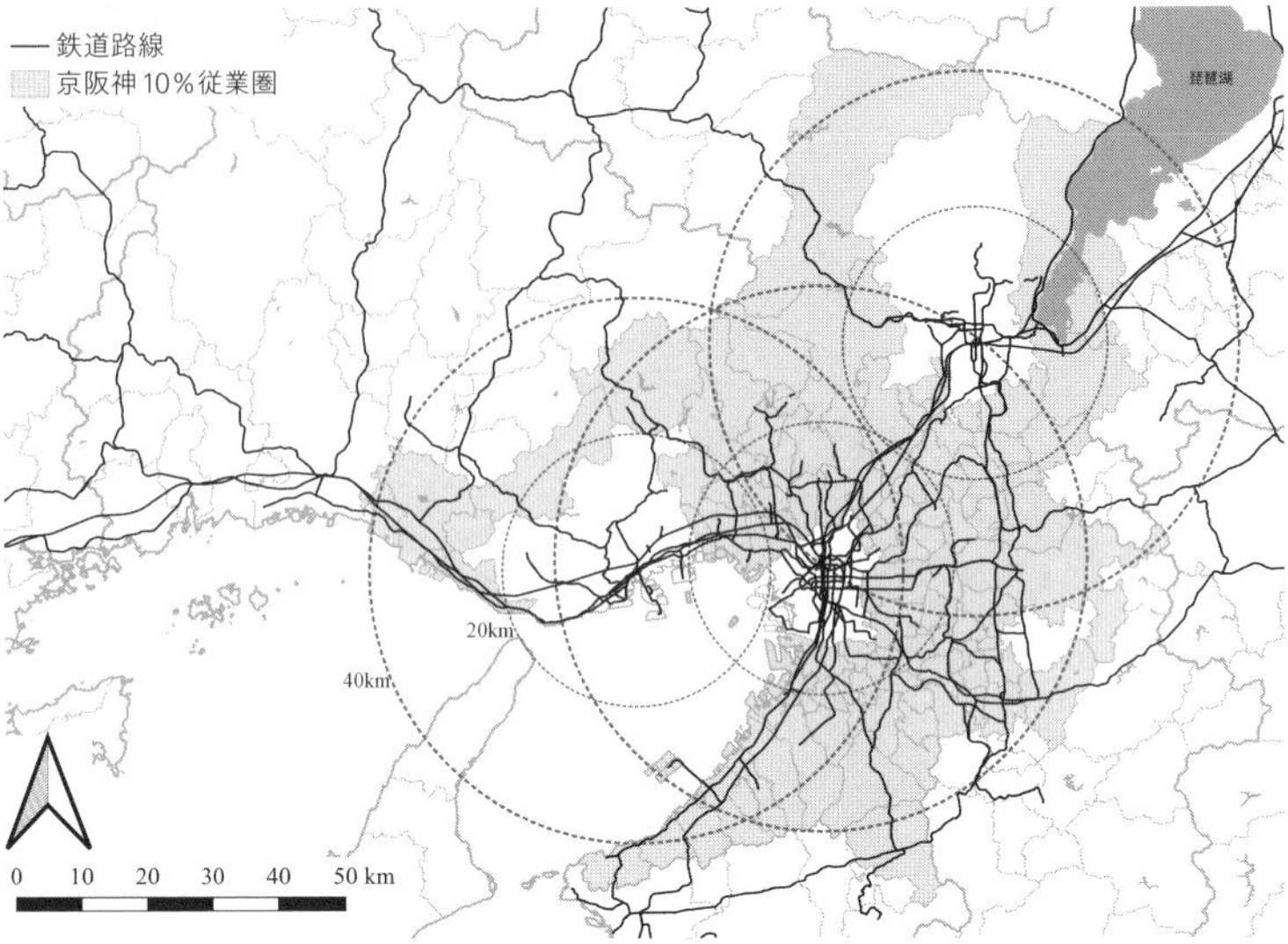

図18　大阪都市圏の鉄道ネットワーク

線を伸ばし、セクターごとに固有の沿線イメージを形成するとともに、自ら不動産開発を積極的に手掛けているのは、関東圏と関西圏に共通した特徴である。

鉄道会社の不動産事業のビジネスモデルというと、箕面有馬電気軌道（一九一〇年開業、後の阪急電鉄）の創業者として、都心のターミナル開発、郊外のリゾート開発、沿線の宅地開発の三点セットを実行した小林一三があまりに有名である。関東では東急が大正期に洗足や田園調布の開発を手掛けたことがよく知られており、これは渋沢栄一、中野武営、渋沢秀雄（渋沢栄一の四男）らによる田園都市株式会社によって事業が進められ、合わせて周辺での鉄道敷設権を取得し、小林一三の協力を得て目黒蒲田電鉄が設立された。この鉄道会社が後藤慶太によって現在の東京急行電鉄となる。関東、関西を問わず、鉄道会社の経営の柱は運賃収入とりわけ通勤通学定期収入であり、そのためには沿線人口の増加が不可欠という理由とともに、

1

大都市圏と鉄道郊外

鉄道敷設によって沿線の不動産価値が上がるとの見込みから、各社とも沿線に住宅地開発を推進した。

沿線での観光地開発についても小林一三による宝塚開発がよく知られているが、他社でも一八八五年に阪堺鉄道として開業した南海鉄道（後の南海電鉄）は、和歌山方面に路線を伸ばしながら浜寺海水浴場（一九〇六年）や淡輪《たんのわ》遊園地（一九一一年）、大浜汐湯（一九一三年）、大阪ゴルフクラブ（一九三七年）などの娯楽施設を沿線に整備するとともに、高野山への参詣鉄道としての地位も確立した。阪神電鉄は一九〇五年に大阪と神戸間に開業した典型的なインターアーバン鉄道だが、六甲山麓に邸宅街が形成されはじめるとともに、香櫨《こうろ》園、苦楽園、甲陽園、甲子園などの娯楽地が次々と整備され、やがてそこが住宅地に変貌していく。このうち甲子園におけるスポーツリゾートと住宅地の開発は、阪神自らが社運をかけて実施したものだった。一九一〇年開業の京阪電鉄は阪神電鉄の香櫨園に対抗して香里園遊園地を設けるが、わずか二年で計画を変更した。住宅地経営もなかなか進まなかったが、昭和初期になって成田山別院の誘致とともに開発が軌道に乗った。その一方で琵琶湖や洛西方面の行楽地開発にも取り組んだ。近鉄の前身のひとつである大阪電気軌道は、一九一四年に上本町—奈良間で開業し、大正後期から昭和初期にかけて沿線で住宅地経営を開始する。また参宮急行電鉄はじめ多くの鉄道会社と合併しながら名古屋、伊勢方面にも路線を拡げた。

また小林一三以来、都心のターミナルには商業業務集積を、郊外や沿線の拠点には娯楽施設を整備して運賃収入と施設からの売り上げ収入を伸ばすということを、各社とも基本戦略としてきた。関西では阪急のターミナルデパートだけでなく、南海は昭和初期には難波にターミナルビル（一九三二年）を完成させた。阪神も阪急に対抗するように梅田のターミナルでの展開を目論んだが第二次大戦によって中断した。

鉄道会社と学校誘致との関係にも触れておく必要がある。成城学園は世田谷区の現在地に校地を取得するにあたって、小田急から学園名を冠した急行停車駅をつくるという約束を取り付けた。東京では関東大震災後に大学への昇格を目指した郊外移転が急増し、東京高等工業学校は蔵前の土地と田園都市（株）が所有する大岡山の土地と等価交換して東京工業大学が発足した。また慶応義塾大学は東京横浜電鉄日吉駅東側の土地の寄付を受け、これに合わせて西側の土地では同心八角形状の市街地整備が行われた。他にも東京横浜電鉄は沿線の新丸子駅に日本医科大学、元住吉駅に法政大学予科を誘致した。箱根土地の堤康次郎も関東大震災直後から、大泉学園都市、小平学園、国立大学町といった学園都市を開発した。関西でも阪急電鉄が関西学院の原田の森キャンパス校地を買い取り、その資金で現在の上ヶ原キャンパスの土地購入を斡旋した。その後、神戸女学院や聖和女子学院の移転、設立が続き、私学が連なる阪急今津線沿線のイメージが確立する。また関西大学は千里山キャンパスの設置にあたって、北大阪電気鉄道所有地を等価交換により入手している。他にも新京阪鉄道高槻駅には大阪高等医学専門学校（現大阪医科大学）、京阪電気鉄道牧野駅には大阪女子高等医学専門学校（現関西医科大学）と大阪歯科医学専門学校（現大阪歯科大学）が誘致された。

沿線資産の活用と郊外イメージの変化

ここまで述べたように、すでに戦前の時点で、各鉄道会社は沿線での不動産事業を多角的に進めていた。住宅地開発は民間鉄道会社にとって重要な経営の柱のひとつであったために、沿線に土地を先行取得していた企業とそうでない企業との差がその後の経営に影響することになった。戦後の高度経済成長期にも、各社とも次々と土地を入手して事業を拡大したが、事業適地が限られてくると沿線以外での不動産事業にも取り組む傾向が強まった。とくに関西系の鉄道会社は関東方面での不動産事業にも乗り出した。高度経済成長期以降は不動産部門を別会社化するところが増加したこととも無関係ではない。なおＪＲについては国鉄の時代には自ら沿線で不動産開発に関わることはなかった。だが私鉄に比べると駅間距離が長く、操車場や貨物ヤードなど沿線に広い用地を取得していたために、これらが民営化後の貴重な経営資源となった。国土全体のネットワークに直結していることの優位性もあって、新駅の建設や駅周辺開発、駅ナカ開発などを続々と進めて、私鉄との競争力を高めた。さらにＪＲ沿線の低未利用地や工場跡地などへの注目度が一気に高まり、駅周辺の一等地での大型開発に取り組んでいる

鉄道敷設以来一〇〇年以上が経つなかで、遊園地など沿線郊外の集客施設の閉鎖と跡地活用はすでに戦前から繰り返されていた。例えば関西では、香櫨園遊園（一九〇七年開園、一九一三年閉園）、苦楽園（一九一一年開発開始、一九三八年の阪神大水害により温泉閉鎖）、甲陽園（一九一八年開発着手、一九三七年映画撮影所閉鎖）、宝塚ファミリーランド（一九一一年宝塚新温泉として開園、一九六〇年名称変更、二〇〇三年閉園）、近鉄あやめ池遊園地（一九二六年開園、二〇〇四年閉園）、甲子園阪神パーク（一九二九年甲子園娯楽場として開園、戦後場所を変えて一九五〇年再開、二〇〇三年閉園）などを挙げることができる。南海電鉄が一九五七年に開園したみさき公園（大阪府泉南郡岬町）は、土地を地元自治である岬町に譲渡した後も経営を続けていたが、二〇二〇年三月に経営から撤退した。

このように遊園地などの閉園とその後の土地利用転換は、戦前から現在にいたるまで一貫して続いており、鉄道事業者が長期にわたって経営してきた遊園地も例外ではなかった。その背景にはテーマパークなど大型娯楽施設への顧客のシフトと、従来の行楽地エリアが相対的に良好な住宅用地として評価されてきたことがある。いくつかの郊外駅は、それ自身が娯楽施設に直結していたり、バスや馬車などに乗り換えて行楽地に向かったりするための、まさに娯楽や行楽のための拠点として機能していたが、娯楽地が衰退してその後が住宅地に転換すると、そのようなイメージは消えていった。

都心ターミナルへの重点投資

すでに触れたように、鉄道事業者は創立当初から都心ターミナルでの投資を継続的、積極的に行ってきた。関西では、戦後になっても阪神と阪急による梅田、南海による難波、近鉄による阿倍野など、都心のターミナル整備が競い合うように進められた。時期の差はあれ各社とも自社ビルを構え、ターミナル型百貨店を誘致するなど拠点の形成を推し進め、とくに近年は百貨店の再生に加えて新業態の商業施設や、ホテル、オフィスビル建設など、都心ターミナルに経営資源を集中させる傾向が続いている。さらに都市再生特別措置法における都市再生特別地区の指定を受けて、高容積の再開発に取り組むなど、多くの鉄道会社がこの方針を強化させている。

また鉄道の高架化に合わせて高架下の有効活用にも積極的な姿勢をみせる。高架下の活用は以前から取り組まれてきたが、倉庫や駐車場・駐輪場などの低収益型の利用に留まらず、とくに駅に近いところでは、飲食・物販施設やスポーツジム、オフィス、学習施設など多彩な活用を試みている。

都心ターミナル駅に比べて、開業当初の大半の郊外駅は単なる停車場機能に留まるものが多く、駅に様々な機能を集積させるという発想は弱かったようだ。駅前にロータリーや小公園を設置した戦前の駅には、戦後もその機能を引き継いで良好な駅前景観を保全している例があるが、意図的に生活拠点機能を充実させてきたとまではいえない。そもそも十分な敷地を擁する郊外駅はあまりなかった。しかし住宅地開発が駅の徒歩圏を超えて広がると、公共交通手段としてバスターミナルが必要になる。地元自治体にとっても、公共施設などの都市機能を駅周辺に集積させる動きが加速すると、市街地の拡大とともに、郊外生活の拠点として駅周辺への期待が高まり始める。

沿線価値の増進

事業の多角化もさらに進む。表1は、わが国の主な鉄道会社の売り上げに占める運賃収入とそれ以外の収入の比率を示したものである。鉄道部門以外の事業を別会社化している事業者も多く、一概に比べるのは難しいとはいうものの、阪急や阪神は鉄軌道部門収益の割合が五〇パーセント前後に留まっている。不動産業や観光業など、各社とも事業の多様化を戦前から進めていたが、不動産事業はじめ運賃収入以外の部門の位置付けが大きくなっており、近年はいっそう事業多様化への圧力が高まっている。その背景に人口減少や通勤通学者数の減少に伴う運賃収入、とりわけ定期券収入の減少があることはいうまでもない。新たな住宅地開発による沿線人口の増加には限りがあり、沿線人口の囲い込みのために、沿線での住み替え誘導やリフォーム市場への参入を進めている。さらに各鉄道事業者は「沿線価値の増進」を旗印に、高齢者向けマンションや子育て支援施設の経営など沿線住民をマーケットとした総合的な生活支援サービスにも取り組んでいる。沿線での事業領域を拡大し沿線ブランドの向上を図ることによって、沿線居住者の消費行動を囲い込もうとしているかに見える。

もともと沿線居住者は、住み替えの際にも同一の鉄道沿線で新居を探す傾向にあった。ふだん利用する鉄道に親近感や信頼感をもつ沿線居住者が多いことから、鉄道事業者はこのことを最大限生かした事業展開を図る。囲い込みの有効な手段として、カードビジネスへの進出がある。各鉄道会社ともクレジットカードやポイントカードを充実させてきており、さらにこれに通勤通学定期を組み合わせて顧客の囲い込みを図るとともに、ビッグデータの活用によって、彼らの生活行動全般をビジネスチャンスに取り込もうとしている。とりわけ生活行動の節点となる拠点駅については、鉄道のメリットを最大限活用した駅の機能とは何かを考えると同時に、必ずしも鉄道利用に頼らなくても成立する商業業務機能や生活支援ビジネスにも、事業展開

表1　大手民鉄の鉄軌道部門収益比率（単体、2020年3月現在）

社名	資本金（百万円）	旅客営業キロ程（km）	鉄軌道部門営業収益（百万円）	全事業収益に占める鉄軌道部門収益の割合（%）
東武	102,135	463.3	161,311	69.2
西武	21,665	176.6	103,651	70.6
京成	36,803	152.3	68,429	79.6
京王	59,023	84.7	84,848	65.9
小田急	60,359	120.5	121,105	70.4
東急	121,724	104.9	156,789	70.4
京急	43,738	87.0	83,539	62.3
東京メトロ	58,100	195.0	380,480	95.7
相鉄	100	38.0	33,668	100.0
名鉄	101,158	444.2	94,713	86.3
近鉄	100	501.1	152,724	96.3
南海	72,983	154.8	60,618	58.0
京阪	100	91.1	55,284	94.7
阪急	100	143.6	101,938	54.4
阪神	29,384	48.9	36,590	43.2
西鉄	26,157	106.1	22,167	13.7

（出典：（一社）日本民営鉄道協会『大手民鉄の素顔』）

の幅を拡大しつつある。

このように鉄道会社間あるいは鉄道沿線間での沿線価値増進競争が激化しているが、具体的な事業展開はほぼ同じ方向を向いているようにみえる。鉄道事業者に限らず様々な企業が本来の業種を超えて競争に参画する動きが各方面でみられるなか、鉄道事業者のみで沿線顧客を囲い込むには限界があるだろう。他業種との連携をふまえたオープンネットワーク型のビジネス展開が必要かもしれない。だが沿線間やセクター間での競争がし烈化するなかで、他業種との連携協力がのぞましいとはいいながら、沿線内での競争をさらに激化させてしまうという、囚人のジレンマに陥るおそれもある。序章で指摘したように、沿線住民の消費行動の増大を想定する「沿線価値の増進」にとどまらず、沿線での企業誘致や教育・文化・情報発信などの情報生産力を加えた「沿線力の強化」によって、人口減少過程における大都市圏の再編が促されるのではないだろうか。

3 郊外再生のきざし

郊外開発の質転換

大都市圏の人口減少と高齢化の傾向は、新たな郊外開発の質や、鉄道会社の経営戦略に大きな影響を与える。既存の郊外住宅地で空き家や空地がスポンジ状に発生している一方で、大都市圏の縁辺部では今も新規の住宅地開発が進んでいる。このような状況が同時に存在するのが大都市圏なのかもしれない。また一部の郊外住宅地では団地再生の試みが始まっており、郊外の拠点駅周辺では高層マンションの建設が進む。鉄道事業者は現在進行形で、新たなビジネスチャンスを探っている。ここではそのような状況を概観して、第2

章以降の各論につなごうと思う。

バブル景気の香りが残る平成初期には、昭和末期に構想された住宅地開発が、事業コンペという手法を使って実施され、ユニークな提案が実現していった。戸建て住宅団地では、様々なコモンズ（共有地）を導入したりテーマタウンとでも呼ぶべき街並みを実現したりする開発が行われた。しかしながら開発はしたものの、分譲段階になってバブルの崩壊に翻弄された事業も少なくなかった。

また関西では、一九九五年に発生した阪神・淡路大震災によって大量の住宅が滅失し、被災者の速やかな生活再建のための住宅建設が一気に進められた。兵庫県の住宅復興三か年計画では、災害復興公営住宅と民間住宅を含めて一二万五、〇〇〇戸の住宅が計画された。災害復興公営住宅については、三万八、〇〇〇戸の計画戸数に対して四万二、〇〇〇戸（うち新規供給二五、一〇〇戸）が供給された。住宅建設の受け皿として、ＨＡＴ神戸（神戸市灘区）、六甲アイランド（神戸市東灘区）、西宮浜マリナパークシティ（西宮市）、南芦屋浜（芦屋市）など沿岸部のニュータウンが注目され、たとえば東部新都心と位置付けられていたＨＡＴ神戸では震災前に策定されていたマスタープランが大きく変更されて住宅用地が拡大した。こうした大規模団地以外にも、被災した工場用地や企業社宅用地、邸宅跡地などで大量に住宅が建設され、計画戸数を超える民間住宅建設が進んだ。とくに西宮、芦屋、神戸市東部では分譲マンションや小規模宅地が多数供給され、被災地以外からの転入者が増加した。震災前の阪神間は、もともと大阪方面からの住宅需要が多く人気のあるエリアだったのだが、新しい物件が市場に出にくかったところに、震災後多くの住宅が供給されて転入者が増えたのである。こうした既成市街地内での住宅建設は、被災地の東西間での復興格差を生むと同時に、間接的にはより郊外での新規住宅需要を押し下げる一因となった。阪神・淡路大震災以降の急激な土地利用転換に伴って大量に建設された住宅群が、今後どのように引き継がれるのかも注目される点である。

1
大都市圏と鉄道郊外

平成中期にかけて、関東ではつくばエクスプレス沿線などで新規のニュータウン開発が相次いだ。関西でもバブル景気崩壊の影響を受けながらも都市圏縁辺部や丘陵部での住宅地開発は続けられ、市街地はじわじわと拡大し続けた。郊外での大規模開発は減少するが、大阪府北部地域では二〇〇四年に彩都（茨木市・箕面市）が、二〇〇七年に箕面森町（箕面市）が、それぞれまちびらきした。また大阪府南部では関西空港工事の土取り跡地でのニュータウン開発もあった。

平成を通じて事業が進められた研究学園都市建設は、大学の都心回帰や国際競争力強化のための企業研究所立地戦略の変化などに翻弄された。関西では彩都の二期地区への薬品会社の研究所進出が撤回され、また工場等制限法の撤廃に伴ってＪＲ茨木駅近くに立命館大学が進出した。ＪＲ吹田操車場跡地では国立循環器病センターの移転とマンション開発が、また神戸ポートアイランドには複数の私立大学が進出した。教育施設や研究機関の誘致を都市再生や地域再生の切り札と捉えるところは数多く、今後も様々な展開が予想されるなかで郊外の位置付けはさらに変わりつつある。

都心に近い工場跡地の再開発が進み、タワーマンションなど都心居住への関心が高まるとともに、関西では郊外開発の停滞や売れ残りあるいは計画変更がみられるようになった。郊外での住宅需要がかげりをみせるなかで、たとえば西宮名塩ニュータウン（西宮市北部）では北半分の開発が中断され、日生ニュータウンの一部（兵庫県川辺郡猪名川町）では集合住宅用地から戸建て住宅用地への計画変更が行われた。また、行政などが先行取得していた土地活用問題が顕在化した時期でもあった。

都心や郊外の拠点駅前では、土地利用転換に伴う高層マンションの建設が進み、駅前居住の人気が高まっている。大阪市や神戸市の都心部ではタワーマンションが盛んに建てられ、なかには投資用物件としてのニーズも含まれてはいるが、都心部の夜間人口は増加し続けている。また郊外の拠点駅前に建てられたマンションには、丘の上の戸建て住宅地からの高齢世帯の住み替えや、沿線上の他の地域からの一般世帯の住み替えが進む。こうした都心居住や駅前居住の進展が郊外居住に影響を与えることは想像に難くない。

団地再生から郊外再生へ

都市の成熟と少子高齢化とともに、住宅政策も変化した。日本では住宅建設計画法に基づいて一九六六年から五年ごとに住宅建設五か年計画が策定されてきたが、第八期（二〇〇一〜二〇〇五年）になると、市場・ストック重視の施策に転換し、住宅性能水準の設定、分譲マンションの維持管理・建て替えの条件整備、密集市街地の解消などが課題になった。二〇〇六年に住宅建設計画法が廃止されて住生活基本法が施行されると、住宅政策の軸足はさらに新規住宅供給から住宅ストック活用と住宅市場整備に移行し、オールドニュータウン再生への関心が高まった。千里ニュータウンなど市場性が高い地域では、公的賃貸住宅の老朽化に伴って敷地集約と建物の高層化を進め、余剰地を民間デベロッパーに譲渡して分譲マンション化するという方法が普及した。またUR住宅や公社住宅・公営住宅などでは、老朽化した賃貸住宅をリノベーションして若年世帯の転入を図るという試みも始まった。たとえば関西では、観月橋団地（京都市伏見区）、男山団地（京都府八幡市）、泉北ニュータウン（堺市）、明石舞子団地（神戸市・明石市）などで事業が進められている。こうした公的住宅団地の再生に関しては、建築系の大学研究室や学生が協力する例も増えている。UR賃貸住宅、公社賃貸住宅、公営住宅といういわゆる「三公」住宅については、想定される居住者層が重なっている部分があるとともに、いずれも高齢化が進むなかで、セルフリノベーションを含むリノベーション住宅に対して若い世代を中心に関心が高まっているが、その持続可能性と分譲集合住宅への展開可能性については今後の評価を待たねばならない。

郊外居住者総数に占める公的集合住宅団地居住者の比率はごくわずかにすぎない。公的集合住宅団地で先行する団地再生の試みは、今後民間集合住宅や戸建て住宅団地にどのように展開するのだろうか。今後の郊外像と郊外住宅地の再生を考えるには、集合住宅団地から戸建て住宅団地の再生に事業領域を広げ、オールドニュータウンだけでなく圧倒的ボリュームを占める「普通の」郊外に着目しなければならない。

国土交通省は二〇一四年度より「住宅団地の再生のあり方に関する検討会」を開始し、分譲マンションのスムーズな建て替えを進めるための制度検討を始めた。第二期の検討会からは戸建て住宅団地の再生方策についても議論が行われた。また自治体レベルでも、徐々にではあるが取り組みが始まっている。兵庫県は戸建て団地をふくむ兵庫県下の住宅団地をリストアップし、二〇一六年にニュータウン再生ガイドラインを作成した。川西市は二〇一一年に団地自治会、デベロッパー、金融機関などと連携して「ふるさと団地再生協議会」を設立し、また二〇一二年からは「親元近居制度」によって、市外へ転出した子ども世代の市内への住み替え促進を図っている。また兵庫県三木市緑が丘では民間企業グループが研究会を組織して活動を進めるとともに、市は二〇一七年に一般社団法人「生涯活躍のまち推進機構」を設立し、戸建て住宅団地の団地再生に取り組み始めた。

成熟と人口減少が進む郊外住宅地の持続と再生のためには、家族形態とワークライフバランスの変化に対して、都市計画としてどう対応するかが問われている。多くの衛星都市では都市計画マスタープランにおいて鉄道路線を都市軸、駅周辺を都市核と位置付けている。また立地適正化計画のなかでも、駅周辺を都市機能誘導区域に指定するところが多く、拠点としての駅周辺整備は主要課題になっている。だが高規格道路の整備とバス路線の整備や、ロードサイド型店舗の増大のために、駅や路線の位置付けが曖昧な都市もある。また人口減少に直面する自治体では、人口維持のために市街化調整区域や非線引き都市計画区域での住宅建設への規制を緩めるところもあり、スポンジ状の市街地形成がさらに進むことが危惧されている。

駅と鉄道沿線の可能性

それでもなお、鉄道と駅は、都市圏再編の際の脈と核として機能する可能性が高い。公共交通インフラとしての鉄道は「コンパクト・プラス・ネットワーク」政策を支えるものであり、また郊外住宅地ごとの個別の再生計画に限界が見えているなかで、駅周辺の生活拠点化と沿線の再編において大きな役割をもつ鉄道会社には大きな期待が寄せられる。今、沿線まちづくりへの関心が高まっているのは、沿線人口と新規開発住宅地の減少傾向のなかで、大都市圏の再編における鉄道会社の役割がきわめて大きいからにほかならない。大都市圏の縮退の方向性と生活拠点の集約化を、鉄道路線と主な郊外拠点駅周辺整備が誘導するのではないかというぼんやりとした予感がある。

郊外駅のなかで比較的拠点性が高いと判断される駅には、開発経緯は様々であるが歴史的にもなんらかの個性的な施設や機能を導入していたところが多い。阪急宝塚駅周辺は行楽地としての機能は弱まったものの、宝塚大劇場や音楽学校があって宝塚少女歌劇の聖地として全国から認知されている。さらに経営していた遊園地跡地にはマンションに加えて有名私学の小学校を誘致する等、住機能以外の要素も展開する。阪神甲子園駅は、遊園地の跡地が大型ショッピングセンターになったものの、阪神甲子園球場の存在感はきわめて大きい。また大規模な女子大学が近くにあることも影響して阪神沿線有数の乗降客数を誇りつつ、昭和初期以降一貫して住宅地としての人気を保ち続けている。阪急西宮北口駅は、スタジアムの跡地が百貨店を含む大型商業施設となる一方で、兵庫県立芸術文化センターが誘致されて文化拠点のイメージが強まり、近隣の複数の私学へのアクセス拠点にもなっていて、関西でも人気の高い駅前居住エリアと評価されている。京阪樟《くず》葉《は》駅（大阪府枚方市）は、駅前にあったショッピングモールのリニューアルに合わせて高層マンションを建設し、沿線や後背圏からの住み替え需要を引き起こした。近鉄学園前駅（奈良県奈良市）は、もともと大学誘致に合わせて建設された駅であり、安定的な通学需要を確保するとともに、駅からのバス圏域に多くの住宅地開発を受け入れてきた。現在は近鉄奈良線のなかでは最も人気の高い住宅地エリアとなっている。

これらの拠点化した駅に共通しているのは、商業など一般的な生活利便施設以外になんらかの固有性を示す文化・スポーツ施設や教育機能が近くに立地していることである。しかもそれらの鉄道会社あるいはそのグループ会社が戦前からの歴史をふまえて今も不動産を所有して、主体的に不動産事業を行っていることにも気付かなければならない。また近年は駅の拠点性を強化する施設として、全国的に公共図書館が注目されている。駅前再開発事業において公共が床を所有することで、事業の安定性を確保するという理由もある。たとえば近鉄生駒駅（奈良県生駒市）の駅前再開発事業でも市立図書館を誘致し、市民から好評を博している。JR明石駅（兵庫県明石市）の駅前再開発でも市民図書館を拠点機能のひとつに位置付け、民間大型書店の誘致とともに、「本のあるまち」をアピールする。南海和歌山駅ビル（和歌山県和歌山市）ではキーテナントであった百貨店が二〇一四年に撤退し、駅ビルの建て替えに伴ってホテルと市民図書館を誘致した。

大規模ニュータウン建設に伴う拠点駅には、千葉ニュータウン中央、千里中央、日生中央、和泉中央、西神中央、ウッディタウン中央など、「中央」という名を冠するところが多い。「センター」を加えるとその数はさらに増える。なかには周辺に商業業務機能を集積させて拠点化をすすめたものの、夜間人口が計画通りに張り付かなかったり、後からロードサイド型の大型店舗が進出したりして、集積が維持されづらいところもある。郊外ニュータウンの再生にあたっては、こうした計画的ニュータウンの中央地区の拠点機能のあり方や、生活拠点となる駅の再生とについての再検討が求められている。

あわせて鉄道の相互乗り入れにも関心を高める必要がある。私鉄間あるいは市営地下鉄などとの相互乗り入れは、関東ではすでにあたりまえになっているが、関西ではほとんど実現していない。そのことが乗り換え拠点としての都心ターミナルのビジネスチャンスを高めているといえるかもしれないが、沿線力向上の足かせになるおそれもある。関西では郊外への延伸ではなく、大阪都心部での新線開発への参入によって他のターミナルへの接続性を高めることに注力している。郊外再生のステークホルダーとしての鉄道会社の役割が注目されるが、その結果が明らかになるのは次の時代である。

第2章

郊外生活の現在

青木嵩
角野幸博

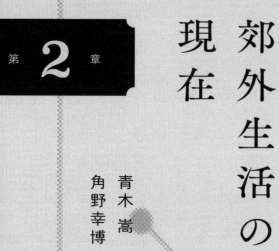

1 郊外は均質なのか

何が均質だったのか

「均質」ということばは、郊外の成り立ちや初期にそこへ移り住んだ人々を表す際にしばしば用いられる。一九九〇年頃から二〇〇〇年代にかけて、多くの郊外論が世に現れた。それは高度経済成長期に広がった郊外の住人たちが一気に高齢化し、世代交代が盛んになった時期と重なる。重松清は『定年ゴジラ』（一九九八年）の冒頭で、主人公が住まう住宅団地を、都心と比べて時間の流れが緩やかで静かな反面、遊び心やささやかなスリル、文化の香りが見あたらないまちだと記している。こうした描写にもあるように、経済発展とともにひとつの理想郷として開発された郊外住宅地は、混ざり気がなくピュアである一方、均質で単調な生活空間と評価されるようになった。

高度経済成長期の郊外住宅地は、大都市圏に流入する地方出身者や、環境が悪化し続ける都市住民の定住の場として開発が進められた。それは、「サラリーマン夫＋専業主婦」という近代家族のかたちが社会に普及した時代でもあり（松木、二〇一七）、必然的にこのような近代家族が主な住み手となった。よく似た家族構成と居住ニーズをもつ彼らが、よく似た住まいと生活空間を求めて郊外に広がったのはきわめて自然なことだった。日本住宅公団監修の「団地への招待」（一九六四年）や、大阪府企業局が制作した「千里ニュータウン——生きた人工都市」（一九六八年）などの映像資料には、入居者向けに郊外住宅団地での新しい暮らし方が描かれ、紹介されている。そこで前提となっているのは、都市に根付こうとする若い世代が新しい設備と施設を満載した団地生活を始めるにあたっての、家族としてあるいは家族の一員としての暮らし方である。

こうしたムービーに描かれた暮らしとは、あくまで「家族としての正しいふるまい」に着目したものだった。そして一億総中流社会の到来が告げられるなかで、郊外の戸建て住宅は誰もが求める人気の住まいとなった。郊外住宅地では家庭や地域社会だけでなく、生活スタイルも均質化した。それは例えば、都心への通勤や家事とパートの兼業、マイカーで行くロードサイドのショッピングセンターやホームセンター、そしてファミリーレストランでの日曜ランチなどである。このような郊外生活スタイルの普及については、すでに一九九〇年代に三浦展が言及しており（三浦、一九九五）、さらに若林幹夫は、先達の郊外に関する文献をまとめたうえでこう綴っている。

> ここで言う「商品化」とは、開発された土地や建設された建物が商品として売られるという事実のみを、意味しているのではない。ここで商品化とは、（中略）そうした場所で営まれるであろう「生活のイメージ」もまた、一定の規範的な型の下に商品化されたものとして大量に生産され、販売され、消費されていったことを意味している。（若林、二〇〇一）

変貌のきざし

郊外の均質化が指摘されてきた一方で、近代家族やライフスタイルは、日本社会全体で急速に変貌し続けてきた。例えば、男親が働き家庭を支えて女親が子育てをする、という性別役割分業に基づく家族像は今も代表的な家族像として語られることもあるが、そもそもそうした家族像は日本の歴史のなかではごく一時期のものに過ぎず、あてはまる地域や階層も限られていた（上野、二〇一一）。共稼ぎ世帯の比率は、一九八〇年には片働き世帯の半分強に過ぎなかったのが二〇一七年には二倍近くまで増加しており（内閣府、二〇一八）、片働き世帯は現代の主流とは言えなくなっている。また令和二年度版の男女共同参画白書によると、第一子を出産した後も就業し続ける女性の割合は、一九八五〜一九八九年の間に出産した女性が二四・一パーセントであったのに対して、二〇一〇〜二〇一四年の間に出産した女性は三八・三パーセントにのぼる。つまりこの二五年間で一四・二ポイント増加しており、幼い子どもをもちながらも離職しない人が増えているのだ。核家族という言葉、とりわけ成人前の子供をもつ二人親＋子世帯も、すでに一般的な世帯構造を示すものではない。こうした世帯が減る一方で、単身世帯と夫婦のみ世帯は右肩上がりで増えている。また二〇一八年には、未婚の子が同居する六五歳以上の親世帯（いわゆるパラサイト・シングルと同居する世帯）は、五一二・二万世帯に達し、六五歳以上の者がいる世帯全体の五分の一を占める（厚生労働省、二〇一八）。

雇用状況にも変化がある。近年の退職年齢の引き上げや定年後の再雇用、健康寿命の伸長などにより、六〇歳を超えても働き続ける人が増えている。高齢者の日常生活に関する意識調査（内閣府、二〇一四年）でも、働けるうちはいつまでも働きたいとする高齢者が最も多い（四四・二パーセント）。その一方で男性・女性ともに非正規雇用率が増加の一途をたどる。労働力調査特別調査によると、二〇二〇年時点では、非正規雇用の割合が男性で二二・三パーセント、女性で五六・〇パーセントに達する。とくに五五〜六四歳と二五〜三四歳では、男女ともに一九八〇年代頃から増加し続けており、若い世代の非正規雇用化がめだつ。こうした背景もあってか、二〇一九年の国民生活基礎調査では、生活が「大変苦しい」もしくは「やや苦しい」と回答する比率が五四・四パーセントにのぼり、一九九一年の三七・八パーセントと比べると約一七ポイント増加している。その一方で生活が「普通」と答える割合は、一九九一年が五五・四パーセントであるのに対し、二〇一九年は三九・九パーセントと一五ポイント減少しており、また「ややゆとりがある」や「大変ゆとりがある」とする割合は、ほぼ変わらない（厚生労働省、二〇二〇および一九九五）。

2
郊外生活の現在

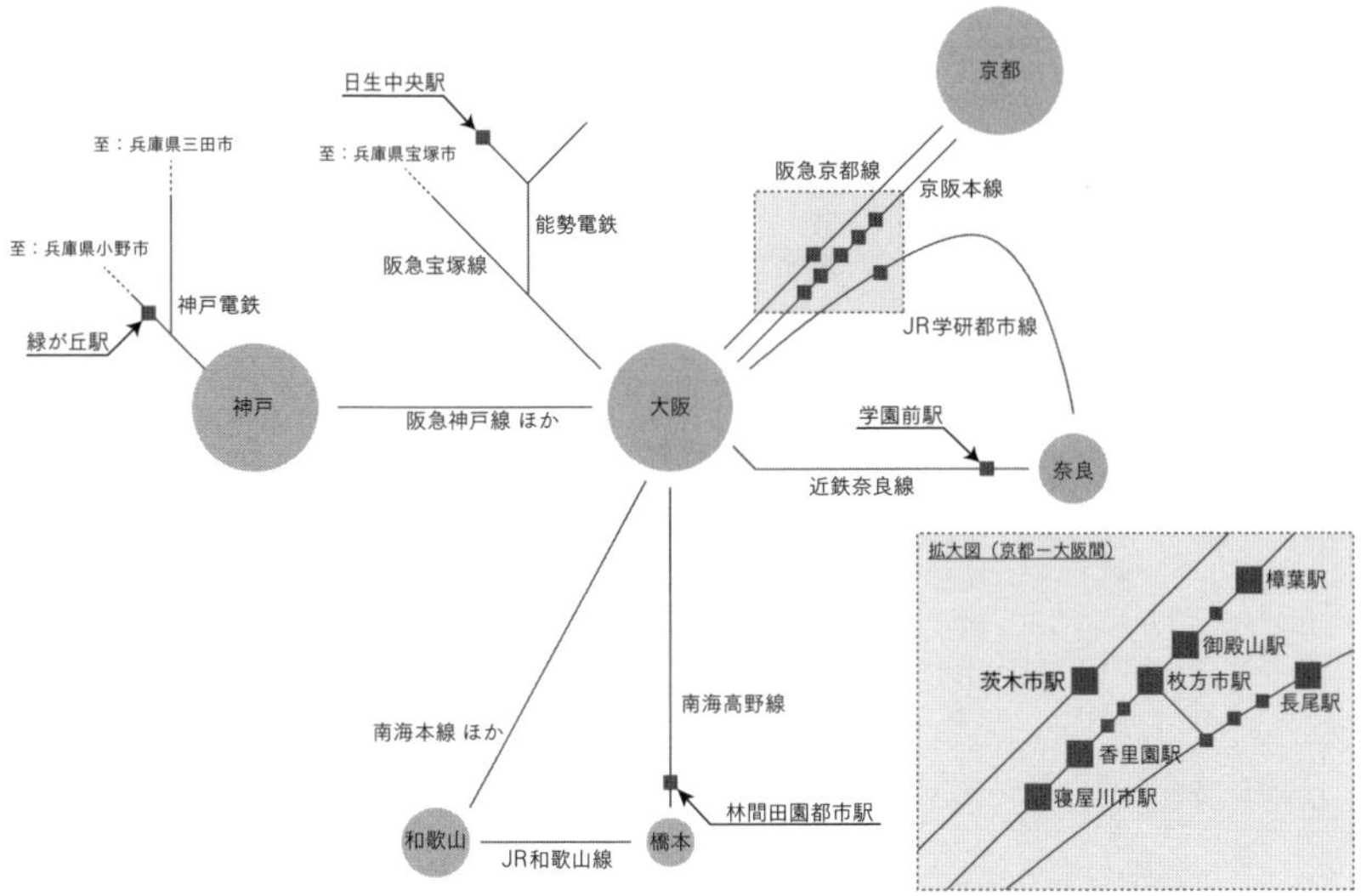

図1　本章で取り上げる主な鉄道路線

　男女の役割についての社会通念も変容している。旭化成ホームズの「くらしノベーション研究所共働き家族研究所」の調査報告書によると、家庭内での男女間の家事分担の格差が、少しずつではあるが近年是正される傾向にある（くらしノベーション研究所共働き家族研究所、二〇一四）。また家族を大切にしつつも個人の時間を大切にするという個人志向的価値観も、年々増加している。内閣府による日本人の社会意識に関する世論調査では、二〇〇〇年以降「個人生活の充実をもっと重視すべき」という個人志向の割合が増え始め、東日本大震災を契機に急増した。一九八九年は三三・二パーセントであったのが、二〇一九年には四一・一パーセントに増えている。なかでも二〇代と三〇代の個人志向比率は、二〇一八年時の調査で半数近くにのぼる。

　こうした家族構造や経済状況・国民意識などの変化が、郊外の生活ならびに空間構造に大きな影響を与えることは論をまたない。「均質」と評価されてきた郊外は、こうした潮流に飲み込まれるなかで、どのように変わろうとしているのだろうか。例えばすでに郊外自立生活圏とも言える通勤生活圏が形成されつつあり（山村他、二〇一三）、また外食や中食はすでに日常生活に溶け込んでいる（伊東他、二〇〇九）。筆者らの調査でも、ひとつの郊外住宅地のなかに多様な生活スタイルをもつ複数のクラスターが確認されている。均質な郊外生活スタイルがそのまま継承されているのではなく、地域間や世代間の差異を伴いながら多様化していると考える方が自然である。本章では、こうした考えのもと、主に関西圏の鉄道六路線の沿線に居住する人々へのアンケート調査をふまえて、郊外生活の現状とそこから読み解かれるこれからの郊外生活スタイルを展望する。なお、図１に本章で主に触れる鉄道路線と駅を示す。

2　買物先からみた郊外生活

購買施設の立地と買物行動

計画的に開発された郊外住宅地の多くには、普段の買物需要を支えるためにスーパーマーケットや商店街が誘致された。駅から徒歩圏の住宅地の場合は駅周辺に商業施設が立地し、また住宅地開発がモザイク模様のように郊外へ拡大し続けるなかで、それぞれの住宅地にも商業施設が誘致された。さらにモータリゼーションの進展とともに、幹線道路にはロードサイド店舗が進出していった。団地内居住者の買物を前提に計画された店舗などでは、品ぞろえや価格の面で住民を満足させることが難しく、住民は広域からの集客を目指すロードサイドの大型店舗に引き寄せられた。ロードサイドの大型ショッピングセンターはさらに巨大化を続け、そこは普段の買物の場に加えて、「家族と一緒に」出掛けることによる「消費を介した家族の結束」

を確認する場としても、受け止められるようになった（三浦、一九九五）。

こうしたことを背景に、筆者らは生活者が、住宅地内、駅周辺、ロードサイド、都心部などをどのように使い分けているかを尋ねた。そしてアンケート調査の結果などから、郊外住宅地における購買行動には、主に以下の三パターンがあることが明らかになった。

第一はロードサイド店舗を主に利用するパターンである。マイカーに頼る日常生活は、現代の郊外住宅地にとっても主流であり、とくに駅から離れた住宅地に住む居住者は、こうした生活スタイルを取ることが多い。例えば大阪と奈良を結ぶ近鉄奈良線沿線で、駅から一キロメートル以上の距離に位置するふたつの住宅地（奈良県奈良市西登美ケ丘地区と登美ヶ丘地区）では、ロードサイドにある郊外店舗を利用する比率が、ともに七割を超える。同沿線の他の住宅地でも、半数ほどの居住者がロードサイド店舗を主に利用している。そして、彼らのうちマイカーやバイク等を利用して買物に出向く居住者の割合は八〇パーセントにのぼる。

また京都〜大阪間を走る京阪沿線の典型的な衛星都市である大阪府枚方市や寝屋川市でも、最寄りの鉄道駅から離れるに従いロードサイド店舗を利用する傾向が強くなる。市の中心部に近い住宅地でも、居住者の三〇パーセント弱が最寄り品の購入にロードサイドの店舗を利用する（郊外・住まいと鉄道研究委員会、二〇一七）。駅周辺に商業集積が少ない京阪御殿山駅（枚方市）やJR学研都市線長尾駅（枚方市）などでは、いっそうロードサイド店舗の利用率が高まる。

ただし、彼らのなかにはロードサイドとは言っても、大型ショッピングセンターではなく、比較的小規模のスーパーマーケットや小売店で買物を済ませる者もいる。誰もが大型ショッピングセンターやホームセンターに出掛けているわけではない。マイカーでロードサイド店舗を利用しているとはいうものの、訪れる店舗の規模や形態を見ると、彼らの生活スタイルは少なからず多様化している。

第二は主に住宅地内の最寄り店舗を利用するパターンである。大阪都市圏の北端部に位置する能勢電鉄沿線のときわ台や光風台（どちらも大阪府豊能郡豊能町）などでは、広域集客をねらう大型店が成立しづらいために、ロードサイド店舗の利用者と同等かそれ以上が住宅地内、すなわち徒歩圏内の店舗で最寄り品を購入しており、コンパクトな購買生活圏を形成している。このような状況は神戸市の郊外に位置する兵庫県三木市緑が丘でもみられ、居住者の多くは住宅地中心部にあるコープ三木緑が丘店を利用している（青木、二〇一八）。

こうした地域では、居住者はロードサイド店舗に頻繁に車で訪れるわけではなく、また最寄り駅周辺の店舗や都心まで出向くわけでもない。職場や余暇活動の場が住宅地の外にあったとしても、日常の買物行動は住居の近くでまかなう。ロードサイド店舗があまり発展しておらず、また最寄りの駅前に商業施設が少ない郊外住宅地では、居住者の買物行動は自ずとそれぞれの住宅地内の店舗に収まる傾向にある（郊外・住まいと鉄道研究委員会、二〇一六、青木他、二〇一九a）。またこれら地域の多くは高齢化が進行しており、最寄りの商業施設へのニーズが高い。普段の買物は徒歩圏でという、近隣住区論など近代の郊外住宅地が想定してきた生活スタイルが、高齢化の進展とともに現代の大都市圏縁辺部の郊外住宅地で成立している。

自らの住宅団地内ではなく、近隣の住宅団地のなかの商業施設に依存する場合もある。ある特定の住宅団地内の商業施設に、周辺のいくつもの住宅地や旧集落からも買物に訪れているのだ。大阪府難波から和歌山県橋本市方面に延びる南海高野線の林間田園都市駅（和歌山県橋本市）近くのある住宅地にはスーパーマーケットとホームセンターが立地し、そこに周辺の住宅地からも買物客が訪れる。ある特定の住宅地へ周辺の住宅地から買物に訪れるという傾向は三木市緑が丘の居住者でも確認される。隣接して開発された青山地区には中心部に一定の商業集積があり、緑が丘の居住者の一部はそこで最寄り品を購入している（青木他、前掲）。

これらの場合の交通手段は必然的にマイカーとなる。

第三は、駅前や近くのまちの中心部を利用するパターンである。二〇一〇年度のパーソントリップ調査によると、京阪沿線の枚方市駅や寝屋川市駅など市の中心部や、樟葉《くずは》駅（大阪府枚方市）と香里園駅（大阪府寝屋川市）のように大規模な商業施設がある拠点駅前には、世代に関係なく買物目的の住民が集まってきている。アンケートからも、駅周辺の住宅地居住者は、駅の近くでの買物比率が高く、五〇パーセント以上が駅周辺の店舗を主に利用することがわかる。こうした駅は駐車場をそなえた商業集積があり、駅に近いエリアや沿線上の周辺地域だけでなく、鉄道駅から徒歩圏外の住宅地にとっても生活拠点として機能する。マイカーはもとより鉄道を利用して買物に訪れるという生活スタイルにも対応しており、駅周辺の居住者だけではなく、やや離れた地域に住まう人々の買物拠点としても機能している。近鉄奈良線沿線でも駅から一キロメートルほどの距離にある鳥見町や百楽園（どちらも奈良県奈良市）という戸建て住宅地では、駅前を最寄り品購入に利用する割合が高い（鳥見町…四八・八パーセント、百楽園…三七・四パーセント）。最寄り駅から一キロメートル以上離れた他の住宅地でも、住宅地内に十分な商業施設がない場合は、駅周辺に依存する場合がある。近鉄奈良線沿線の学園前駅周辺（奈良県奈良市）や、能勢電鉄の終点である日生中央駅周辺（兵庫県川辺郡猪名川町）では、駅から一キロメートル以遠の居住者の三〇パーセント以上が駅周辺を生活用品購入のために利用している。これらの他、乗降客数があまり多くない駅でも、最寄り駅近くの商業施設を日常的に利用するケースも散見されるが、これも駅前に依存した生活スタイルのひとつと言えるだろう。

また前述の南海高野線沿線の林間田園都市駅など大阪都心への通勤圏の限界地域では、大阪都心とは逆方向の和歌山県橋本市の中心市街地まで車で買物に出掛ける人が半数以上にのぼる。都心の鉄道ターミナルではなく、近くの地方都市中心部が日常生活を支えている。

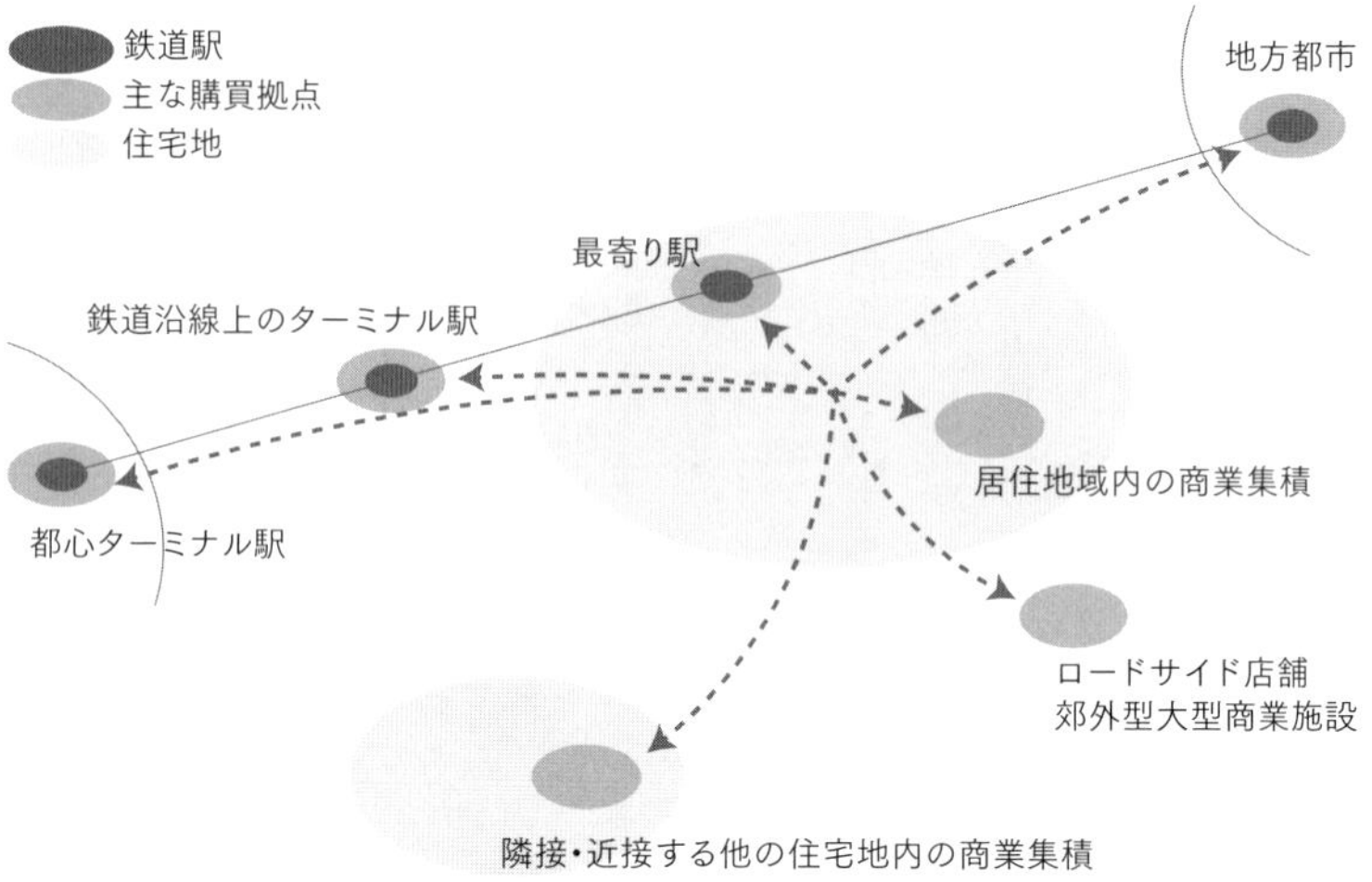

図2　郊外生活における拠点

もちろん以上の三パターンだけですべての買物行動を説明できるわけではない。これらの三パターンを基本としながらそのバリエーションが存在する。郊外居住者が食料品やその他最寄り品を購入する店舗は、ロードサイドや住宅地内の商業施設に加えて、最寄り駅や沿線上の他駅、地方の中心市街地や近隣の住宅地内など、日常生活圏のなかでも多様化、多核化しており、それらが新しく形成されてきた多様で重層的な郊外生活者を支えている（図2）。例えば能勢電鉄沿線の住宅地である阪急北ネオポリス（兵庫県川西市）では、最寄り品の購入場所は、住宅地内が三二・一パーセント、住宅地周辺が三七・五パーセント、最寄り駅周辺が二二・六パーセントというように分散している。そしてそれぞれの商業施設を支えるのが、同じ郊外住宅地のなかに混在す

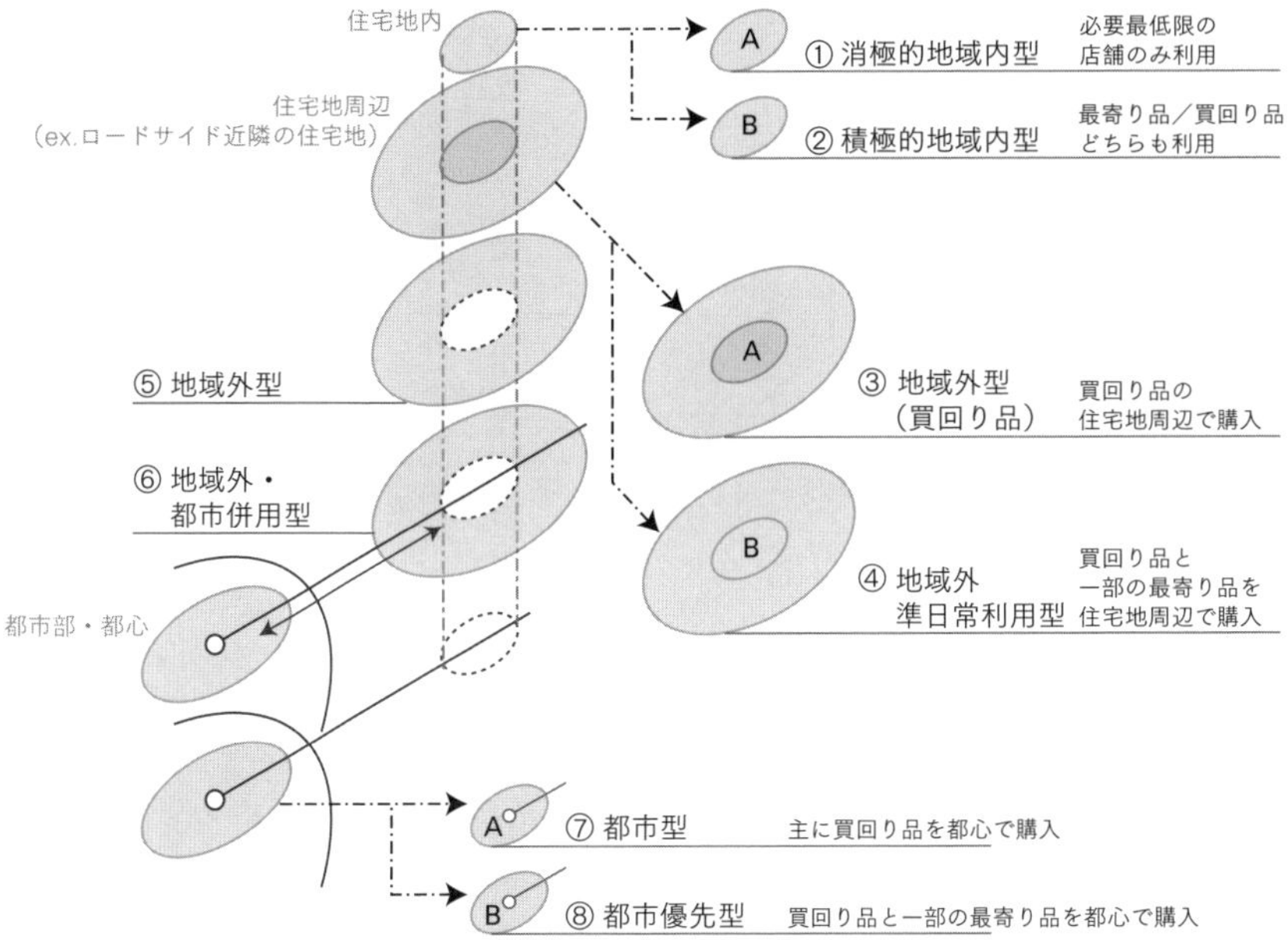

図3　購買行動における行動パターン

る、異なる生活スタイルの居住者たちである。三木市緑が丘でも、最寄り品と買回り品の購買行動パターンによって居住者の生活スタイルを類型化したところ(青木他、二〇一九b)、住宅地の内と外や、都心と住宅地内もしくは都心と住宅地周辺を併用する層が一定数存在していることがわかっている(図3)。やや細かくなるが、①地域内を中心に利用する傾向にあるが一部の店舗はそもそも利用しない「消極的地域内型」、②施設種に関係なくほぼ全ての施設を主に地域内で利用する「積極的地域内型」、③買回り品は主に地域外の店舗を利用する「地域外型(買回り品)」、④食料品以外をロードサイドなどの地域外で購入する「地域外準日常利用型」、⑤ほとんどの施設を地域外で利用する「地域外型」、⑥主に買回り品を地域外と都市部で購入する「地域外・都市併用型」、⑦買回り品を都市部で購入する「都市型」、⑧日常的な食料品の一部も含めて都市部の施設を利用する「都市優先型」の八パターンに分けることができる。さらに一部の居住者は、最寄り品の種類や質によって買物先を使い分けており、必ずしもどこかひとつの場所だけに依拠しているわけではない。このように現在の郊外住宅地では、少なくとも購買行動という点からみるだけでも、一様な郊外生活スタイルが継続しているとは言えない。

購買行動からみた郊外の空間構造

都心部のように商業集積が高密度ではなく、一方で農村ほど低密度でもない郊外住宅地だからこそ、郊外生活の多核構造が成立していると言えないだろうか。また計画的な郊外住宅地の場合は、それぞれの住宅地内の需要に見合う商業施設を配置することが普通であり、その多くは徒歩圏での立地を原則として計画されてきた。そのことが居住者にとっては店を「選ぶ」ことができないという不満につながった。住宅地内の最寄りの店舗で買物をする人たちのなかには、積極的にその店舗を利用する人と、やむをえず利用する人とが混在している。マイカーでのアクセスが前提のロードサイド店舗の増加は、住宅団地内や駅前などの商業施設との競合を引き起こしながら、購買生活の選択肢を増やしてきた。そのなかで今まではマイカーでのアクセス性に勝るロードサイド店舗が、常に優位な状況にあった。

一方で近年は駅前居住へのニーズが高まるなかで、駅周辺への商業施設需要が高まっている。ただし駅周辺での買物にもマイカーを使うという居住者がどの鉄道沿線にも存在する。今後は高齢化の進行によって、郊外であってもマイカーに依存しなくてもよい生活空間づくりが求められるなかで、ロードサイド店舗の拠点化と駅前居住の進展が互いにけん制し合いながら、徒歩、鉄道、マイカーのどれにも偏らない生活スタイルが育まれてきている。生活スタイルの多様化がさらに進むなかで、郊外住宅地における多様で選択可能な施設配置の考え方をいっそう深める必要があるだろう。

3 外食先からみた郊外生活

外食の頻度と場所

次に外食行動から現在の郊外生活の特徴をとらえてみよう。開発初期の郊外生活者の普段の夕食は自宅で家族とともに取ることがあたりまえで、サラリーマンの夫には職場の付き合いがあったとしても、家族で外食する機会は今ほど多くなかったのではないだろうか。やがて駅周辺やロードサイドにフランチャイズの飲食店が進出し始めると、そこが家族での休日などの外食場所となった。ところが高齢化が進行し、郊外第二世代にあたる子ども世代が巣立ってしまうと、外食行動の機会や場所、目的が変わっていった。

近鉄奈良線沿線・能勢電鉄沿線・南海高野線沿線でのアンケート調査では、「月に数回」外食するという人が半数前後と最も多い一方で、そもそも「ほとんど行かない」とする回答が四〇パーセントほどを占める。また約一〇人に一人は「毎日」・「週に複数回」と回答し、外食が日常化している世帯の存在も確認できた。この傾向は、他の地域(三木市緑が丘や枚方市、茨木市など)でもみられ、外食の機会は多様化しつつも地域差は小さい(郊外・住まいと鉄道研究委員会、二〇一七、青木、二〇一八)。

では、彼らは、実際にどこで外食するのだろうか。買物については購入場所の多核化の状況を説明したが、外食でも、ロードサイド店舗以外にも駅周辺やその他地域が使われる傾向がある。近鉄奈良線・南海高野線・能勢電鉄線の調査によると、路線に関係なく住宅地近くの飲食店を主に利用しており、最寄り品の購買と同じく近所の飲食店が代表的な外食場所のひとつとなっている。加えて近鉄奈良線沿線では駅周辺の飲食店利用割合も高く、三〇パーセント以上が利用している。また南海高野線沿線では「その他地域」が三分の二以上を占める。「その他地域」のなかでは、梅田、難波、三宮などの都心が突出して多く四〇パーセントほどにのぼるが、続いて周辺都市の中心部（橋本市や奈良市中心部）、ロードサイド店舗、勤務地付近や沿線上の他の駅などが並ぶ。このように外食場所は買物よりも多岐かつ広範囲にわたっている。また「出先」や「特定の場所はない」という回答も一定数あり、外食それ自体が目的になるのではなく、買物や余暇活動に合わせて外食場所を決めるという傾向もみられる。

外食コミュニケーション

落合恵美子によると、近代家族の特徴に「社交の衰退」や「非親族の排除」があるという（落合、一九八九）。こうした特徴もあり、近代家族を多く受け入れてきた郊外での外食のイメージは家族を中心に語られがちだが、実際には、町内会の集まりや子どものネットワークを通じて知り合った友人（いわゆるママ友）とのランチなど、家族以外との外食機会も多い。地域サークルの集まりや、習い事のあとのお茶会など、地域のさまざまな集団に属する人たちとの飲食にもロードサイドなどの居住地外の店舗が使われる。三木市緑が丘では、「個人・家族」の場合は住宅地内や近隣のロードサイドの飲食店が主に利用される一方、「友人・知人」との場合は、ロードサイド店舗や都心を利用する人が多い（青木、二〇一八）。家族での外食と比べると、友人らとの外食場所は広域に広がっているようだ。

都心の店舗が、古くからの知人や遠方の友人との交流のために使われることもある。もともと郊外住宅地居住者の多くは他地域から転入してきたのであり、都心の飲食施設は、離れた場所に住まう友人・知人間と

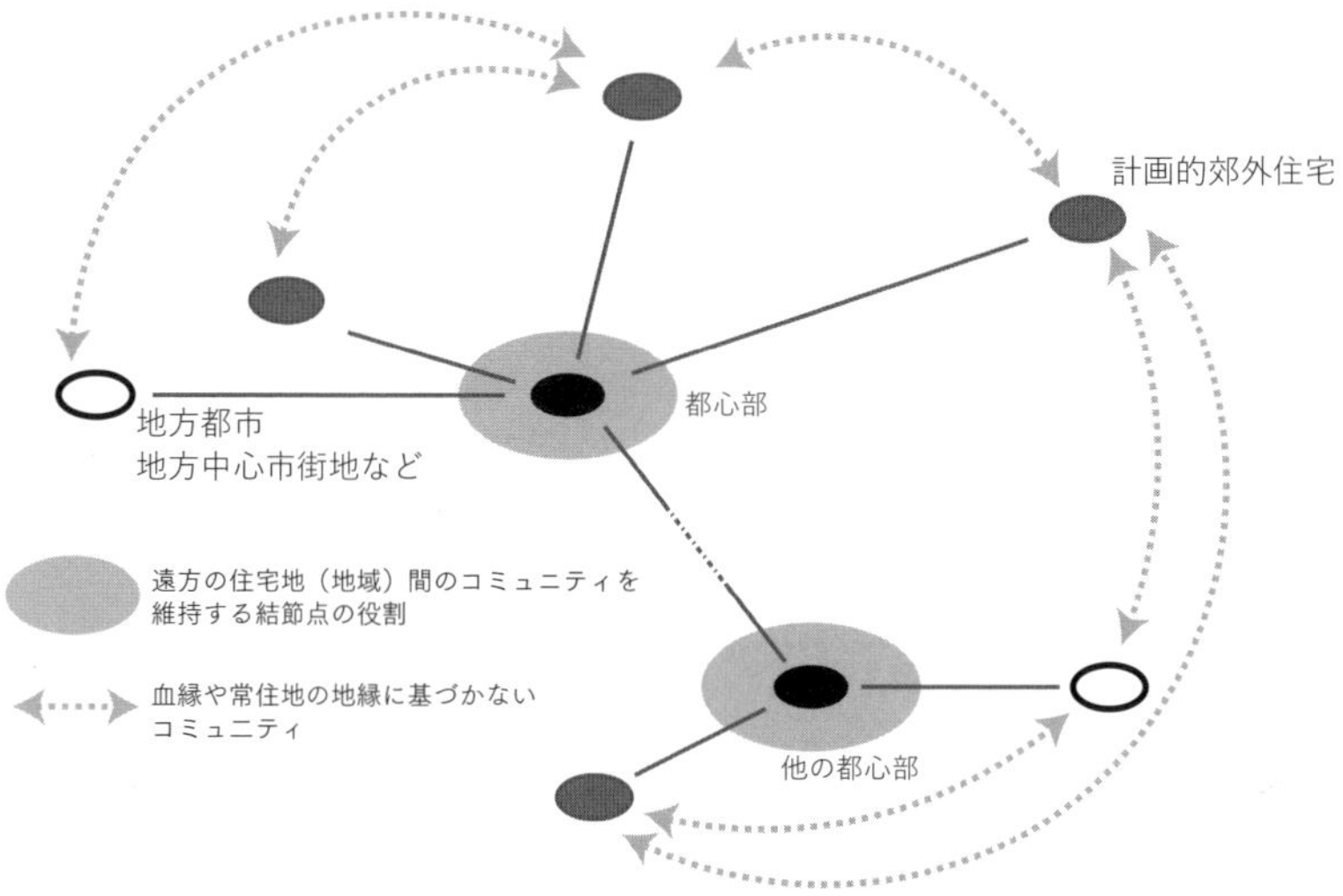

図4　遠方の住宅地間のコミュニティをつなぐ都心

のつながりを維持する役割も担っているのだろう（図4）。

また家族との外食にしても「同居する家族が一緒に」というだけではない。外食が月に数回以下という人の多くは、子ども夫婦や孫が遊びに来たときがその機会になる。筆者は神戸市外縁部に位置する西神南ニュータウンに住んでいるが、駅前の飲食店には老夫婦とその孫の姿をよく見かける。そしてそれは必ずしも休日に限らず、平日の夕方でも普通の風景となっている。郊外レストランが三世代もしくは祖父母と孫のコミュニケーションの場として、郊外居住者とその親族を引き付ける（青木、前掲）。ひとむかし前の大家族での食事風景が、家庭内から飲食店へ外部化している。また近年は子ども世帯が転居を考える際に、祖父母がニュータウンに居住している場合、近隣のニュータウンを選択しやすい傾向にあることをふまえると（松川、二〇一九）、郊外での拡大家族の外食機会は今後増加するかもしれない。

ハレの日の外食

冠婚葬祭や家族の誕生日などの記念日、いわゆるハレの日の外食はどうか。ハレの日の外食には、日常の生活圏から離れた場所の店が使われても不思議ではない。アンケートからは、特別な日の外食でも約一五パーセントの人は住宅地内や普段利用する駅周辺の飲食店を利用するとの回答が得られたが、京阪沿線ではロードサイド（三五・五パーセント）が、阪急京都線沿線では都心（二四・九パーセント）の利用率が最も高かった。選択肢が多くて特別な日の外食に適していると思われる都心が利用されやすいとはいうものの、それぞれの鉄道会社の都心ターミナル駅周辺の店舗集積状況にもよるが、沿線によっては必ずしも都心に出掛けるわけではなく、ロードサイドの飲食店がハレの日の外食先として機能することも少なくない。

外食場所の役割

郊外での外食施設というと、ロードサイドのレストランを思い浮かべがちだが、実際はカフェや居酒屋などもよく利用される。飲食施設のタイプと立地場所との間にはどのような関係があるのだろうか。やはりロードサイドのレストランが最もよく使われているものの、カフェは住宅地内でもロードサイドでも利用されやすい。また都心ではさまざまなタイプの飲食施設が使い分けられている。そうしたなか、居住地近くの居酒屋・バーの利用率はカフェやレストランの利用率よりも低い。ニーズはあるとはいうものの、飲酒を主な目的とする業態は、住まいの近くでは成立しづらいということだろうか。

このことを裏付け、さらに考察を進めるために、都心での外食率が比較的低い京阪沿線で、普段利用する駅や同じ沿線上の他駅周辺の飲食施設の利用傾向を調べてみると、カフェやバー・パブに比べてレストラン

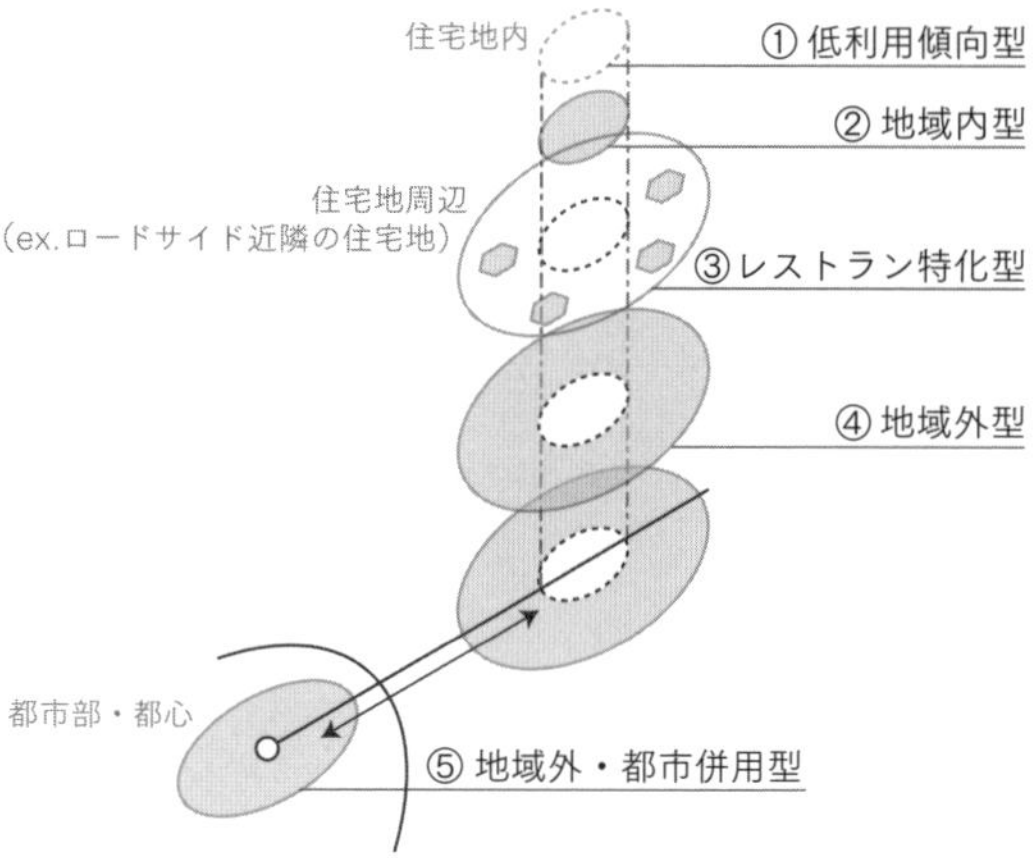

図5　外食行動における行動パターン

と居酒屋は、普段利用する駅周辺よりも他駅周辺で利用される傾向の強いことがわかった。とくに居酒屋では、このような傾向が京阪沿線の特急停車駅（枚方市駅や樟葉駅など）を普段利用する人々にもみられる。最寄り駅周辺に商業施設が集積していても、居酒屋やレストランは、違う駅周辺で利用する人が一定数いるのである。駅周辺の飲食店は、必ずしも近隣住民だけが利用するというわけではない。

飲食施設がどのように使い分けられているかは、利用する施設の種類と場所で類型化することでいっそう明確になる。例えば三木市緑が丘居住者の外食パターンは、以下のように整理できる（図5）。①どんな飲食施設もあまり利用しない「低利用傾向型」、②主に住宅地近くの飲食店を利用する「地域内型」、③レストランのみを利用する「レストラン特化型」、④ロードサイド等の地域外の店舗で外食する「地域外型」、⑤地域外と都市部の飲食店を使い分ける「地域外・都市併用型」の五パターンである（青木他、二〇一九a）。三木市緑が丘は、都心へ出かけやすい住宅地であるとは言い難いが、それでもわざわざ都市部まで出向いて外食する理由が彼らにはあるようだ。またこうした外食パターンのうち、居酒屋やバーをいちばん利用するのは、「地域外・都市併用型」の人々である。住宅地内やその近隣の飲食店を普段利用する居住者は、世代に関係なく居酒屋・バーなど飲酒を伴う店はあまり訪れない。

外食は、近代家族がともに過ごし団欒する大切な機会のひとつであり、郊外の発達とともにロードサイドのファミリーレストランが、主にその役割を担うようになった。しかしながら現代では選択肢が広がり、都心や駅前空間、近隣の他駅周辺などの飲食店も用いられるようになった。そしてそこは家族だけの空間ではなく、友人との付き合いや、親族との世代を越えたつながりを再認識する場となっている。その一方で、なかには外食をほとんどしない居住者や、反対に外食が日常生活に溶け込んでいる人々がいる。とくに単身者や共働き世帯のなかには、ふだんから外食があたりまえという人も少なくない。

このように外食の目的や場所はますます多様化している。社会構造と人口構造が変化し、家族像や団欒の形が多様化を続けるなかで、今後もさまざまな外食のスタイルと場所が求められていくだろう。さらにそこには、家庭とも職場とも異なる「サードプレイス」としての役割が付け加わる。一方で新型コロナウイルス禍は、今後の外食のあり方を考え直す機会ともなった。それぞれの飲食施設がどのように使われ、誰と誰を結びつけるのかを知り、目的に応じた外食施設をどこにどのように提供するかがさらに問われるだろう。

4 自己実現の場からみた郊外生活

近くに欲しい施設やサービス

ステレオタイプ的な郊外生活観では、世帯主である夫は近隣との付き合いは少なく、職場と自宅との往復に明け暮れ、妻は子育てや近所付き合いにいそしむなかで、買物や外食、そして子育て以外の関心は少ないようにとらえられがちだった。しかし実際の郊外生活はそうではない。日本人の価値観が社会志向から個人志向にシフトするなかで、郊外のライフスタイルは多様化し、自己実現にかかるさまざまな施設やサービスへのニーズも高まっている。核家族世帯が家族とともに団地に暮らし、一緒に行動する時間は実はそれほど長くはない。夕食時の団欒や、近所の公園での子どもとの時間、休日のショッピングなどが家庭生活で重視されるのは個人の生活史の一時期にすぎない。このことに気付いたからか、家族生活と同等あるいはそれ以上に個人としての生き方にもこだわる人が増えている。松下東子によると、現代の消費者の理想の暮らしとは「郊外に住んで趣味に没頭する」ことであり、また趣味に没頭することが、家族・友人・恋人との時間を大切にすることよりも上位にきている（松下他、二〇一九）。

こうした傾向を裏付けるように、筆者らの調査でも、住まいの近くに求めるサービスやお気に入りの施設とその理由をみると、個人の趣味や自己実現のためのものを求める傾向がうかがえる。例えば、近鉄奈良線・能勢電鉄・南海高野線沿線での調査では、どの沿線居住者も「趣味や習い事をする教室（二六・四パーセント）」や「スポーツジム（二五・四パーセント）」、「美術館・博物館（二〇・一パーセント）」、「昼間に気軽に集うことが出来る場所（一九・六パーセント）」が住居の近くにあることを、四〜五人に一人の割合で求めている。とくに「趣味や習い事をする教室」は、京阪本線および阪急京都線沿線でも、わざわざ鉄道を使って他の駅（地域）まで出向くという居住者が多く存在する（郊外・住まいと鉄道研究委員会、二〇一八）。

同じく京阪本線・阪急京都線での調査からは、ある場所や施設が気に入っている理由として、「息子たちの家族とにぎやかに食事ができるし、子どもたちが喜ぶから（六〇代女性）」や、「孫と一緒に遊べる（六〇代女性）」といった家族との交流をあげる回答がある。だがその一方で「友人との憩いの場（三〇代男性）」や「友人との会食（六〇代女性）」といった家族以外との交流や、「興味があるイベントが多い（七〇代女性）」や「好みのスタイルを実現できる洋服を購入できる（四〇代女性）」などの個人的な嗜好を理由とする回答が多い。例えば趣味の教室をお気に入りの場所と答えた理由は「好きなフローリストの教室なので（三〇代女性）」というものであった。

住宅地に求められる新たな条件

個人のライフスタイルを重視する傾向が強まるなかで、住み替えのゴールとして家族が定着できる家を郊外にもつことは、もう都市流民共通の目標とはいえなくなっている。都心のタワーマンションや地方の農家に暮らすことと同じように、郊外居住も個人の生きざまに合わせた住まい方のひとつと理解され、郊外生活ならではの自己実現の場とは何かが問われている。若い世代が郊外に居住地を選ぶ際にも、従来から言われてきたような鉄道沿線イメージよりも、個々の住宅地の実質的な魅力を重視するようになっている（青木他、二〇一九b）。今後は、あくまで自らが求めるライフスタイルを実現できるかどうかを前提に居住地を探した結果として、それぞれの郊外住宅地が選ばれると理解する方が自然である。

個人の自己実現志向が高まるなかで、地域社会への関心や関わり方も変化してきている。自治会や町内会の衰退が問題視されて久しいが、その一方で郊外住宅地にもまちづくり協議会はじめさまざまな地域団体が生まれている。三木市緑が丘では、「障がいのある人もない人もみんなで考えようユニバーサルな地域づくり」というコンセプトを掲げた「おおきなき」という団体が同名の施設を設けて、主に子育て世帯などを対象とした新しいライフスタイルの創出をテーマに活動の幅を広げており、そこが他の地域活動団体のプラットフォームともなっている。このような事例はどの大都市圏郊外でも増えつつある。自治会や婦人会など従来の地域活動の多くが地縁型かつ受動的なものであったのに対し、自己実現の手段としてのクラブ社会型の能動的活動が増えている。受け身ではなく、自らの価値観に基づいて行動した結果のものといえよう。

また新型コロナウイルス禍によって、若い世代を中心にワークライフスタイルの見直しが急速に進むとともに、必ずしも通勤利便性だけにはこだわらない人が増えつつある。テレワークの普及によって住まいでの滞在時間が増えるなかで、必然的に住環境への関心が高まっている。買物や外食などの生活利便施設だけでなく、散歩や気分転換のできる豊かなオープンスペースを楽しめる郊外生活への関心はさらに高まるだろう。趣味や自己実現の場を郊外住宅地でどのように確保するのか、生活スタイルに合わせた多様なサードプレイスへのニーズも増えることが予想される。

5 新しい世代の郊外生活

ライフステージで読み解く

どの居住者もライフステージが変わるとともに生活行動は変化する。郊外住宅地では、開発当初に移り住んだ世帯が一律に高齢化する一方で、住居の二次取得層や子育て世帯の転入、近居同居の増加など、新しい家族も少なからず流入する。その結果持家比率が高くて居住者が入れ替わりにくい郊外住宅地でも、少しず

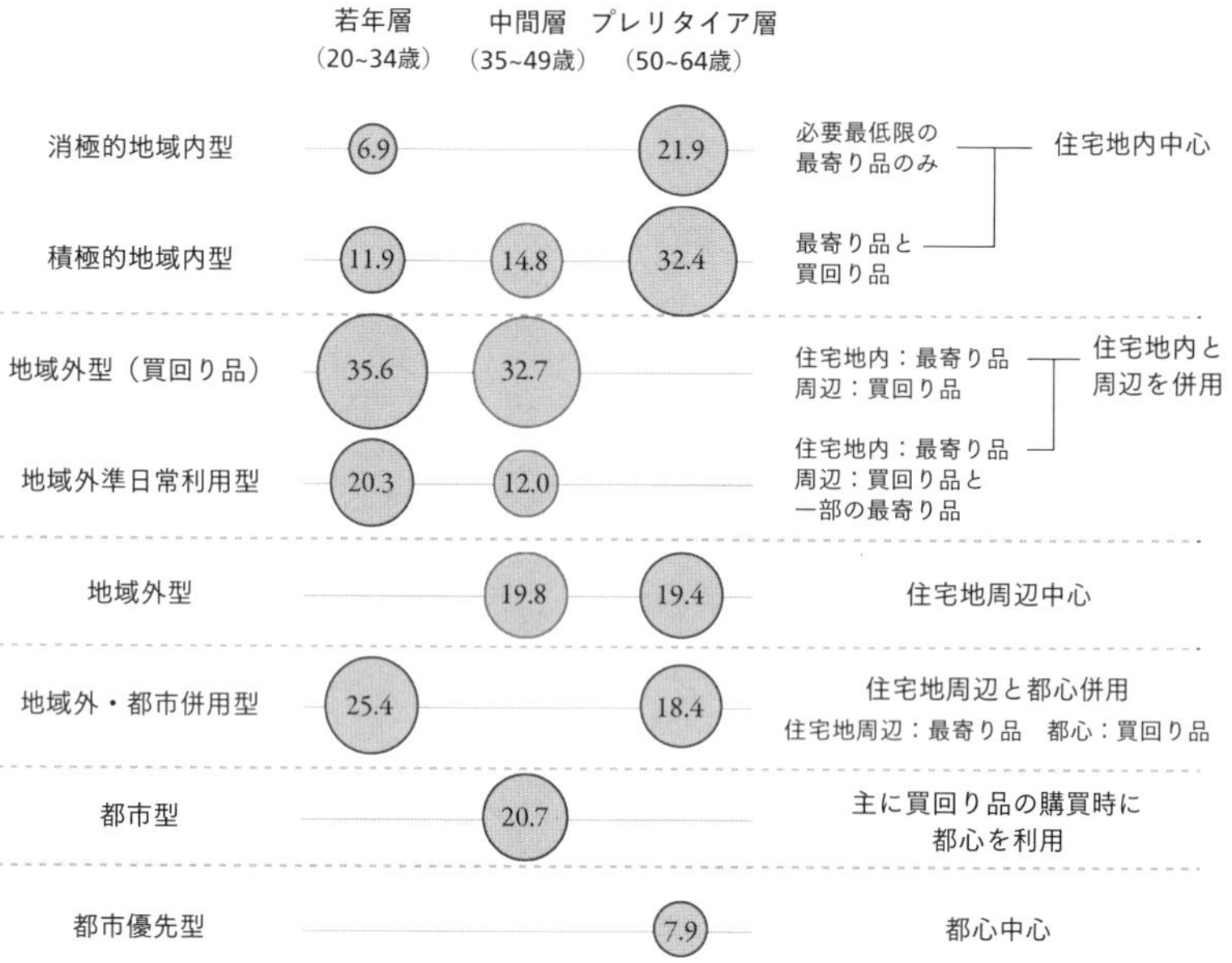

図6　世代ごとの各購買行動パターン該当率

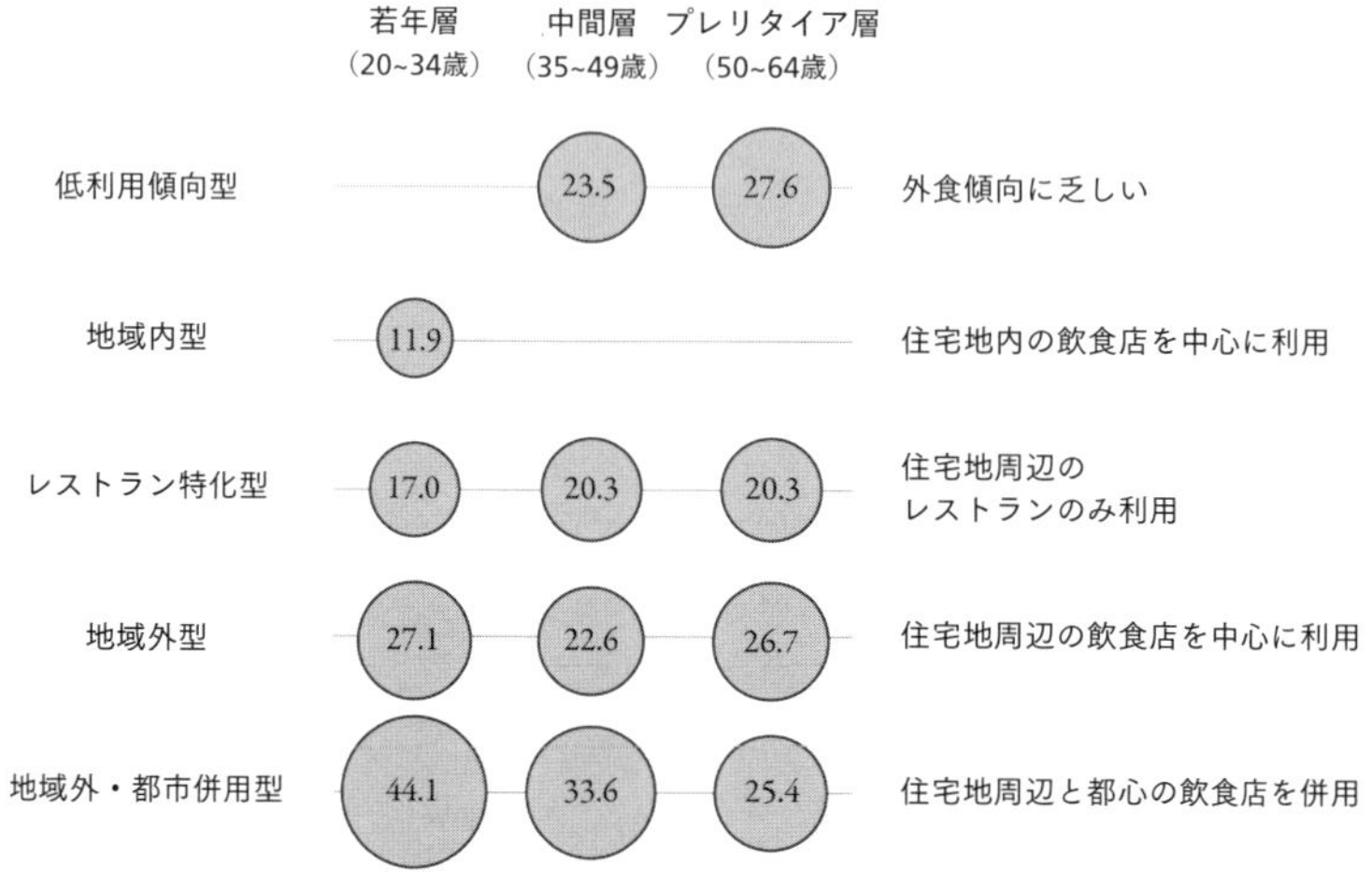

図7　世代ごとの各外食行動パターン該当率

2

つではあるが多世代の混在が起きる。また女性の社会進出や働き方改革も、今後の郊外生活スタイルを多様化させる足がかりになる。ここまで見てきた郊外生活の多様化や変容の背景には、このような多世代の混在や世帯構造の変化がある。新しい世代・新しい居住者の郊外生活は、今後どのようになるのだろうか。

ライフステージがひとつの切り口となる。国立社会保障・人口問題研究所によると、二〇一六年の三〇～三四歳の既婚率は男女ともに五〇パーセント前後であり、年齢階層別出生率は同じく三〇～三四歳で最高値をとる。また文部科学省の学校基本調査では、二〇一八年度の高等学校卒業後の大学・短大進学率が五四・八パーセント（専門学校を含めると七〇・七パーセント）に達している。こうした状況から、ライフステージを、①若年層…二〇歳～三四歳の社会進出および婚約ステージ、②中間層…三五歳～四九歳の労働人口の中心化および子育てステージ、③プレリタイア層…五〇歳～六四歳の子どもの独立および定年退職への準備期間という三段階で捉えて、この三段階のライフステージ間での生活スタイルの違いに注目する。

近鉄奈良線沿線・能勢電鉄沿線・南海高野線沿線での調査からは、最寄り品の購入頻度と主な購入場所についてのライフステージ間での差は少ないが、利用店舗の業態では若年層とそれ以外との間で違いが見られた。どの世代もスーパーマーケットを利用する割合が最も高いものの、若年層は他の世代に比べて個人商店なども利用する傾向がみられた。一方で大型ショッピングセンターは、中間層やプレリタイア層の利用率が高い。多様な店舗や商品を備えた大型ショッピングセンターが回遊性と娯楽性を有している点を踏まえると、若年層は可処分所得の低さにもよるが買物目的が明確なのかもしれない。

若年層が身近な生活圏で買物をする傾向は、三木市緑が丘でもうかがえる。図6は、ライフステージごとの購買行動の差を示したものである。中間層やプレリタイア層には、主に近隣で買物をすませるグループがある一方で、近隣と都心を使い分ける人や都心ですべての買物を済ませる人が少なからず存在する。プレリタイア層の半数強は近隣で買物を済ませがちだが、若年層も近隣に頼る傾向があることは興味深い。この傾向は、京阪沿線でも確認できた。近隣の店舗を利用する傾向は、ライフステージが進むに従い減少し、反対にロードサイド店舗の利用傾向は増加する（青木他、二〇一九c）。若年層は、近隣と都心を使い分けつつも基本的には住宅地内で最寄り品を購入する。住宅地を問わず、若年層の郊外生活は意外と狭域に留まる。

では外食行動はどうか。買物とは対照的に若い世代ほど活発に動く。近鉄奈良線沿線などの調査では、週あるいは月に複数回外食すると答えた割合は若年層が最も高い（週一回以上…一八・二パーセント、月一回以上…六一・四パーセント）。そもそも外食をしないとする若年層は一八・二パーセントに過ぎず、中間層と比べて約七ポイント、プレリタイア層とは一七ポイント少ない。また緑が丘居住者の外食場所をライフステージ別に表してみると（図7）、中間層やプレリタイア層の四人に一人はほとんど外食しない。都心や住宅地周辺などで外食する比率は若年層が最も大きく、より遠方の外食場所に行く比率が高い。若い世代ほど活発かつ広域で外食をしているのである。この傾向は京阪沿線でも同様で、都心の飲食施設を利用する比率は若年層が一八・四パーセントと最も高いのに対して、ロードサイド店舗での外食傾向は若年層の方が低い（若年層…三三・三パーセント、中間層…三九・九パーセント、プレリタイア層…三六・七パーセント　青木他、前掲）。郊外居住の新世代である若年層や中間層は、これまでの代表的な外食場所であったロードサイド店舗には依存していないようだ。

郊外住宅地の共働き世帯

次に共働き世帯に着目してみる。いわゆるＤＩＮＫｓ（Double Income No Kids）とＤＥＷＫｓ（Double Employed With Kids）である。郊外住宅地に住む共働き世帯というと、サラリーマンの夫と子どもが育った後

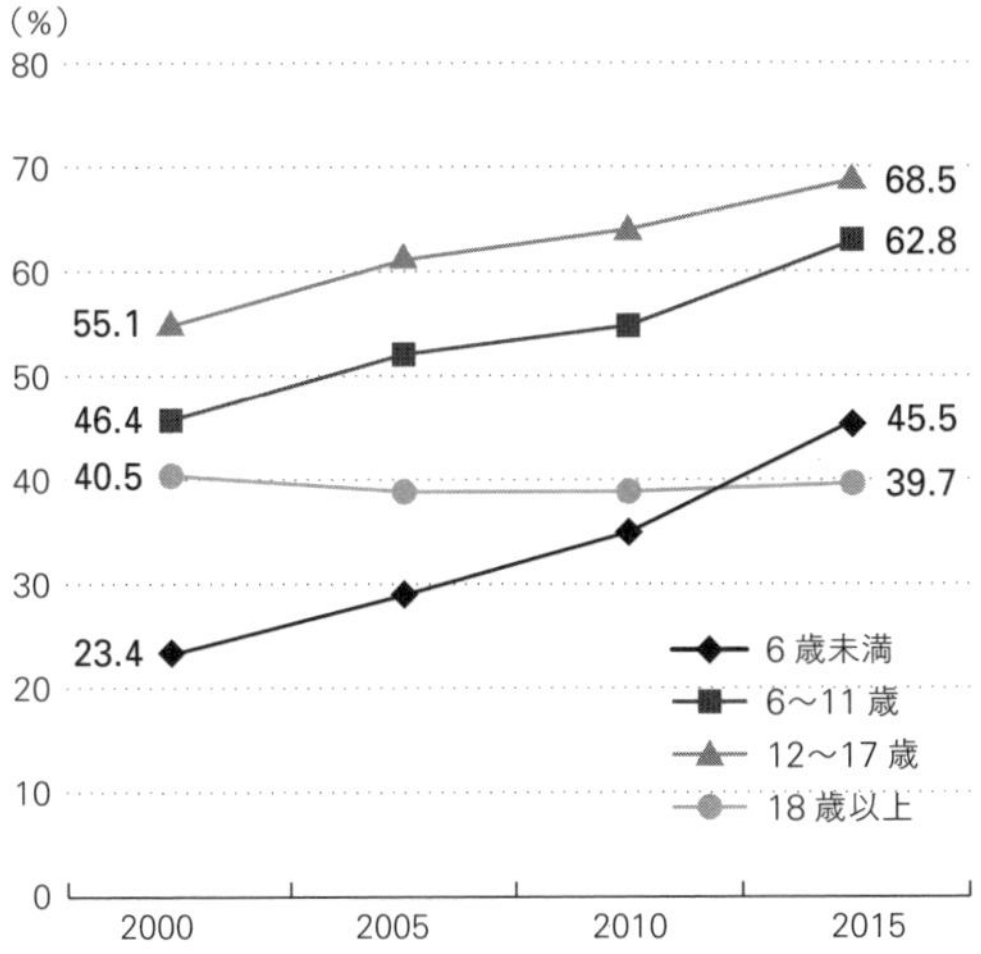

図8　子どもをもつ世帯の共働き比率の推移（京阪神圏郊外市区町村）

にパートタイムに従事する妻を思い浮かべがちだが、三木市緑が丘では、ＤＩＮＫｓとＤＥＷＫｓの両方で、夫婦ともに正規雇用の割合が最も高い。京阪神大都市圏の郊外市区町村全体でも、子育て世帯の共働き比率は子どもの年齢に関わらず二〇〇〇年以降増加している（図8）。子育て後にパートなどの非正規雇用に再就職して共働き率が上がる傾向にはあるが、二〇一五年には六歳未満の子どもを育てる世帯でも四五・五パーセントにのぼり、共働き率は一五年間でおおよそ倍増している。

ＤＩＮＫｓとＤＥＷＫｓどちらの世帯でも最寄り品の購入は、「週に複数回」とする回答が最も多い。より特徴的なのは、ＤＥＷＫｓでは「共同購入など」を利用する世帯比率が二〇パーセントを超え、また二〇パーセント近くが宅配サービスを利用していることである。実際に店舗に赴く場合は、ＤＥＷＫｓが自らの住宅地以外のショッピングセンターをなど利用する傾向が強いのに対して、ＤＩＮＫｓは概ね自らの住宅地内で買物をすませる。

また個人や家族との外食についてはＤＥＷＫｓが都心、ロードサイド、住宅地内の飲食店を使い分けているのに対し、ＤＩＮＫｓは都心とロードサイドの利用に偏っている。ただし友人や知人との外食の際には、どちらも都心とロードサイドの両方を利用する（青木、二〇一八）。飲食についてはＤＩＮＫｓに比べてＤＥＷＫｓの行動範囲がコンパクトであるとは言えない。

旧来の郊外生活では、従業地としての都心、帰宅して眠る住宅地、そして外食や購買の中心になるロードサイドを使い分けているというように説明できた。ところが今の郊外居住世代は、自分たちの郊外生活をそのようには捉えていない。前節で示したように、また山村崇が彼の調査から郊外自立生活圏を確認したように（山村他、二〇一三）、仕事での都心とのつながりが弱まる現代、若年層やＤＥＷＫｓといった新しい郊外居住者たちは、日常の生活圏をコンパクトに保ちながらも、外食などの交流（親族、非親族に関係なく）を介して都心やロードサイドとつながっている。

6　郊外生活のこれから

多核かつ多様な郊外生活

本章では買物、外食、自己実現という切り口で現代の郊外居住者の生活パターンを分析してきた。そこからは、どのような切り口からも郊外生活の均質性は解体しつつあることが見えてきた。アンケート結果をもとに今の郊外生活パターンをもう一度整理してみると、Ａ都心部とロードサイドを併用するパターン、Ｂ地方都市や沿線中心市街地を生活拠点とするパターン、Ｃ地方都市とロードサイドに加えて住宅地内および近隣施設を生活拠点とするパターン、Ｄロードサイドと住宅地内および近隣施設に依拠するパターン、Ｅ都心

2

郊外生活の現在

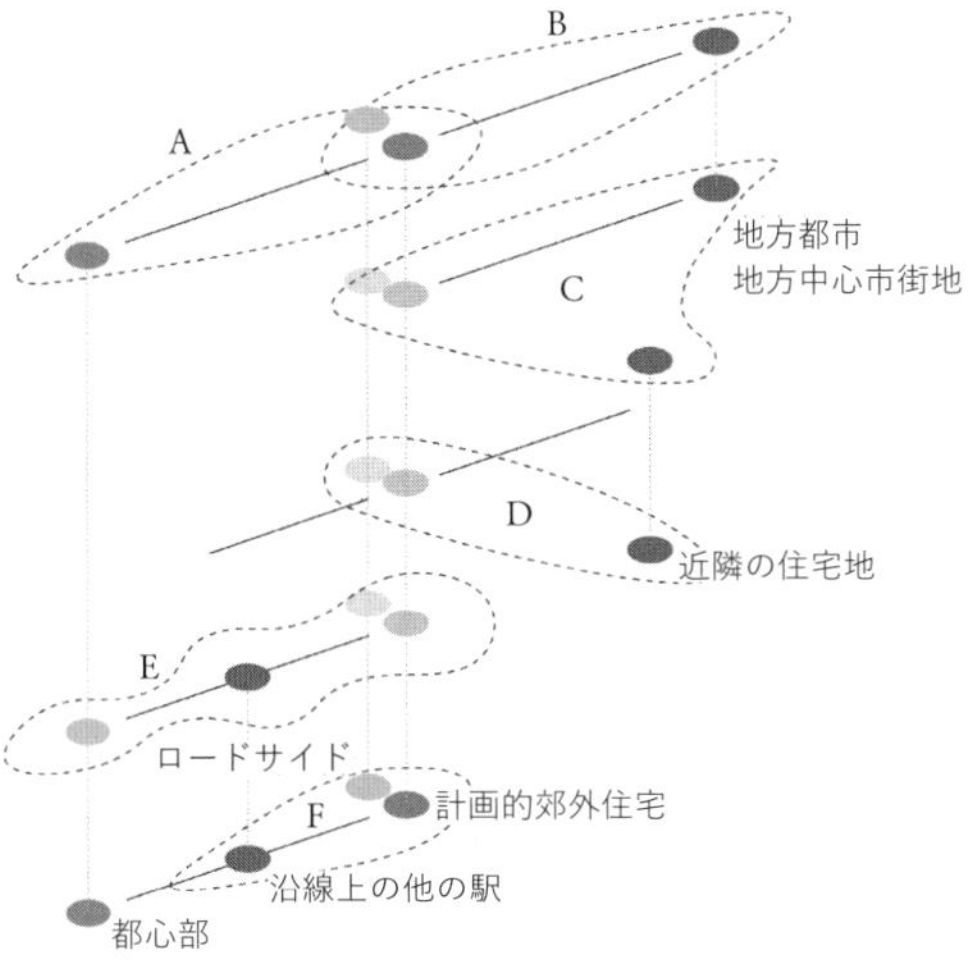

図9　郊外住宅地における生活行動圏の類型

ターミナルと沿線上の他駅も生活拠点とするパターン、F沿線上の他駅は利用するが都心部には依拠しないパターンに分類できる（図9）。ややわかりにくい分類になったが、このこと自体が郊外生活の多様化を示している。郊外生活はロードサイドや都心、衛星都市の中心市街地などさまざまな拠点を使い分けながら、さらに多様化しつつある。同じ住宅地内でも異なる購買・外食・自己実現行動がみられ、今後はさらに多核かつ多様な生活スタイルが誕生するだろう。

このことを予感させるように、住民が施設に行くのではなく、商品やサービスが住まいに届けられる動きが急増している。インターネット環境の充実は、郊外生活スタイルを抜本的に変化させる。野村総合研究所の調査によると、二〇〇〇年におけるインターネットショッピング利用率は、最も多い三〇代でも九パーセントにすぎなかったのが、二〇一八年には七九パーセントに急伸し、他の年齢層でも一〇代が五六パーセント、二〇代が七六パーセント、四〇代が六九パーセントに達している。我々の調査でもインターネットショッピングの利用者は急増しており、プレリタイア層と中間層の間にはギャップがあるものの、二〇代〜四〇代を中心に普及している。三木市緑が丘ではすでに二〇一七年の調査時点で、若年層と中間層の約半数が月に一度以上はネットで食料品以外の商品を購入しており、月に一度以下の利用者も含めると、どちらの世代も八〇パーセント前後に達した。食料品については、月に一度以上という回答は二五パーセント前後に留まったものの、中・若年層やさらに下のデジタルネイティブ世代が主な郊外居住者となる頃には、仮想空間が新しい郊外生活を支える拠点のひとつになるだろう。既存の小売業もネットスーパーをはじめ様々な対応を進めている。イオンリテーリングの「Quvalie（クバリエ）」は、食料品のほかに日用品や季節商品などをあらかじめ決めた曜日に宅配する。コープこうべは夕食の宅配事業を行い、大手コンビニチェーンも宅配に取り組んでいる。

大衆消費文化の象徴であるホームセンターや大型ショッピングモール、ディスカウントショップなどを貪欲に受け入れてきた郊外は、Eコマースとも親和性が高い。今後さらに世代の混在が進めば、郊外の生活構造はさらに変化すると考えられる。こうした流れは、買物難民の高齢者などに限らず、夫婦共働きや若い世代の単身者など、時間に余裕がない人々を積極的に取り込もうとした結果である。若い世代ほど生活圏をコンパクトに留めたり、DEWKsが共同購入などを多用したりするのは、日用消費財を面倒なく手に入れたいからであり、新型コロナウイルス禍によって、中高年世代にもインターネットショッピングやテレワークが普及したことをふまえると、今後の郊外住宅地の消費生活スタイルは激変するに違いない。

柴田建は郊外住宅地の行く末のひとつに「同質性から多様性・非排除性」への変化をあげている。郊外には、国籍や職業、世帯構成の異なる人々が流入してくる可能性があるとし、彼らを受け入れながらこれを郊外住宅地の活力に転換していく必要があると主張する（柴田、二〇一九）。様々な文化・社会背景をもつ人が

2
郊外生活の現在

集まれば、必然的に生活観も十人十色となり、郊外生活スタイルの幅をいっそう増やすことになるだろう。一九九〇年代半ばにはすでに余暇などを含む消費生活の場が多核化しており、周辺消費核型や近隣消費活動型、都心消費核型など多様な形態が指摘されている(石川、一九九六)。現在ではこうした多様化は余暇活動等に留まらず、日常生活まで及んでいるのである。

郊外のデグレード

郊外の多様化は一方で新たな課題を生み出している。そのひとつが郊外のデグレード(劣化)である。戦前の郊外住宅地は、ブルジョアユートピアとも称される一種の理想郷であった。そして見田宗介が戦後から高度経済成長期までを理想の時代・夢の時代とつないだように(見田、一九九五)、高度経済成長期下の郊外住宅地は、大都市流民が中産階級のステータスを得て都市に定着するという夢に駆られて築いてきたものだった。しかしながらバブル崩壊やリーマンショックという経済不況にあおられ、失われた二〇年を経た現在の郊外は、資産価値が低下するだけでなく、都心居住者との間に所得格差が生じている。

図10は、一人あたりの課税対象所得を関西圏の郊外市区町村と都心三市(京都、大阪、神戸市)に分けてその中央値を示したものである。二〇〇〇年代当初は郊外市区町村の所得が都心三市よりも多かったが、二〇〇七年に逆転している。その後リーマンショックの影響もあり、両地域とも所得が減少するが、都心三市は二〇一九年にほぼ二〇〇〇年時点の所得にまで回復したのに対して、郊外市区町村は減少が回復せず、二〇一八年時点で約四〇万円の所得差が生じている。これはあくまで中央値なので、都心三市と同等かそれ以上に回復している地域もあるだろう。しかしながら一人あたり課税対象所得の第三四分位も都心三市には届いておらず、大半の郊外地域は都心三市との差が開いている。また四分位範囲も二〇〇〇年と比べて減少して

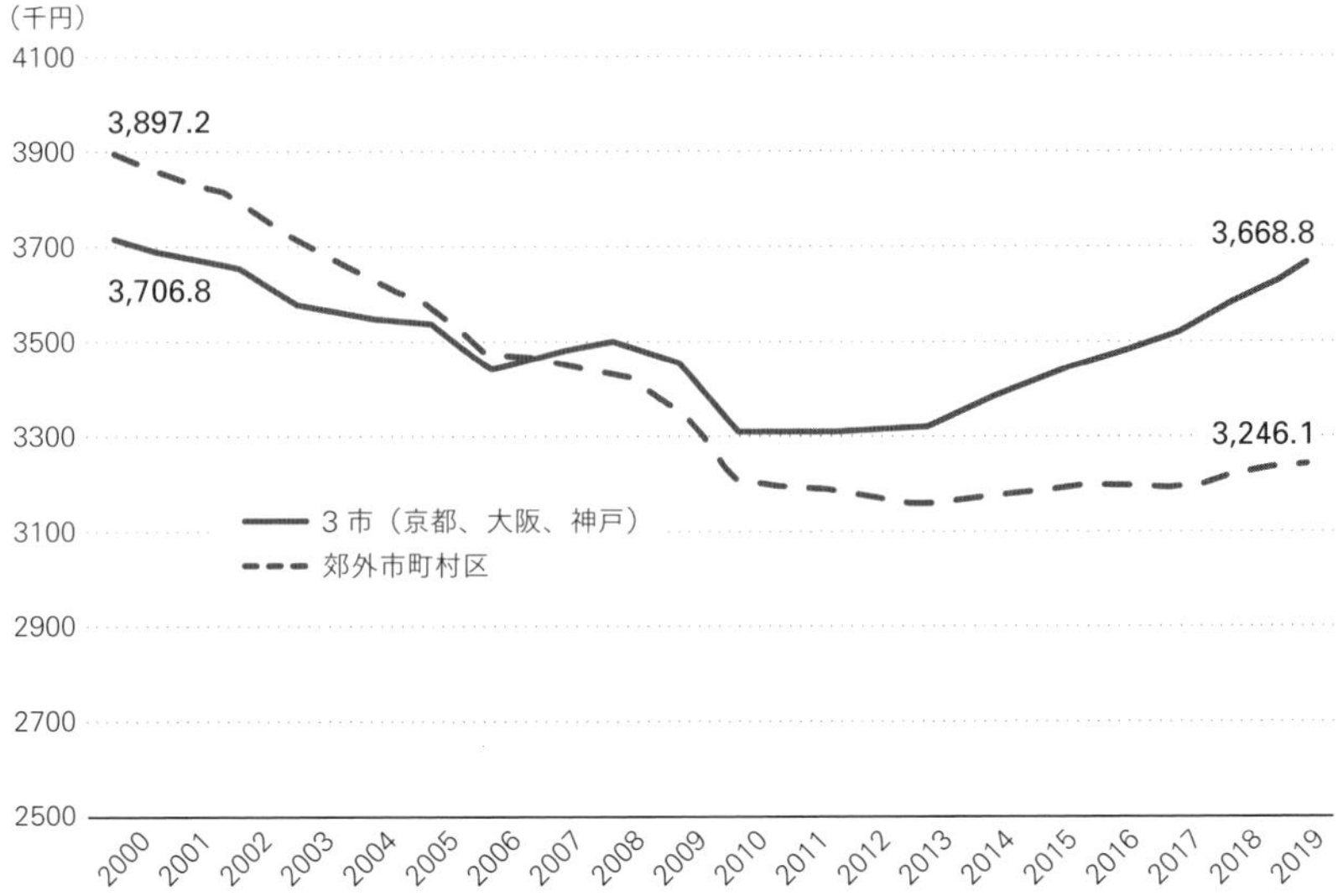

* 課税対象所得を納税義務者数（所得税）で除して算出した
** 市町村単位のデータになる為、区レベルでの算出は行えていない

図10　郊外部と都市部におけるひとりあたり課税対象所得の推移
（出典：総務省『市町村税課税状況等の調（1975 ～ 2019年）』）

いることから、郊外地域間の差異が減りつつあり、都心との所得格差は郊外地域共通の傾向と考えられる。また二〇一五年基準消費者物価指数でみた近畿大都市圏の郊外市区町村の実質一人あたり課税対象所得は、最大であった一九九七年（四一〇万一〇〇〇円）と比べて二〇一九年には三二九万五〇〇〇円に減少した。消費者物価指数は一九九七年以降ほぼ横ばいなので、郊外地域の所得減少が明らかである。このように年間所得からみても郊外住宅地の低所得化が進んでおり、こうした傾向を「郊外のデグレード」と呼ぶことにする。

　郊外のデグレードは世帯構造にも表れている。第2節で郊外住宅地での共働き世帯の増加を指摘したが、その背景には、女性の社会進出率の向上に加えて、経済不況に伴う世帯所得の減少がある。旭化成ホームズのくらしノベーション研究所共働き家族研究所によると、共働きの理由として「生活の維持」や「住宅ローンなどの返済」を挙げる傾向にあり、経済的安定性を求めて共働きを選ぶとされる（くらしノベーション研究所共働き家族研究所、二〇一四）。そのうえで郊外地域における六歳未満の子どもをもつ家庭の共働き比率の上昇や世帯収入の低迷をみると、共働き世帯の多くは収入を確保する必要性に迫られていることが推測される。

高齢の親世帯と同居する子どもも増えている。親の介護を目的とした同居や、共働き世帯が育児のサポートを親世帯に頼るための同居もあるが、未婚のまま親世帯と同居し続ける子どもや、何らかの理由でひとり親になった結果、子どもとともに親のもとで三世代同居を始めるケースもある。二〇一五年の国勢調査によると、京阪神大都市圏の郊外市区町村に住んでいる三世代世帯のひとり親家庭は、三万三七二二世帯（父子…六六九四世帯、母子…二万七〇二八世帯）存在する。また山田昌弘は、未婚子が高齢親世帯と同居していわゆるパラサイト・シングル化する要因のなかには、非就業や引きこもりなど子世代自身に関するもの以外に、そうした同居を容認できる親世代の安定した収入や意識構造に基づく環境要因があると指摘する（山田、一九九九）。中～上流の所得層が多かった郊外住宅地には、パラサイト・シングル化を許容できる環境が整っていたのかもしれない。

筆者らのアンケート調査から親と同居する子世代の就業状態をみると、世帯主が五〇代以上の二世代家族のうち無就業の子どもをもつ世帯は三五・九パーセントあり、約三世帯に一世帯の割合で存在する。この値には、学生の子どもをもつ世帯も含まれるため、さらに世帯主との年齢差が二〇歳以上の世帯同居人の回答（すなわち同居する子どもの回答）に絞ると、正規雇用六六・七パーセント、非正規雇用一六・七パーセント、無就業九・三パーセントとなる。任意回答のため全容を示すものではないが、それでも親と同居する成人の約四人に一人は、仕事に就いていないか、もしくは不安定な就業状態であることがうかがえる。ひとり親であれ未就業であれ、子世代の生活が困難な状況に陥ったときに支えられる環境が、良くも悪くも郊外の親世代にはあるのだろうか。親の元に残るあるいは戻ることを誘導したのは親世代の暮らしだった。中産階級の住まいとして成立したからこそデグレードを引き起こしやすかったというのは皮肉である。

こうしたなか、郊外のさらなる貧困化が懸念される。欧米諸国では、移民の定着や経済構造の変化、世界的な経済不況などから、郊外住宅地の貧困化が問題となっている（Kneebone et al., 2013）。我が国でも中澤高志らが、高学歴ホワイトカラー層と不安定就労・被雇用者層や離家・未婚状態での親世代との同居といった「第二世代における非均質性の表出」を指摘しており、これは第一世代が胚胎していた社会階層の差異が、世代交代により可視化された結果であるとする（中澤、二〇〇八）。現在の日本では移民の受け入れが少ないため、絶対的貧困化が郊外住宅地で起きることは当面考え難いが、それでも相対的な貧困化が見えないところで進行していることに気付く必要がある。

さらに松下東子らは、近年の日本人には若い世代も含めて変化や挑戦を好まない安定志向の価値観が強まっているという（松下他、二〇一九）。出世や海外駐在ではなく、一定水準の安全で快適な暮らしを求めがちだとすると、親世代に依存する子世代が引き起こす郊外のデグレードは、起こるべくして起こっているとも言える。形成期の郊外が中産階級など特定階層の住宅地であったのに対し、変容期の郊外は居住者の社会階層や世帯構造に良くも悪くも大きな幅を生みだしてきた。中・若年層が今後の郊外生活の中心的アクターとなれば、郊外のデグレードはさらに進む可能性がある。

郊外のセグリゲーション

ここまで繰り返し述べてきたように、すでに郊外生活を一律に捉えることはできない。三浦展は居住者の消費志向や土地柄をふまえて東京圏の郊外地域をクリエイティブ、コンサバティブ、コンサンプティブ、カントリーの四種類に分ける（三浦、二〇二〇）。人口社会増が続く東京圏でも、郊外は分化しつつある。人口減少が進み都市縮退がより現実味を帯びてきた地方都市圏では、予定調和的な個性化を待ち望むのではなく、より計画的・意識的に再編に取り組む必要があるだろう。京阪神圏を対象とした筆者の直近の研究では、新住民が流入している郊外住宅地は、開発時期が新しい地域でも、世代交代時期に差し掛かった古い住宅地でもなく、また都心からの距離には必ずしも関係ないことが明らかになった（Aoki, 2020）。

松下東子らは、若年層などとくにデジタルネイティブの世代は、消費行動が他者の評価に誘導されやすいという（松下、二〇一九）。つまり同じような施設機能やサービス、その他環境をもつ場合でも、より高い評価を得る地域に消費行動や居住地選択が集中する。筆者らの調査でも、若い世代ほど消費を伴う活動が特定の地域に集中する傾向が確認されている（青木、二〇二一）。インターネット等により容易に他者の評価を得やすくなったことも、集中の後押しとなっているようだ。そして三浦展がファスト風土化（三浦、二〇〇四）と評したように、どの地域に行っても同じような風景や環境しかないようでは、人口減少とデジタルネイティブ世代への移行が進むなかで、人気のある地域の独り勝ちと他地域の淘汰が起きる（図11）。

その結果、人気のない郊外では不動産の価値が低下する。不動産価格の低下は異なる階層の流入を引き起こしやすい。今までは郊外に住宅を求めにくかった所得階層でも居住することが可能になる反面、今まで維持されてきた住環境の価値が損なわれるおそれもある。郊外住宅地を必ずしも「良いもの」と評価しない人が増加することを理解しなくてはならない。居住者の多様化は、同時に居住地選択プロセスや郊外に求める

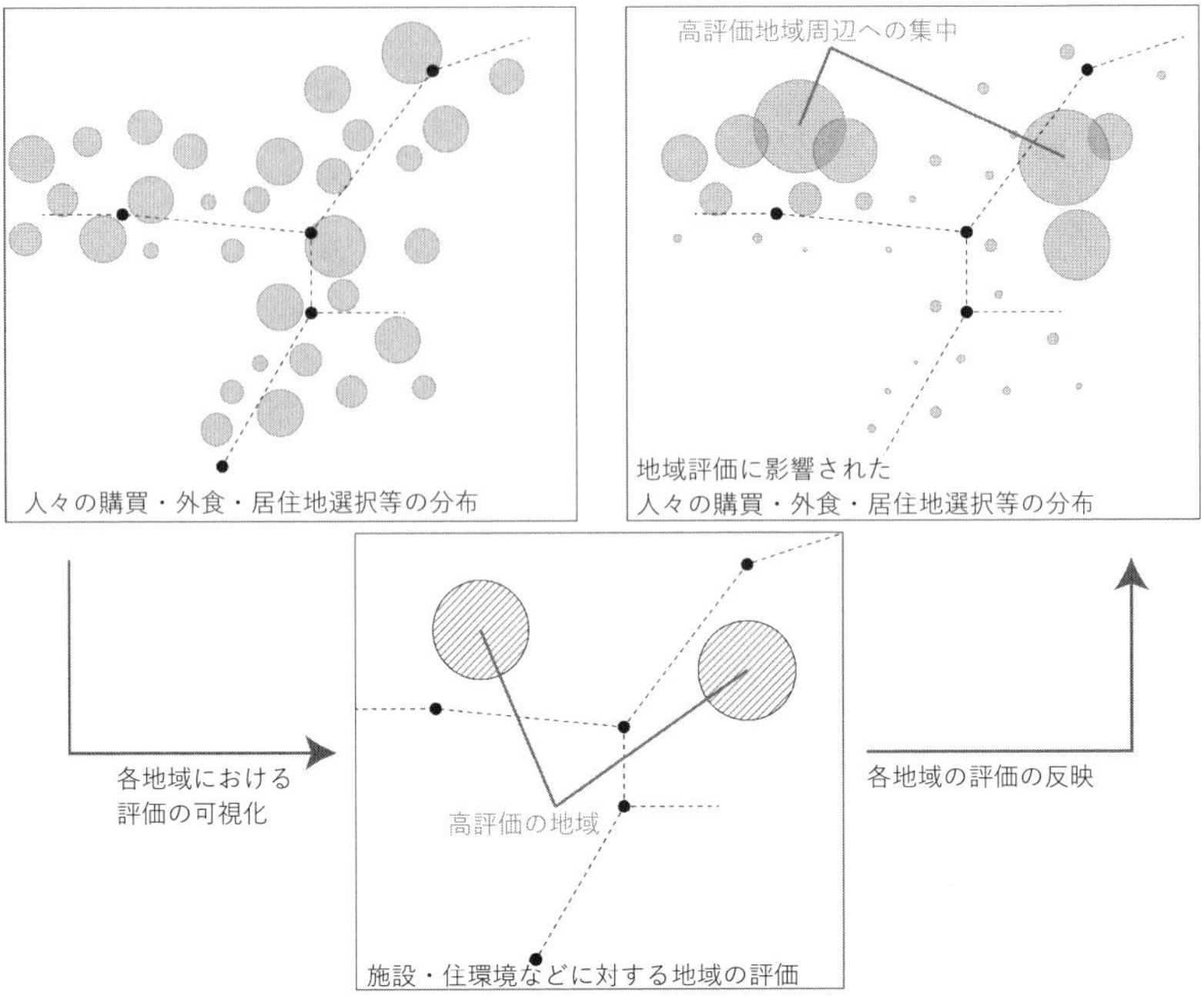

図11　高評価地域への消費行動・居住地選択集中

生活、および郊外そのものの価値構造の多層化を招く。

一部の戸建て住宅地では、初期の居住者を中心に、居住者の多様化が住環境の変化をおそれて敷地分割や用途混在に抵抗する例が報告されている。無意識のうちにデグレードへの抵抗を始めているのかもしれないが、そのことが戸建て住宅地の高齢化を助長する。すべての戸建て住宅地が今までの居住者層と住環境を維持できるわけではない。現状維持ではなく、新しい価値と魅力をどのようにつくり出すかが問われている。新陳代謝できる郊外住宅地は限られる。どの住宅地もが多様な世帯や世代に対応できる構造に転換できるわけではない。世代混在や用途混在を積極的に受け止められる住宅地と、そうでない住宅地とが発生する。結局

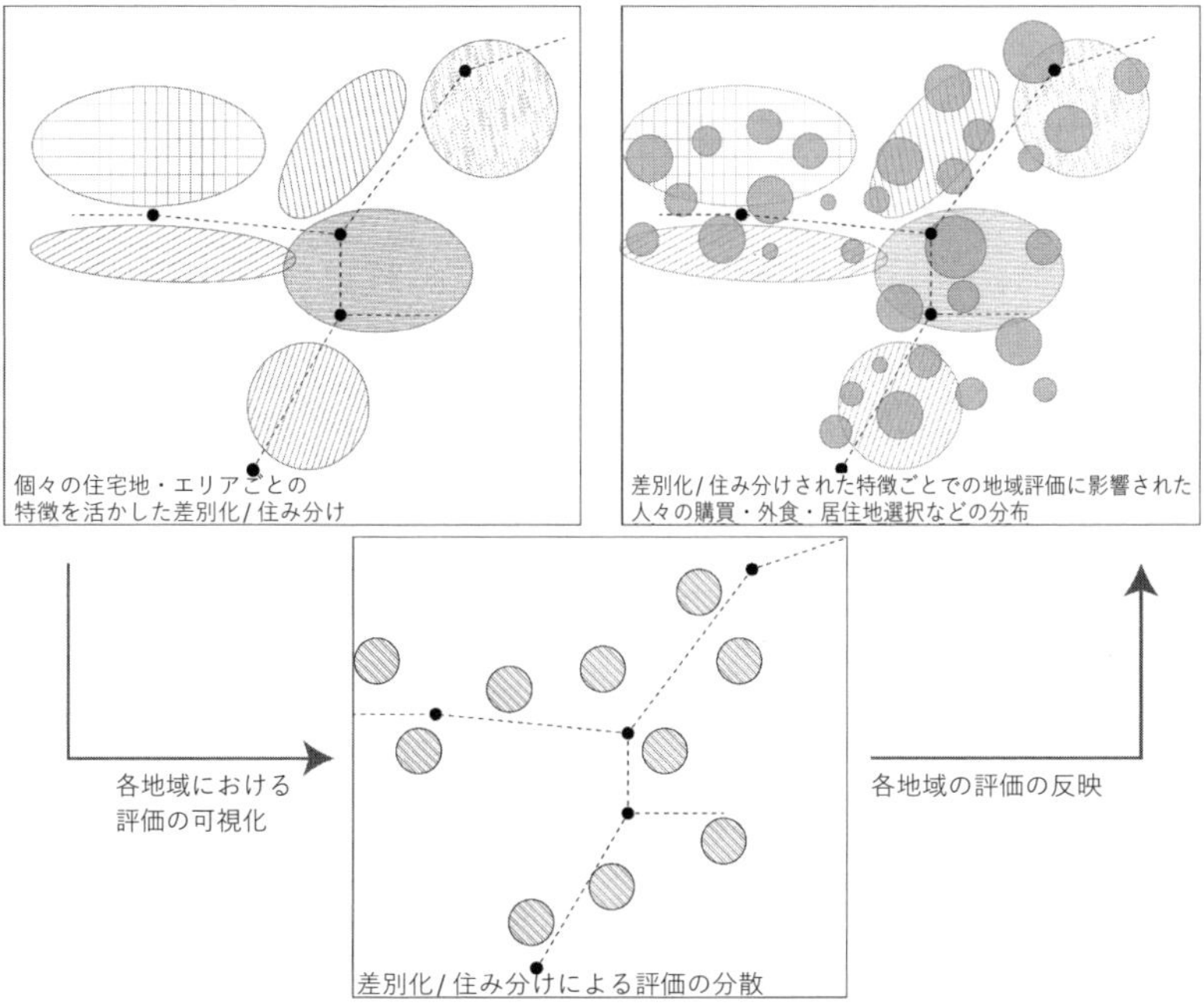

図12　郊外地域の差別化/住み分けによる移動集中の分散

郊外の再編過程で、再階層化すなわちセグリゲーションが進むだろう。従来の郊外住宅地は、大都市圏全体での居住地セグリゲーションのひとつのクラスターであったが、今そのなかで再度の分化が始まっている。

生活スタイルと居住者層の多様化からみても、郊外の分化は起こらざるをえない。それぞれの郊外地域が、新しいライフスタイルを受け止めるかどうかを判断する必要がある。つまり居住者像が多様化する流れのなかで、個々の住宅地やある程度まとまりのある地域が固有の郊外居住者層やライフスタイルに着目した住まいと施設の導入を検討し、住宅地間で補い合うことが郊外地域全体での多様性を維持・向上させることにつながる（図12）。都心との距離や開発時期だけで郊外を分類・

パターン①：居住者世代の成長に伴う地域の再編

→ 地域構造の変容

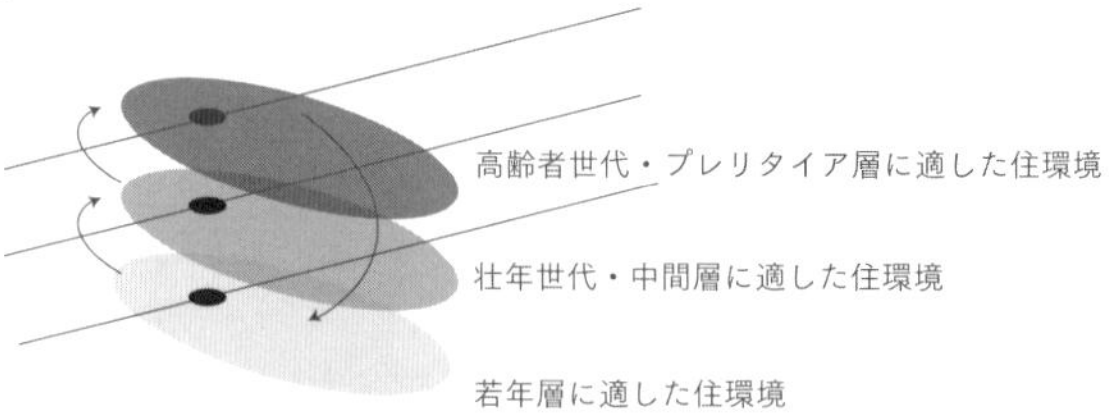

パターン②：用途混在・世代混住を目指した地域構造への転換

→ 地域構造の変容

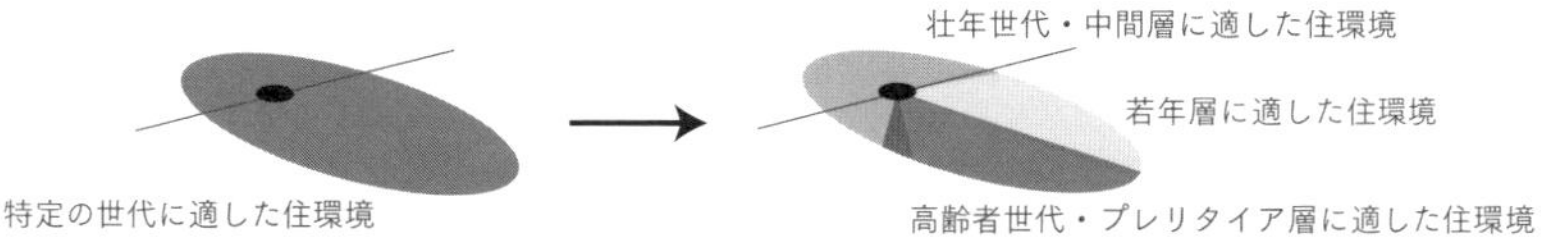

パターン③：隣接・近接する住宅地と連携した用途混在・世代混住

‥‥→ ライフステージの変化等に伴う移住

- - -→ 子ども世代の独立等による世帯分離

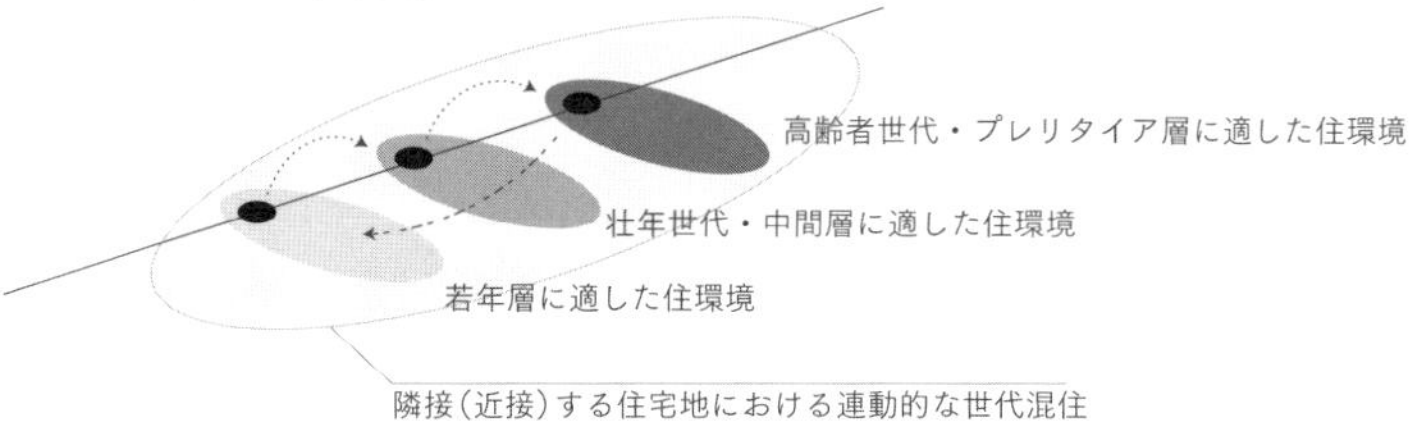

図13　郊外地域の再編・変容に関する3パターン

評価するのではなく、個々の住宅地やエリアの特徴を細かに分析し、それぞれの固有性を意識しながら郊外を見直すというミクロな視点からの再生策が求められている。

駅と沿線の役割

そうしたなか、本書のテーマとする鉄道と駅は郊外再生のためにどのような役割を果たすのだろうか。駅勢圏における世代別居住傾向の分析からは、駅ごとに定着する世代が異なる沿線が確認された（青木他、二〇二〇）。また郊外居住者の住み替えは、郊外から都心やまちなかへの移住よりも郊外地域内での移動が主であるとされる（中谷、二〇一九など）。仮にひとつの駅勢圏を、同質の生活を実現できるひとまとまりの居住地単位とすると、沿線の特定の区間内における複数の住宅地間の連携によって、異なる生活スタイルの世代混住が成立する可能性がある。これからの郊外住宅地の変容は、①従来通り居住者世代の成長に合わせて地域を再編していくパターン、②用途混在・世代混住を受け入れて地域構造が大きく転換するパターン、③個々の住宅地が主に受け入れる居住者層を設定し、隣接する住宅地と連携しながらライフステージに応じて他の住宅地への住み替えを促進させるパターンが想定される（図13）。

その際に「駅」の存在意義とは何か。本章で述べてきたように、郊外駅は、郊外生活における生活の核として機能しており、また特別な日の外食や遠方の友人・知人との交流の際には地域間を行き来する際の拠点となっている。駅には周辺居住者のニーズに合った施設集積が求められるとともに、沿線全体からも生活拠点としての役割が期待される。もちろん郊外居住者は、駅やその周辺だけに依拠しているわけではなく、ロードサイドや住宅地内の施設も使い分けている。駅は郊外居住者にとって重要な施設ではあるが、多様な生活拠点のひとつにすぎない。しかしながら、都心を含む他拠点への接続性や高度利用の可能性を生かした、独自の拠点性をさらに追及できる可能性がある。また駅とロードサイドとは本来対立的な存在であったが、一部の大規模ニュータウンでは、玄関口となる駅前に出店し、鉄道利用客とマイカー利用客の双方を受け止めることがあたりまえになりつつある。駅とロードサイド店舗とは、郊外居住者の生活と自己実現意欲を支える施設のひとつであり、かつ他の住宅地や地域をつなぐ重要な結節点となり、多方面の地域と連携を図るネットワークのノードとなることが期待される。

第3章

郊外住宅地・住宅の変容と未来像

岡絵理子

1　郊外の戸建て住宅地

憧れの戸建て住宅地

関東を代表する高級住宅地といえば、大田区の田園調布、世田谷区の成城、目黒区の青葉台など比較的平坦な土地での住宅地が挙げられる。一方関西で高級住宅地といえば、芦屋市の六麓荘や西宮市の山手、宝塚市雲雀ヶ丘など、斜面地でありながらも広い敷地をもった見晴らしの良い住宅地が代表格として挙げられる。これらは二〇世紀はじめ、都市部に住んでいた裕福な会社経営者などが家族のために家をつくり、移り住んだ住宅地である。商家が企業化する過程で、大店は解体、「旦那衆」は社長となり、それまで住み込みで働いていた「奉公人」は通いの「従業員」や「会社員」となった。仕事場と家族の生活の場の分離が進んだわけだ。その一方で、都市部では「まち」の空間の近代化が進んでいた。人やリヤカーが通っていた道は拡幅され、車のための道路として整備された。そのため軒切り[*1]や立ち退きが行われ、「まち」の住まいや店舗は狭くなり、そして高くならざるを得なくなった。また、都市周辺部では工場などが立地し煙突が並び、居住環境が悪化していた。住みにくくなった都市から脱出し、自然豊かな環境のなかで、近代的な暮らし、質の高い住環境を得ることのできる戸建て住宅地が、丘陵につくられたのである。この頃の住宅地は、当時としてはまだ珍しかった自家用車をもつ生活を前提につくられたものも多く、一般庶民とは無関係なユートピア的な住宅地であった。

一方で、「会社員」の住む住宅地もつくられた。関東では東急電鉄、関西では阪急電鉄といった鉄道会社により、鉄道の敷設に合わせて住宅地がつくられた。これらは給与所得者、つまりサラリーマンのための住まいを提供することを目的としており、立派な住宅地としての景観をつくり出すお屋敷風の長屋型賃貸住宅が提供されていたレッチワース[*2]などに倣って高級長屋も供給され、また戸建て住宅も比較的手に入れやすい価格で売りに出された。月賦での購入も始まり、鉄道会社による沿線でのゆったりとした豊かな暮らし方の提示だけでなく、売り方もターミナルにつくった百貨店での家具の割引販売などの特典をつけるなどして、沿線の価値を享受することができるライフスタイルが示され、沿線ブランドが意識されるようになった。

このような戦前の住宅地は農村地帯の田畑を買い取って開発されたため、比較的平坦な場所に効率よくつくられた。駅からは徒歩圏内で、鉄道沿線を生活圏とするモダンなライフスタイルが提案された。その後、第二次世界大戦を経て、これらの住宅地の周辺にも戸建て住宅が立ち並び、市街化が進んでいった。田畑の景色は一面の住宅街となった。今では戦前につくられた住宅地は、拡大した市街地の中に埋もれてしまっている。駅に近い住宅の敷地は分割が進み三〜四軒の小さな三階建ての戸建て住宅や、分譲や賃貸のマンションが立地し、多様な世帯が住む市街地となっている。駅前には日常生活を支えるさまざまな商店が立地している。住みやすさは、住み継ぎを誘発する。親家族と娘家族との二世帯同居なのであろう、門扉には表札が二枚並ぶ家もよく見かける。まちの様子は変わっていくが、住み継がれる住宅地ともなっている。

さて本章で取り上げる戸建て住宅地は、これまでお話したような住宅地ではない。第二次世界大戦後に計画的に開発された住宅地の話である。一九六〇年代、高度経済成長期を目前に地方から大都市に集まった多くの働き手は、まちで仕事を得、伴侶に巡り合い家族をつくり、都市の賃貸住宅に住みついた。そして彼らも、いつかは戸建て住宅に住みたい、手に入れたいと思ったのである。それも庭付き一戸建てである。

なぜ庭付き一戸建て住宅を手に入れたかったのか、住宅史学者の大岡敏昭は二つの理由を挙げて説明している（大岡、一九九九）。ひとつは、日本人が古来自然との関わりを大切にしてきたこと、その表れとして

「庭の存在」を挙げている。江戸時代は厳しい倹約令のため農村では庭をつくることができなかった。しかし江戸時代後期にはこの規制も有名無実化し、農家に立派な庭がつくられるようになったという。そして、明治時代にはその規制が撤廃され、一般の民家にも庭がつくられるようになった。これが庶民の憧れの住まいとなったのである。

もうひとつの理由は、日本人の「一戸前」意識であるという。一戸前という言葉は、村の中での社会的権利や義務を一人前に果たすことができる「家」のことを言う。一人前とは人として社会に認められることであるが、一戸前は家族をもち、世帯主として、地域社会において一人前になることを指している。その条件として独立した住宅をもつことは必須である。家をもつことによって、地域社会に参画でき、一人前に地域での役割を果たす「家」となったことを示す。これらが一戸建てへの妄信とも言えるような、強い指向性を導いた。

都市に出てきた人たちは伴侶を得て家族をもち、一戸前になるために、庭のある戸建て住宅を得ようとした。そのときには、都市の縁辺部の山や丘はすでに市街化されており、とても庭付きの戸建て住宅を建てられる土地は残っていなかった。この戸建て住宅地不足を解消するため、山が崩され郊外戸建て住宅地が開発されたのである。本章では、とくにこのような戦後開発の郊外住宅地の住まいについて話を進めていきたい。

国の政策としての住宅地開発

一九七一年を初年度とする国の住宅政策計画「新住宅建設五ヶ年計画」は、第二次世界大戦後に始まった「一世帯一住宅」の量的政策の最終段階に入っていた。この計画の解説書、「日本の住宅計画」には、人口の都市集中は今後も続き、またベビーブーム期に生まれた年齢層が結婚適齢期に達することから、「今後数年間の住宅需要はとくに根強いものがある」と記述されている。その上で、「現在の住宅建設における最大の隘路は土地問題であることは、あえて言うまでもない」として、地価の高騰を挙げ、「一般住宅需要者が、容易に宅地を取得することはほとんど不可能に近くなっており、大都市地域における、広範な市街化の発展は通勤時間の許容限界を越した地域にまで住宅建設が進められている状況である」と指摘している。そこで、日本の住宅問題の解決は、「大量にして低廉な宅地を計画的に開発供給しうるか否かにかかっている」と言う（丸山、一九七二）。

この計画では、一八三平方メートル（五五坪）の新規宅地が四一〇万戸必要とされており、必要となる総宅地面積は、七万五〇〇〇ヘクタールと計算された。その実現のため、住宅地開発事業が全国で展開された。並行して充実が図られたのが、銀行などの民間住宅ローンや企業による従業員向け住宅融資である。さらに、住宅の建設費を抑え、かつ住宅建設のスピードを上げるため、住宅生産の工業化が急ピッチで図られ、年間住宅建設戸数のうち工業化住宅の占める割合を三〇％以上とすることが目指された。プレハブ住宅は、個別の確認申請が必要ないため、手続きのスピードもあげることができる。このように、国策として住宅地の開発が進められ、工業化されたプレハブ住宅が大量に建てられたのが、戦後の郊外住宅地であった。

この時期に山を崩し開発された住宅地は、その開発単位ごとに住宅地の独立性がきわめて高いことがその特徴である。住宅地は開発の単位ごとに、新しい町名が与えられる。〇〇台、△△タウンといった新しい町名がつけられ、その名前で売り出されていった。周囲は都市計画区域外か市街化調整区域であるため、スプロール的にまちが広がることはない。それぞれの住宅地が開発されたときの状態のまま島状に凍結され、そのまま数十年の時が経っている。

同様の住宅地開発は地方都市の郊外でも起こった。戦後、地方都市には外地からの引揚者や労働者などの急激な人口増加が起こった。そのまま高度経済成長期にも人口が増え続くと予測し、農地や近郊の山々をニュータウンと名付けて住宅地開発を行った地方都市は少なくない。これまで農村地帯では見られなかった整備された道路沿いに立ち並ぶ均質な戸建て住宅のまちに、新しいライフスタイルを感じた人々が多かった。できた当初の開発住宅地を「今まで見たことのない、すべてがきれいにつくり上げられた美しいまちだった」、と思い起こす人がいた。一方で住宅地開発を事業として成立させるために公的住宅の建設、いわゆる公営団地の建設も行われた。地域の核と自負した市町村は、まだまだ人口は増加すると考え農地を次々住宅地に変えたが、実際は一九八〇年頃には人口も頂点に達し、地方都市への人口集中は頭打ちとなり、人々はさらに大都市へ、そして大都市へ吸い取られていった。地方都市の人口はそれ以降、減るばかりとなった。

　さて、戸建て住宅を購入した人に注目してみよう。一九七〇年当時、人々はどのように戸建て住宅地を購入するに至ったのかを、ヒアリング調査[*3]で聞くことができた。

　一九七〇年、ちょうど二人目の子どもも小学校に入って落ち着いた頃だった。会社の労働組合では、同期入社の社員を一室に集めて住宅取得の説明会があった。家を買うなら今がチャンスだとの説明を受けた。説明が終わりそのまま出口の方へ行くと、系列会社が販売する住宅地のパンフレットが置いてあった。それを手に取りその場で申し込んだ。会社が土地を斡旋してくれたのだから、安く買ったと思う。選んだりはしなかった。後から考えると、会社ぐるみで家を買わされたのだと思った。会社からの値引きもあったし、会社がいくらでもお金を貸してくれた。住宅もプレハブ住宅のパンフレットから選んだ。系列会社の銀行でローンを組むように、これも会社が斡旋した。現地も見ないで購入を決めた。電柱も立っていないようなまちに引っ越した。そのまちに来たのはこのときが初めてだった。夕方、電気が通じるのを待って炊飯器のスイッチを入れた。買った時は坪一〇〇〇円くらいだったが、その後どんどん値上がりしていった。

会社に勤めて一人前と認められる年齢となると、戸建て住宅の購入のためのベルトコンベアに乗せられて、戸建て住宅を手に入れているのがよくわかる。このようにして、山を切り崩した荒野のような住宅地にプレハブ住宅を建てて、家族の城ができ上がった。では、当時隆盛だった安価で、工期が短く、大量に供給できるプレハブ住宅について見てみよう。

親を待つ「三世代同居」のプレハブ住宅

国策として開発が進められたプレハブ住宅の原点は、一九五九年にダイワハウス工業が開発した「ミゼットハウス」（図1）と言われている。「ミゼットハウス」は、もう一部屋欲しい、という欲求に応えた、たった三時間で建つ「離れ」であった。さらに、水回りを備えたプレハブ住宅の第一号は、一九六〇年積水ハウス産業（現、積水ハウス）が開発した「セキスイハウスA型」（図2）である。軽量鉄骨にアルミサンドイッチパネルを取り付ける工法でつくられた平屋の住宅である。このように、各社はプレハブ住宅の開発にしのぎを削っていた。

絶好調にあった住宅市場が、一九七三年の第一次オイルショック

図1　ミゼットハウス（1959年）
2011年「黎明期のプレハブ住宅」として「重要科学技術史資料」に登録された。
（出典：大和ハウス工業 https://www.daiwahouse.com/tech/midgethouse.html）

図2　積水ハウスA型（1960年）
国産プレハブ住宅の第一号といわれる住宅。この写真は、1960年8月2日、積水ハウス産業の創立を告げる新聞広告に掲載されていた。（出典：積水ハウスwww.sekisuihouse.co.jp/kodate/lifestyle/familysuite/myfamilysuite/arata01/）

図3　ミサワホームO型、外観（1976年）
（提供：ミサワホーム）

を受けて急に冷え込んだ。そのときミサワホーム創業者・三澤千代治が、みんなを「オー」と言わせて、びっくりさせようとして考え出したのが「ミサワホームO型」である（図3~5）。

松村秀一は著書『住宅という考え方』のなかで、「O型」に始まる一連の住宅を、ミサワホーム「企画型商品」と名付けている（松村、一九九九）。「一世帯一住戸」を目指していた時代から、「量から質へ」の転換が言われるようになっていたこの時代、当時のプレハブ住宅は、工事期間も短く、安価であったので計画的住宅地に建てられるべく開発された商品であった。しかし元来「注文住宅」に慣れていた日本人にとって、出来合いのプレハブ住宅は満足できないものであった。そこに不況が訪れ、何らかの打開策が必要となりこの住宅が考え出された。「プレハブ住宅」のようなプランや仕様が自由にならない住宅を従来「規格型」と呼んでいたのに対し、プランや仕様は限定されている代わりに、ミサワホーム「O型」は、さまざまな独自のアイデアや提案が盛り込まれている「企画型商品」であったと説明している。

ミサワホーム「O型」は、延床面積一四一平方メートルから一六二平方メートルの比較的ゆったりとした

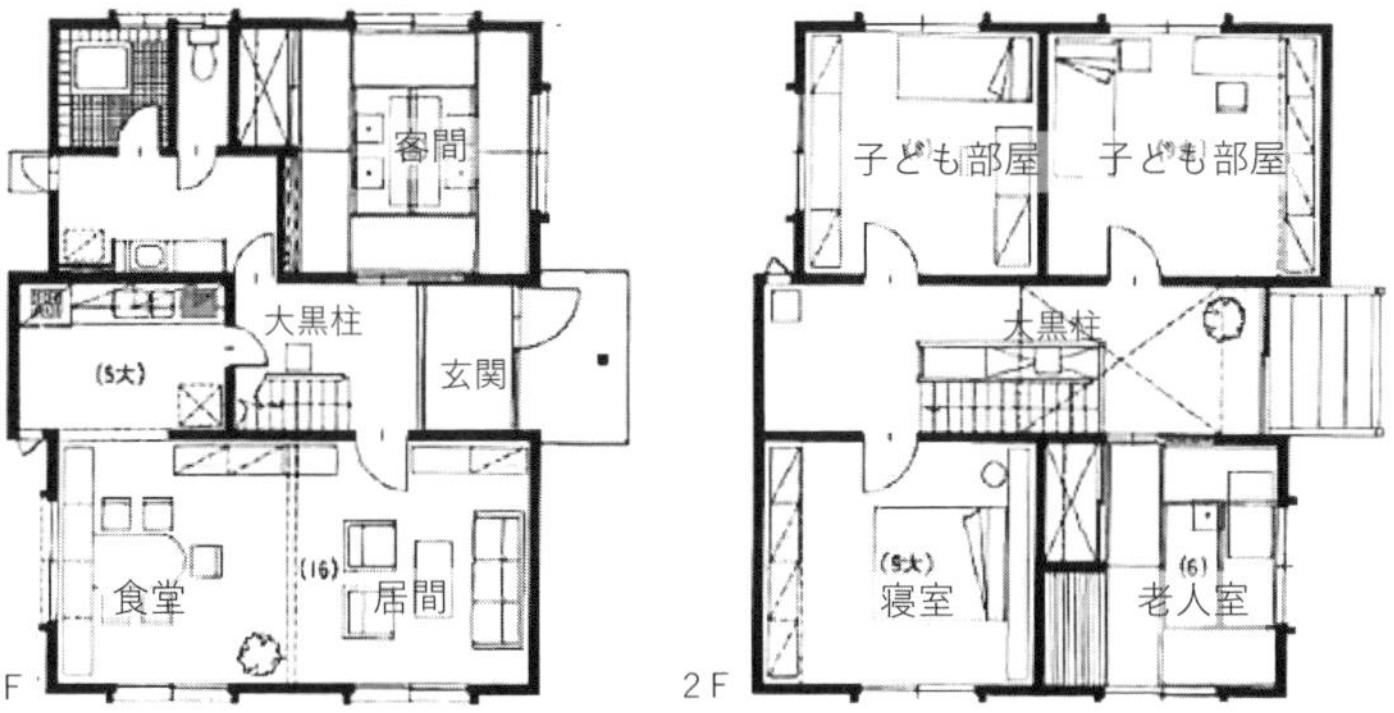

図4　ミサワホームO型、プラン（1976年）
（提供：ミサワホーム）

総二階の住宅である。そのなかにどのような思いが盛り込まれた「企画型商品」であったのだろうか。その間取りを見てみよう。

一階には「居間」、「食堂」、「台所」、「風呂」・「洗面所」と「トイレ」、そして「客間」と呼ばれている八畳の和室がある。二階には「主寝室」と「子ども部屋」が二室、そして「老人室」。「大黒柱」もある。この住宅は、核家族化が進むなかで、「大黒柱」のある、まるで故郷の家のような、「三世代同居」の暮らしを提案する住まいだったのである。内装仕上げも柱や梁のように見える木造風の意匠であった。「大黒柱」と言っても、実は構造上の「大黒柱」でなく、セントラルクリーナー[*4]が仕込まれた中空の柱であったが、それは家の中心に大きく存在していた。

一九八六年、日本で初の本格的ニュータウンである千里ニュータウンで、よく似た間取りの家に暮らす主婦にヒアリングをした。そのときの記録を引用する（住生活研究会、一九八七）。

> 客間はどうしても必要。田舎から親戚が来たときには泊めなければいけないから。老人室は、主人のお母さんの部屋。家を建てるなら私の部屋も欲しいとお母さんが言ったのよ。でも結局一度も泊まらなかったわ。

ミサワホーム「O型」のコンセプトは「三世代同居」の家であったが、実際に三世代が同居した家は少なかったのではないかと思う。都市の郊外にある「家」は、長男が継いだ故郷の「本家」に対し、次男がつくった「分家」のようなものだ。それがたまたま都会にあった。故郷では、「次男はこのまちを出て行ったけれど、都会で戸建て住宅を購入し一戸前になった」と語られたのであろう。そして、そこには私の部屋もあると。自分の両親という「架空の家族」をこの家は待っていたのだ。

郊外に戸建て住宅を手に入れることは、社会に対しても、実家に対しても一人前になったことを示すアイコンとなっていた。「庭付きの戸建て」住宅を手に入れるのが目的で、どんな景色が見えるか、どんなまちなのか、まちにはどんな店があるのか、公共施設は整っているか、このような住む環境を確かめて選んだわけではなかった。それが一九七〇年代の戸建て住宅、戸建て住宅地であった。

図5　ミサワホームO型、大黒柱
左は2階、右は1階の玄関からみた大黒柱（提供：ミサワホーム）

一代限りの郊外戸建て住宅

郊外の戸建て住宅は、家を所有することを何よりもの目的とした人たちが住んでいた。その住まいがこのちどうなったのだろうか（住生活研究会、一九八七）。親の世代に話を聞いた。子どもたちは、大学進学を契機に家を出る場合が多い。高校生のうちは、塾で遅くなったら家に電話をし、母親に車で駅まで迎えに来てもらっていた。しかし大学生になっては、そうはいかない。クラブ活動や夜のつきあいなどで帰りが遅くなっているのに、母親を呼び出すわけにもいかず、通学に便利の良い場所に部屋を借り、家を出たという。

一九八〇～九〇年代は、まだまだ結婚は家同士の関係を大事にしていた頃である。戸建て住宅に住んでいることは結婚話にはプラスになったに違いない。彼女を家の前まで車で送り迎えをしてくれる彼氏のことを「アッシー君」などと呼んでいた時代である。

家を購入した頃には、子どもたちは一度は結婚して家を出ても、また帰ってきて一緒に暮らしてくれると思っていました。でも、子どもたちが成長したときには、自由にしていいよ、と言ってしまいました。自分たちも故郷の実家をはなれたのだから、自分の子どもたちにも「出ていくな」とは言えなかった。でも、また戻ってきてくれるかもしれない

子どもたちが結婚して家を離れてしまっても、食堂のテーブルは四人家族のときのまま、椅子の数がさらに増えてテーブルが大きくなっていることもある。実家に帰ってきた子ども家族が全員座れるように、夫婦二人暮らしのダイニングではテーブルが大きくなり、椅子の数が増えていた。郊外住宅地で、子どもたちが出て行った後の子ども部屋がどのように使われているか調査をしたところ、男の子の部屋は母親の衣装部屋に、女の子の部屋はそのまま娘家族が実家に帰った時の寝室になっていることが多かった。しかし、実際は子ども夫婦が泊まることはめったにはなく、食事をしてみんなで団欒の時間をもち、そしてそれぞれの家に自家用車で帰って行くのである。

子ども世代にもヒアリングをした。「どうして、育った家に住もうと思わなかったの?」

あの家は親がつくった家。私の家じゃない。私たちは私たちで自分たちの家をつくるの。あの家に住み始めたのも中学生になるかならないかで、まちでの思い出も思い入れもとくにない。むしろ小学校の低学年の頃を過ごした、文化住宅のまちが懐かしい。

親が田舎の家を出て、自分たちの家を都会につくったように、自分たちもこの家を出て、自分の家を持つのがあたりまえなのだと言う。田舎の家のように何世代も住み継ぐことは、職業を自由に選択できるようになり、企業に勤めるようになった時点で不可能になっていた。住む場所は自分で選ぶのではなく、夫が勤めている会社が決めるもの。親と同じまちに住むことも難しい。家は一代限りのものになっていたのである。

開発戸建て住宅地の特性

では、改めて開発された住宅地に目を向けてみよう。一般に郊外の開発住宅地は、地域の幹線道路から一本道でぶら下がっている(図6)。鉄道駅にも同様に一本道で接続する場合が多い。すぐ近くに隣の開発住宅地があっても、別の時期の別の事業主による開発事業であれば道路がつながることはない。そのようには開発されないのである。隣の住宅地に行くためには、まず幹線道路に出て、隣の住宅地に入る道路まで回っていかなければならない。これらの複数の開発住宅地や既存集落がひとつの小学校区を成している場合はさらに厄介である。通学路はけもの道のような歩道として何とか整備されるが、ときには階段があったり、道路の幅が得られていても障害物で塞がれていることが多い。車での移動には、いちいち幹線道路に出なければばいけないので、とても時間がかかる。すぐ近くにもともとある集落も、ごく近くに見えていても簡単にはたどり着くことができない。

一方、住宅地の独立性が高い分、住宅地内でのまとまりは強く、住民同士のつながりも強い。一時期に開発され、売り出された住宅地に、同時期に入ってきた同じような世代、同じような所得の人々であり、孤立した住宅地であったことがそのつながりを強くしている。「初めに入居した人は、たいてい同じ系列企業のサラリーマンだったから、隣近所も安心だった」と言う。

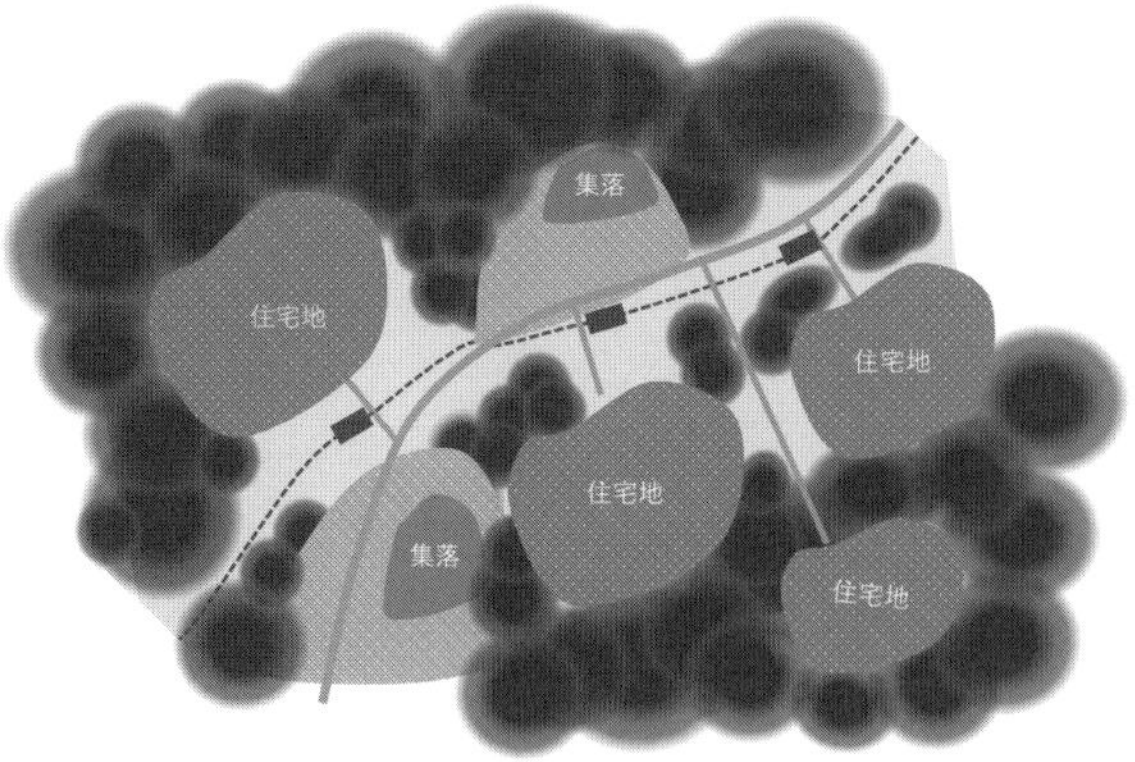

図6　開発された住宅地と駅、幹線道路との関係

郊外の戸建て住宅地のなかでは、都市計画に沿って店舗の場所が設定されていた。大規模な住宅地では「近隣住区論[*5]」のような考えが取り入れられた。徒歩圏内に商業施設の集積地をつくるという考えである。これらの商業集積地はもちろん開発住宅地のどこからも一様に歩いてくることができることが求められたため、開発単位の中央につくられることとなった。幹線道路沿いなどに店舗付きのテラスハウスなどが建てられ、新聞屋、牛乳屋、電気店、米穀店、酒屋、クリーニング店など当時生活に欠かせないと考えられたさまざまな業種の小売店が店を並べた。集会所など公共施設も住宅地の真ん中につくられることとなった。

このように集中して店舗など施設を設ける一方で、戸建て住宅地のなかに店舗ができたりアパートが建ったりすることは、住宅地の価値を下げると考えられ、住宅を購入した人々にとってはあってはならないことであった。店舗はまちの品格を落とすと思われていた。賃貸共同住宅も嫌われた。もちろんそのボリュームの大きさや高さが、日陰を落とし周辺の戸建て住宅の住環境を悪化させる場合もあるが、それに加え、強く戸建て住宅を妄信する人々は、賃貸住宅だけでなく集合住宅に居住する層とは一線を画したいという排他的な考えもあったようだ。戸建て住宅だけが並ぶことが「住宅地としての質の高さ」と考えたのである。

戸建て住宅の品格

住宅地開発業者は購入者と建てることのできる建物の用途や建てる位置を約束することで、隣近所での揉めごとを回避し、できたときの住宅地としての質を担保するようになっていた。そのために用いられたのが「建築協定」である。建築協定は、一九五〇年建築基準法が策定された当初から盛り込まれている制度（第六九条）で、建築基準法では満たすことのできない多様な地域の要求を、所有者の全員合意で認可するものである。一九七六年には、建築基準法の改正により、新規開発地において建築協定を認定することができる「一人協定《いちにんきょうてい》」が導入された。これを機に、これ以降に開発された住宅地では一人協定が多く採用されていった。開発会社が住宅敷地内の建物や外構などにルールを設けて、その条件をつけて住宅地を販売するのである。購入者はその説明を十分に受けて購入することになっている。

戸建て住宅地で用いられた一人協定では、例えば建物の用途は「専用住宅に限る」、「共同住宅や長屋の禁止」といったこと、住宅の階数・高さの制限など形態に関することだけでなく、住宅地を造成するために積み上げた石垣の保全や道路境界、隣地境界のつくり方など意匠に関することまでが細かく定められている場合が多かった。それによって、購入時の住宅地の景観が担保されるわけで、住宅の購入者にとっては、購入したときのままのまちであり続けるという安心感を得られるし、また家並みや石垣など住宅地の美しい景観も保たれ、住宅地の資産価値を担保するものとも考えられた。「建築協定」は新しい住宅地開発にとって欠かせないものとなっていった。

人々は郊外の開発住宅地に、「庭付き戸建て」住宅を購入して暮らした。自分の持ち家が欲しかったからというだけではなく、「庭付き戸建て」住宅には、一戸前になったのだということと、故郷の本家に対し、都会に分家をつくったという思いもあり、その結果住宅地にもそれ相応の「風格」が求められた。分譲マンションを手に入れても、それは「資産」であり、一戸前の「家」というには物足りないものだったに違いない。一戸前としてご近所とも付き合うことで、社会的な地位も獲得できる。一戸建てである必要があった。

その雛形となったのは、例えば芦屋市の六麓荘（図7）のような斜面地に開発された住宅であった。斜面地の擁壁には石垣が積まれ、その間からツゲやピンクの花をつけたサツキがのぞいている。一九七〇年代の郊外住宅地では、このような高級住宅地イメージに似通った外構をもつものが多い。兵庫県川西市を走る能勢電鉄沿線の大和団地、日生ニュータウン、光風台もいずれも山麓を造成して開発された住宅地で、石積み擁壁の景観をつくり出している（図8）。石積み擁壁の上に生垣をつくるのが一般的である。斜面地を削ってつくられた住宅地では、家

図7　六麓荘の街並み

図8　石積み擁壁がつくり出す郊外戸建て住宅地の景観
下段が石垣その上に生垣が載り、道路より地盤が高くなっている。美しい街並みをつくり出す住宅

図9　宇治市南陵町の伊予青石の石積み擁壁

の敷地の高さは道よりずいぶん高くなっていたので、街路を歩く人の目はほとんど気にならず、塀がつくられることはあまりなかった。

当時、次々と進められる住宅地開発では、他の住宅地との差別化が重要となっていた。特徴的な石積み擁壁で差別化する住宅地が多く現れた。京都府宇治市南陵町は一九七一年から西武都市開発により造成が始められた住宅地である。この住宅地では、わざわざ四国から伊予青石を取り寄せ石積みの擁壁がつくられた（図9）。伊予青石は、京都や東京の著名な庭園で多く使われており、日本を代表する庭園作家である重森三玲も好んで用いた石である。青々とした色と変化に富んだ模様が特徴的である。青石を積み上げた南陵町の石積みは、住む人たちの誇りとなっていった。石積み擁壁に特徴を持たせる方法は、平地ではなく斜面地でしか住宅をつくれなかった当時の事情とうまく噛み合ったとも言える。石積み擁壁は、一人協定で守られることとなり、さらに住宅地の価値を高めていった。

開発住宅地ではどの家も、家の前の道から数段の石段を上がって家に入るようになっており、それが住宅の立派な構えとなっていた。また斜面地の住宅は、敷地に掘り込みの駐車場をもつことで庭を広くすることもできたので、道と敷地のレベル差があることは受け入れやすいものとなっていった。なかには二階分ほどの階段を上ってやっと玄関にたどり着くような宅地までつくられていくこととなった（図10）。三〇代、四〇代の働き盛りの時期に住宅を購入した人々が主であったので、階段を上る「しんどさ」より、たどり着いた家の大きな窓から見えるどこまでも続く住宅地の景色や、住宅地の周りに広がる緑の山々の景色に価値を見出していた。将来、その階段を上ることが辛くなる日が来るとは考えもしなかった。

図10　猪名川パークタウン、斜面地住宅地

擁壁の住宅地観と複雑化する住宅地

一九七〇年代までの住宅地開発では、格子状の道路をもつ住宅地計画が一般的に取り入れられていた。住宅地では道路はせいぜい住宅地内を突き抜ける幹線道路と街区内道路の二種類で構成されており、初めて訪れてもわかりやすい住宅地であった。

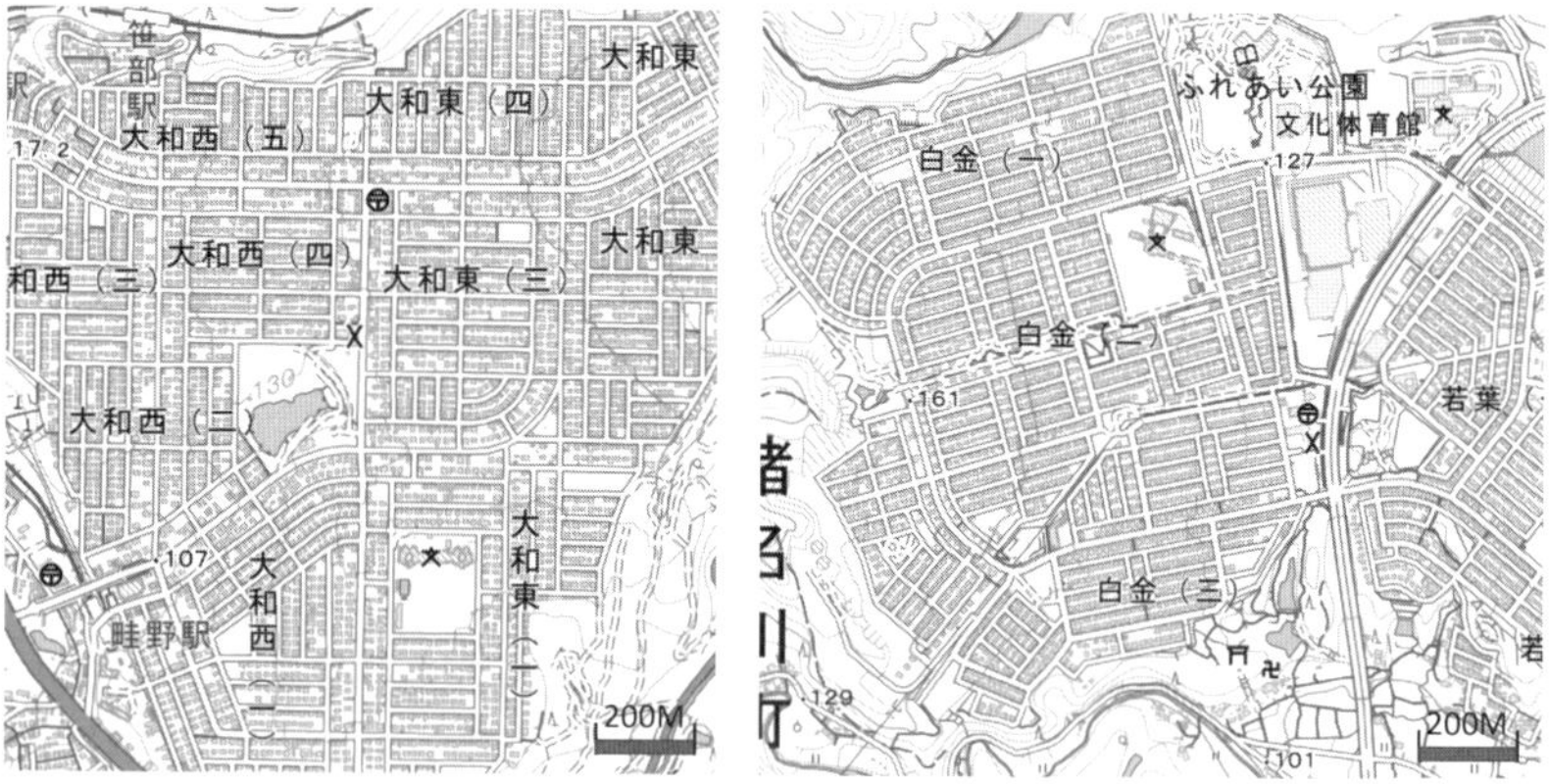

図11　複雑になっていく住宅地の道路網
左：1970年代開発の大和団地の道路網　右：1985年代開発の猪名川パークタウンの道路網

しかし、一九八〇年代になると、住宅地の差別化がますます必要となり住宅地計画は複雑になっていった。通過交通を排除するため、幹線道路には直接住宅の玄関が向けられることはなくなり、住宅地内の道路の接続は数箇所に限られた。このように数段階のヒエラルキーをもつ道路構成でつくられた住宅地は、通り抜け車両を排除し、静穏な住環境を保証するものではあった。しかしその弊害もある。人の動線がフットパス（歩行者専用通路）などを用いて歩行者用通路に限定されており、また分化しているので、住宅地を歩く人が少ないのである。車の通りも少ない。人の目が少なく夜道はさらに暗く寂しい。

加えて、初めて住宅地を訪れた人にとってみれば、家がそこに見えているのに、玄関までたどり着くことが難しい複雑な住宅地となっている。図11は、猪名川パークタウンの地図である。住宅地が並ぶ街区への入口は数カ所で、幹線道路沿いには玄関は設けられず石垣の擁壁が並んでいる。道路のヒエラルキーが三段階になり、さらにそこに車が通ることができないフットパスもつくられるようになり、より複雑化している。

さて、このように一九六〇年代から売り出された郊外住宅地の「売り方」にもずいぶん変化があった。

一九六〇～七〇年に売り出された開発住宅地は、宅地分譲が多かった。関東では、開発された宅地のすべてに平屋のプレハブ住宅を建てて売り出された住宅地もあった（柴田、二〇一〇）。しかし先にも述べたように、プレハブ住宅は注文建築に慣れた日本人にとっては物足りず、建設後五年以内に建て替えられたり、増改築されてしまったという。関西ではプレハブ住宅の建て売り住宅は主流ではなく、土地を購入して工務店などに依頼していわゆる注文住宅を建てるか、工事期間が短いプレハブ住宅を建設するかの選択肢があった。

一九七〇年代、プレハブ住宅は「企画型商品」として売り出されるようになった。販売当初は「現場小屋」などと言われ、評判の良くなかったプレハブ住宅も、一戸前の家らしい商品が開発され、人々の心を捉えた。ハウスメーカーも複数現れ、その頃から敷地ごとに「メーカー指定」と言う形が取られるようになった。なるべく同じメーカーの住宅が並ばないように、宅地に対しハウスメーカーが指定されて売り出された。よく似た家が交互に現れるが、すべて同じ家が並んでいるのではない、統一された街並みがつくられるようになった。そして一九九〇年以降の主流を占めている郊外住宅地の販売方法は、開発された住宅地の一部、例えば道路を挟む両側の敷地をハウスメーカーというデベロッパーが買い取り、土地と建物をセットで販売する方法である。同じような仕様の住宅であるが、「自由設計」と言われる方法で、住宅地としての「落ち着いた美しい街並み」を住宅販売の謳い文句にするようになった。

2　郊外住宅地で今何が起きているか

人口や世帯構成の変化

住宅地開発が進んだ一九七〇年と、現在の日本の世帯の構成がどう違うのかをデータで見てみよう。国勢調査によると、一九七〇年の日本の人口は一億三七二万人であったが、二〇一五年には一億二七〇九・五万人と二三〇〇万人ほど増えている。世帯数は一九七〇年には三〇〇〇万世帯であったが、二〇一五年には五三〇〇万世帯と一・七倍となっている。人口の増加は見られるが、それ以上に核家族化が進んだのである。同様に世帯の型別世帯構成比の変化を見ると（表1）一九七〇年の日本の世帯の半数が親と子からなる二世代世帯であり、単身世帯と夫婦のみの世帯を合わせた一世代世帯が三割を占め、残り二割近くが三世代世帯であった。それに対し、二〇一五年は単身世帯が三・五割、夫婦のみ世帯を合わせると一世代世帯が五割以上を占めている。親子からなる二世代世帯は三・五割と減少し、三世代家族は四パーセントにも満たない。

　すなわち、一九七〇年代にはファミリータイプという子育て世代が半数を占めており、成長する子どものための子ども部屋のこと、子どもを育てる豊かな環境のこと、小学校などの教育環境のことに気遣いながら郊外に住宅を購入していた。ところが、単身や夫婦のみの一世代世帯が全世帯の半数を占める今の状況のなかで、どのような郊外戸建て住宅地が求められているのだろうか。

　大阪梅田から宝塚歌劇場のある住宅都市・宝塚を結ぶ阪急宝塚線が大阪府と兵庫県を分かつ猪名川を渡ったところのひとつ目の駅「川西

表1　世帯の型別世帯構成比　（出典：1970年および2015年国勢調査データを元に作成）

	一世代世帯			二世代世帯			三世代世帯		その他世帯	総計
	単独世帯	夫婦のみの世帯	その他一世代世帯	夫婦とその子どもよりなる世帯	片親とその子どもよりなる世帯	その他二世代世帯	親と子どものある夫婦の世帯	その他三世代世帯		
1970年	30.5%			50.9%			16.1%		2.5%	100.0%
	20.3%	9.8%	0.5%	41.2%	5.8%	4.0%	12.2%	3.9%	2.5%	100.0%
2015年	55.6%			38.3%			4.1%		1.9%	100.0%
	34.6%	20.1%	0.8%	26.9%	8.9%	2.6%	3.6%	0.5%	1.9%	100.0%

能勢口駅」は、日蓮宗の霊山である妙見山へ至る「能勢電鉄」の始発駅である。能勢電鉄は一九一三年、妙見山への参詣客輸送と、沿線で産出される三白（酒、米、寒天）・三黒（黒牛、栗、炭）などの特産物の輸送を目的として敷設された。戦後の大阪の人口増加、高度経済成長の波に乗り、一九六七年の「多田グリーンハイツ」を皮切りに、ベッドタウンとしての沿線住宅地開発が次々と進められていた。一九九三年の「つつじが丘」まで、なんと一八の戸建て住宅地が開発された。川西能勢口駅から大阪梅田駅までは急行に乗ればわずか二〇分、通勤には至便な立地であり、川西能勢口駅には電鉄系の百貨店をはじめ複数の商業ビルが建設され、日常生活の利便性も高くなっている。

これらの一八の沿線住宅地を二〇一五年のデータでみると、高齢化率が三〇パーセントを超えている住宅地がそのうち三つあり、四〇パーセントを超えている住宅地が七つもある。一九七三年に開発された「光風台」では四七・三パーセントであった。一方、一五歳未満の人口割合が一〇パーセントを切っている住宅地は六つあり、「光風台」では七・一パーセントと、最も低い割合となっている。一九六〇年代から一九七〇年代、終の住処を求めて戸建て住宅地を購入した世代が高齢化し、郊外住宅地の居住者は夫婦二人世帯と単身世帯が半数を占めている。[*6] では実際に住宅地や住宅はどうなっているのだろうか。

郊外住宅地の戸建て住宅の変容

能勢電沿線に一九六〇年代から一九八〇年代に開発された五つの住宅地に五〇〇票ずつアンケートを配布して得られた八五〇票の回答を分析したものを紹介する。

入居時期別に敷地面積と延床面積をみると、一九八〇年代に入居した世帯の敷地が最も広く平均で二二一・五平方メートル、二〇〇〇年以降の入居世帯の敷地は平均二〇二・四平方メートルと二〇平方メートルも狭くなっている。これは分割された敷地が販売されていること示しており、一五〇平方メートル未満のこれまでの住宅地としては狭い敷地が一割以上を占めるようになっていることの影響である。

一方床面積を見てみると、平均すると一九九〇年代入居世帯の平均床面積が最も広く一三〇・三平方メートルで、一九七九年以前入居世帯（一一九・八平方メートル）に比べると一〇平方メートル広くなっている。これは、建て方を見ても一目瞭然で、一九九〇年以降、総二階の住宅が圧倒的に多く建てられるようになった。

かつて瓦屋根は戸建て住宅の格の高さを示すもので、何重にも重なる屋根が家の格を決めていた。一階より二階を控えて建て、瓦屋根を見せるのである。当初のプレハブ住宅の屋根がスレート葺きで、瓦屋根でなかったこともプレハブ住宅が敬遠された理由でもあった。しかし、関西では一九九五年一月一七日に発生した阪神・淡路大震災で、「瓦屋根が落ちた、瓦屋根が載っていたから柱に負担がかかって家が倒れた」など、瓦屋根に対する批判が多く言われたこともあり、瓦屋根をスレート葺きに葺き替える住宅が多くあらわれた。それ以来、瓦屋根の家は劇的に減少し、スレート葺きが一般となった。さらに「総二階」の家は、幾重にも重なる瓦屋根の家より屋根面積も壁面積も減少するので、工事費もメンテナンス費も抑えられる。そんな「総二階」の家が好まれるようになったのだ。単純な構造で、地震にも強いと言われている。こうして、郊外住宅地では年代が経つとともに、狭い敷地が現れ、床面積が広くなってきたのである。

郊外住宅地の居住者層も大きく変化し、人々のニーズも大きく変わってきた。ある地区計画のある住宅地では、石積み擁壁を崩し、庭もなくし、道路と同じ地盤をコンクリートで固めてカーポートをつくる改造がよくみられる。家族がみんな車を運転できる年齢に達し、予定していた一台ではなく、二台、三台の自家用車が必要になったからだ。このような居住者による住宅の擁壁の改造は、戸建て住宅の魅力のひとつであった庭を減らす方向に進んでいる（図12）。また、石段のある住宅は居住者が高齢化するなかではさらに大変だ。車椅子を使って暮らすようになると、もう今の家に住むことができなくなる。道路から玄関までのスロープをつくっている例がいくつもみられる。

大阪の北部に向けて走る能勢電鉄の沿線に一九六〇年代から順次開発された戸建住宅地に、二〇〇〇年以降新たに転入した人たちはどのように住まいを得て入居しているのかを調査した。結論から言うと、駅に近い戸建住宅地は売りに出されると、建て売り業者が買い取り、古家を除却して新たに戸建て住宅を新築し、売却するという方法で流通している。その際に、ひとつの敷地が二〜三敷地に分けられることもよく見られる。それに比べ、駅から歩いて二〇分以上かかる、駅から離れた場所にある戸建住宅は、不動産業者も積極的に売ろうとはせず、とりあえず建物が建ったまま中古住宅として情報が市場に出る。中古住宅付きの土地を購入した人は、交渉次第で除却のための金額を値引きしてもらう。結局家は解体される場合が多い。このように、不便な住宅地でも少しずつ更新するのだが、思うように購入者が見つからない場合も少なくない。そして値崩れが始まっている。

なぜ、開発された当時の住宅のそのままではうまく流通しないのか。大阪のベッドタウンのとある自治体で、戸建て住宅地の流通化の個別事例を分析したところ、住宅に起因する流通を

図12　擁壁を取り除き、駐車場に

阻害する理由として、家が個性的であること、広すぎることが上がっていた。思い入れを込めてつくられた注文住宅の中には、今のニーズには合わない間取り、例えば二間続きの床の間付きの座敷は、使いこなせない世帯が多い。また、広すぎる台所、広すぎる風呂も個人的なこだわりが反映しすぎていて住み辛い。有名建築家の設計した住宅は、マンションであればデザイナーズマンションなどと言われ人気があるが、戸建て住宅ではメンテナンス費が高くかかる場合が少なくない。そういう意味でも贅沢な住宅なのだ。郊外戸建て住宅地に家を探す世帯のニーズには合わないのである。これは、一九七〇年代の戸建て住宅が、建売住宅ではなく、いわゆる注文住宅であったことが原因である。今のライフスタイルに合わないのは建物だけでなく、立派すぎる庭や玄関、生垣といった外構も不必要と感じる世帯は少なくない。

バルコニー化する戸建て住宅の庭

一九七〇年代の戸建て住宅と二〇〇〇年代の戸建て住宅で比較してみよう。一九七〇年代に開発された住宅地の家の敷地の周りには、石積み擁壁の上に低い生垣が回っている。道から数段の石段を上がると低い門柱と門扉があり、その扉を開けるとまた数段の石段があって玄関に至る。石段を上がることが高級住宅の証である。道から見ると、生垣の下の立派な石垣がまちの景観をつくっている（図13）。カーポートは敷地の端の方に一台分、あるいは斜面地の場合は庭の下の掘り込み型になっているものも多い。造成時からそのようにつくられていて、その方が、庭が広くなるので人気があった。それに対し、二〇〇〇年代の戸建て住宅は、道に立つとまずカーポートが目に入る。車は二台、あるいはそれ以上の台数を停めることができる。総二階の家が建っている。高級な住宅街の象徴であった石垣、石段はすっかり姿を消し、戸建て住宅では欠かせなかった門柱もない。手入れの必要な庭もなく、家と車だけが目に入る（図14）。

敷地の細分化も進む。図15は隣り合う二つの敷地がいずれも売りに出され、それぞれ二敷地に分けられ、四軒の戸建て住宅が建った。それぞれ二台ずつのカーポートが並び、郊外戸建て住宅地の象徴であった石積みも生垣もなく、門柱もない。玄関先にハナミズキの木が一本植えられている。この四軒に向かう合う家並みは、今も生垣が残っている。

図13　外構が豊かな住宅（1970年代頃）

図14　外構のない住宅（2010年頃）

このような玄関周りを「オープン外構」という。土のない庭の住宅は珍しいものではない。図16は、郊外住宅地の、駅から歩いて五分ほどの新築建売住宅である。庭には砂利が敷かれており、見た目を重視するモデル住宅であるはずなのに、木は植えられていない。車は三台停めることができる。

何十年もかかってでき上がったそれぞれの庭の木々が美しい緑豊かな住宅地は、少しずつ変わろうとしている。「郊外庭付き一戸建て」という戸建て住宅地像はすっかり姿を消し、それぞれの庭はコンクリートで固められ、ガーデニングはもっぱらフラワーポットで行われるのである。郊外住宅の庭のバルコニー化である。それぞれの敷地で担保していた豊かな緑は建て替えられるたびに減少していく。

住宅地のルールの変化

街並みの変化が起こらないようにと、多くの郊外戸建て住宅地が、分譲時には「一人協定」をもっていた。それなのになぜ、敷地分割が進んでいるのだろうか。

建築協定ではいくつかの問題点が指摘されている。ひとつは、建築協定に合意したものにしか効力が及ばないため、協定に合意しなかった者の土地は協定区域に入れることができない。ということは、時間が経過し土地を売却し所有者が変わった場合はどうなるのだろう。新しい所有者が合意しなければ、その土地が協定区域から外されるのである。また、協定を締結できる者は所有者に限られているため、たとえ親族であっても使用借権者が所有者に含まれるかどうかが定かでない。親の家に引き継いで住んでいる子どもは、協定を締結したことにならないのである。二つめは、協定参加者間における協定の実効性の問題である。建築協定は建築確認申請制度とは連動していないため、協定に違反するものを法的に阻止することはできないし、違反したものを是正する手法も、民事上の違反是正手法しか

図15　敷地が2つに分けられ、2台カーポートのオープン外構の住宅が並ぶ

図16　建売住宅（大和団地）。モデルハウスなのに庭木はなく、駐車スペースは3台分ある

用意されていない。さらに、協定の実効性をもたせるには建築協定の運営母体である地域組織が適切に機能していることが重要であるのだが、地域の高齢化によりその担い手が手薄になっていることも協定の実効性を弱めることとなる。また、建築協定の運営は住民間で行っているため、建築協定を違反することが自治会で認められれば「協定破り」が可能となる。そのような協定破りの承認があたりまえの手続きとなってしまっている住宅地も実際に存在する。担い手不足や、運営委員会が積極的な関わりをやめてしまうと適切な運営がされず、建築協定が形骸化してしまうのである。

建築協定は、多くの場合有効期限が一〇年と定められており、有効期限が切れてしまうと、失効する。その時、所有者間で合意を得ることができず、そのまま建築協定がなくなっている住宅地が多くあることも指摘されている。二〇〇五年の東京都のデータであるが有効期限を迎えた一人協定のうち、六割が失効、三割が地区計画への移行、合意協定として継続していたのはわずか一割とのデータがある（中西ら、二〇〇五）。

近年いくつかの市町村では、有効期限が迫っている建築協定をもつ住宅地に対し、行政が都市計画として決定する地区計画への移行を働きかけている。そうすることにより建築協定のように居住者が運営する必要がなくなり、行政が建築指導として運用することができる。行政としては、地域の住民に頼ることなく、質の高い住宅地を守ることもできるし、建て替え時にしばしば起こる建物の用途や高さに関わる近隣の諍いも未然に防ぐことができる。

先に述べた能勢電鉄沿線のいくつかの大規模開発住宅地を抱える兵庫県猪名川町は、建築協定から地区計画への移行を積極的に働きかけている自治体のひとつである。町内にある一九八五年から一九八七年に開発された「猪名川パークタウン第一期」では、二〇〇二年の開発時から続く建築協定を地区計画に移行した。地区計画では、開発当時の統一された石積みの擁壁とその上に植えられた生垣の意匠統一、専用住宅に限る用途制限、敷地分割を防ぐことを目的とした最低敷地面積、壁面の位置などが定められている。もちろん、地区計画への移行にあたって、猪名川町は全戸アンケート調査や説明会を実施している。しかし、自治体が実施したことが、ちゃんと居住者に届いているのだろうか。

ある学生が、自分の住む住宅地には建築協定があり、両親が購入時にはその説明を受けたのに、隣に建築協定に違反しているような家が建っている、という話をしたので調べてみたところ、建築協定はとうに切れていて、現在は地区計画ができていた。学生本人はもちろん、両親もそんなことは知らなかったという。そんな経緯でその学生は、郊外住宅地の建築協定と地区計画について研究することとなった。

二〇一四年に実施した地区計画のある住宅地での居住者アンケート調査の結果である（牧角他、二〇一四）。「かつて建築協定があったことを知っている」との回答者は四二・三パーセントで、「現在地区計画があることは知っている」は三九・二パーセント、「現在地区計画があることも、その内容も知っている」回答者はわずか一九・二パーセントであった。四〇・八パーセントは「地区計画があることを知らない」と答えていた。その一方で、「このような住宅地には建築のルールが必要か」と改めて質問すると、九割が「必要」と答えており、内容はともかく、なんらかの「ルールのある住宅地である」ことが求められているのである。建築協定が地区計画に代わることで、決められているルールも以前に比べ緩くなっているのも事実であるが、住民が運営をしていなくても、どのような住宅が地区計画に合っていないのかが、住宅地に住む人たちに周知され、理解されていることがとても大事なことである。隣同士の疑心暗鬼は、地域の関係を悪くするばかりである。

一方で、大阪府箕面市は環境の良い住宅地が多く、箕面の山々、山裾を含む景観保全地区での新築建築に対して事前の景観協議のハードルが高い市として知られている。その箕面市で景観計画策定に先駆けて、一九九六年第一号の都市景観形成地区が締結された。「今宮三丁目東急不動産開発地区」である。現在は、景観法に基づく届出が必要な地区となっている。この地区は東急不動産の三〇戸の建売住宅（図17）で、輸入材を使った「アメリカンな住宅」が建ち並ぶ住宅地である。この住宅地の分譲時の販売パンフレットには、「箕面市の都市景観形成地区に指定されています」という言葉が大々的に謳われていた。ルールがあることが良い住宅だ、売り文句になるのだということを象徴した出来事だった。

図17　箕面市の都市景観形成地区第1号、今宮3丁目東急不動産開発地区。通称「アメリカストリート」

このように、ルールをもつ住宅地が良い住宅地だと考えている住民が増えてきている。住宅地のまちびらき当初に入居し土地を持つ居住者は、厳しいルールがあり、計画当初の景観が守られていることが住宅地の価値をあげると考えているのである。なかでも地区計画は、住民はルールの運用に関わる必要がなく、住宅の建て替えを行う業者には行政が地区計画に沿った指導をしてくれる。一方都市計画法で定められた制度であるので、その変更は住民だけで決めることができない。行政の機関である都市計画審議会での審議対象となるので手続きにも時間もかかる。私はこの地区計画の定めている内容が目指している良い住宅地とはどのようなものか、と考えると、とても心配になる。

郊外住宅地の地区計画でよく定められていることに、最低敷地面積がある。敷地分割ができないように定められている。小さな敷地に小さな家が建つと住宅地の風格が損なわれ、住宅地の価値が下がると考えられているからである。しかし、そのことによって、例えば相続時に兄弟で二つの敷地に分けて相続し、継続して居住しようと考えても、宅地の分割はできない。一敷地に離れをつくって、親子二世帯で住むことも不可能である。居住者は住まいを子どもたちに相続するときに価値を下げないようにするため、厳しい規制を求めるのであるが、実際は敷地分割ができないことにより、子どもたちが継続して所有したり、居住する選択肢をなくしてしまっているのである。先に示した分割された敷地に立つ住宅は、かつての住宅地の街並みを継承してはいないが、まちの継続性は担保していると言える。

また郊外住宅地の地区計画では、共同住宅や併用住宅を許さず、専用住宅しか建てることのできない地区も多い。敷地内の空地を利用した店舗経営や借家経営などを規制しているのである。阪神・淡路大震災後の芦屋の住宅街では、広い戸建て住宅の再建にあたって、自宅と一体に賃貸共同住宅を建設する、いわゆる大家住戸のある共同住宅がいくつも見られた（小浦他、二〇〇七）。外観的には、街並みを乱さないように母屋の裏側に共同住宅を建てたり、共同住宅を戸建て住宅と一体化することにより、より立派な住宅に見えるような工夫が見られる。賃貸住宅の家賃収入で、新築した家のローンを返しながら住み続けることができる。まちのルールはこんな選択肢もなくしてしまっている可能性がある。

戸建て住宅地の暮らし

戸建て住宅地では、生活利便施設が住宅地の中心にあり、どの家からも徒歩圏内にあるよう配置されていた。戸建て住宅地はそれぞれ開発単位で独立しており、住宅地間の行き来は隣接していても容易ではなく、歩いての行き来はなんとかできても、車での行き来はまず難しい。そのため店舗は他の住宅地と競合することがなく、競争力を失い、結局客足が遠のくこととなる。もちろん、時代が流れるとそれまでは当たり前に

表2　男女別運転免許所持者数の推移（1970〜1972年）

年次	男（人）	対前年比（%）	女（人）	対前年比（%）
1970年	21,683,599 （82.0）	5.4	4,765,630 （18.0）	13.2
1971年	22,699,349 （81.1）	4.7	5,301,018 （18.9）	11.2
1972年	23,675,142 （80.3）	4.2	5,799,501 （19.7）	9.4

（出典：『警察白書』1973年）

* () 内は全運転免許所持者数に占める割合である。単位は%

あった業種の商店、例えば荒物屋や呉服店、新聞屋や牛乳屋などは、廃業していかざるを得なくなったが、人口の減少は、生鮮食品の店はもちろんのこと文具店や本屋などあらゆる店を成り立たなくさせていった。それに拍車をかけたのは、人々の自動車依存である。車は一家に一台、お父さんの乗り物であったのが、女性のドライバーが増加していくと、戸建て住宅地に住む専業主婦が車に乗り出したのである。日常の足としての自動車利用が一般化してくる。全国のデータではあるが、運転免許保有者数の男女比は、一九七〇（昭和四五）年では、八・二対一・八であったが、一九八〇（昭和五五）年には、七対三となり、一九九〇年（平成二年）には、六・二対三・七、二〇〇〇年には五・八対四・二となっている（表2）。女性は仕事をもたず家を守っていたが、歩いて買物にはいかず、車に乗って住宅地外まで買物に出るようになった。郊外住宅地は地図で見ると近くにある場所でも、とんでもない坂道であったりする。徒歩はもちろん自転車は使うことができない場合も多い。駅から家まではバスに乗って通勤するはずだった「お父さん」や「子どもたち」の、「お母さん」の車での送り迎えが始まった。こうしていくうちに、住宅地の徒歩圏内につくられた店舗はどんどん廃業していくこととなった。その一方で、車で来ることを想定した大型ショッピングセンターが、車で来ることを想定した商圏で生まれてきた。

戦後の戸建て住宅地には駅、駅を起点とするバスルートがセットで用意されていたが、日常生活の移動手段として自家用車がこれらの交通手段にとって代わり、日

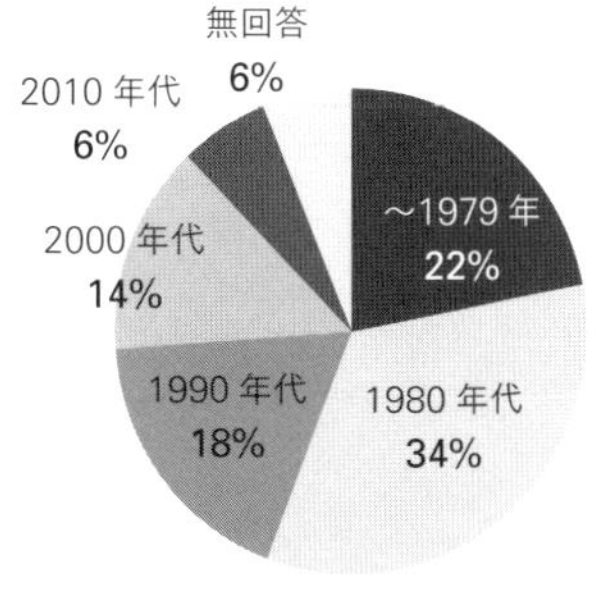

図18　全世帯の入居年代別世帯構成

常的な足となった。このようにして、駅とバス交通という地域交通システムも置き去りになったまま、自家用車の所有を前提とした人々の生活が営まれることとなった。

　住宅地ができた当初に入居した世帯は、宅地の購入希望を申し込み、抽選に当たり、運良く購入にこぎつけた人たちだった。それから五〇年が経ったが、郊外住宅地を出ていった家族もいれば、新しく郊外住宅地に転入してくる家族もいる。能勢電鉄沿いの戸建て住宅地の調査データ[*7]をもとに、入居した時期別に、入居者の住要求の変化を見てみよう。

　この調査の回答者数は八五〇世帯である。そのうち、一九七九年以前の入居者、一九八〇年代の入居者を合わせると半数以上の五六%となる。この人たちはおおよそ郊外住宅地の「まちびらき」と同時に入居した「郊外住宅地の第一世代」である。一九九〇年代の入居世帯は一八%。二〇〇〇年代の入居世帯は一四%、二〇一〇年以降の居住世帯が六%であった。いずれも少ないには違いないが、二〇〇〇年以降に入居した世帯が二割いることがわかった（図18）。

　回答者のアンケート実施時の平均年齢は、一九七九年以前の入居者が七二・七歳、一九八〇年代の入居者は六七・九歳、一九九〇年代の入居者が六四・二歳、二〇〇〇年以降の入居者は五五・四歳であった。この数値から、入居したときの年齢を推測すると、一九七九年以前の入居者はおよそ三五歳、一九八〇年代の入居者はおよそ四〇歳、一九九〇年代の入居者は四五歳、二〇〇〇年以降の入居者は四七歳ぐらいだろうか。郊外住宅地に転入してくる年齢は、かつてのように働き盛りの三〇代ではなく、四〇代後半から五〇代と年齢が上がってきている。

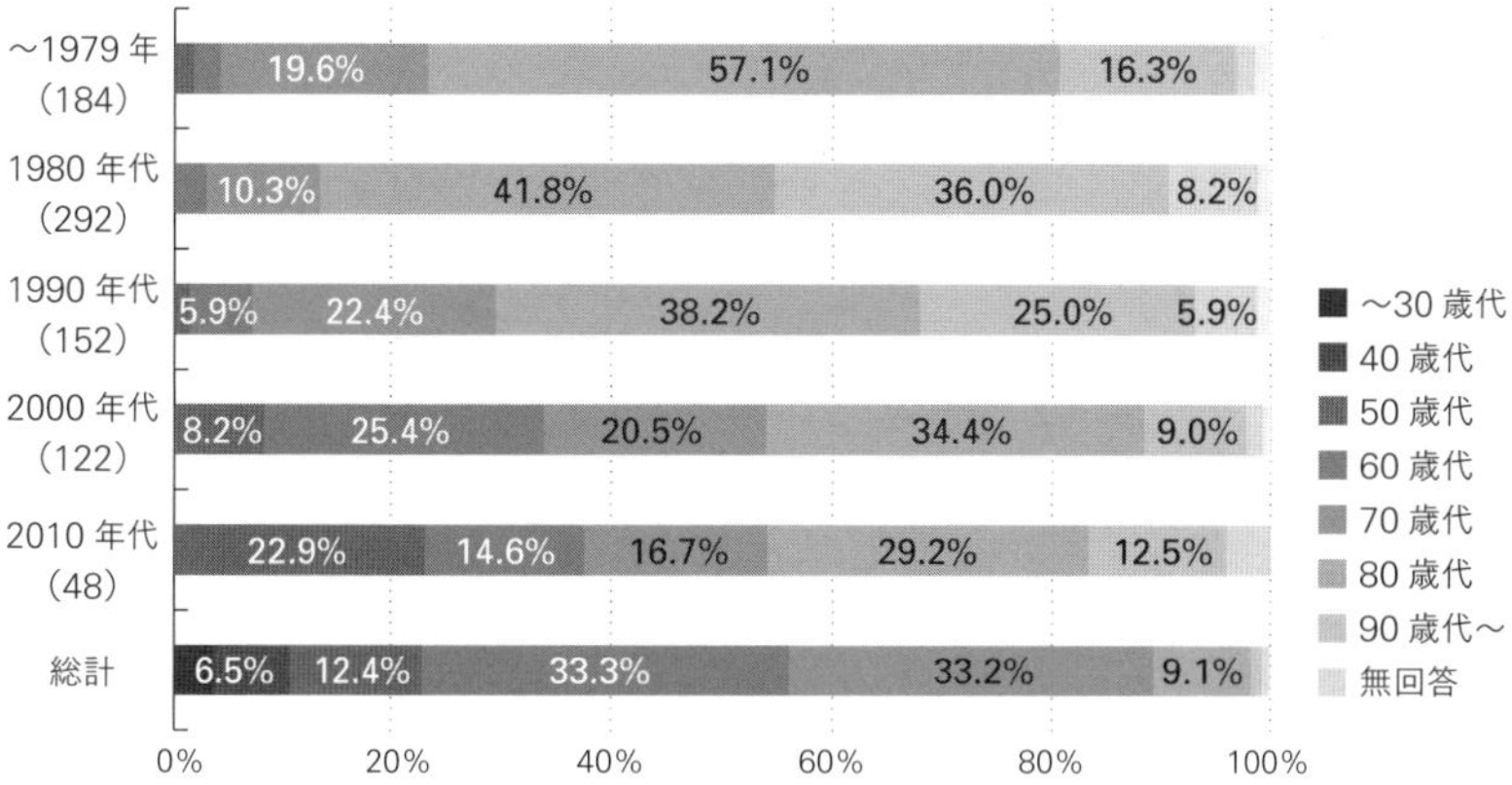

図19　入居世代別年齢構成

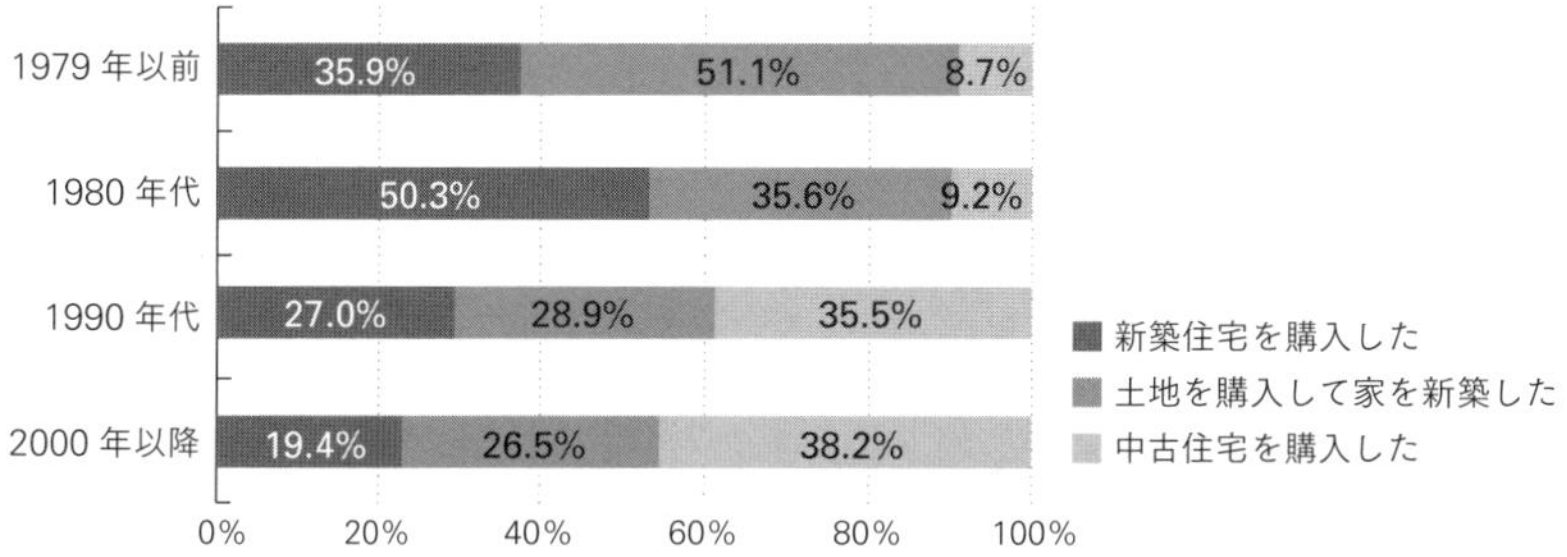

図20　入居年代別住宅の取得方法

実際に入居世帯の世帯主の年齢の分布を見ると、年齢層の幅自体が広がっているのである。二〇一〇年以降の入居者の年齢構成を見ると、二〇代が二三%、四〇代が一五%、五〇代が一六%、六〇代が三〇%、七〇代が一二%となっている（図19）。「郊外住宅地の第一世代」は、ほぼ同じような年齢で戸建て住宅を購入して転入しているのであるが、ここ一五年ほどは、二〇代から六〇代まで幅広い年齢層が転入していて、とくに五〇歳以上の転入者が半数を占めているのは驚きであった。この年齢は子育てが終了し、リタイア後の生活を考える世代である。二〇〇〇年以降に転入した世帯に注目して見てみよう（図20）。一九八〇年以前に転入した世帯は、新築住宅を購入するか、あるいは土地を購入して家を新築するかいずれかで新居を得ていたが、二〇〇〇年以降の転入世帯の半数は中古住宅を購入していた。また、購入した敷地の広さを見てみると、一九八〇年以前に転入した世帯の敷地が一八〇平方メートル以上であったのに対し、二〇〇〇年以降の転入世帯の敷地は一五〇平方メートル未満と、一八〇〜二一〇平方メートル、二一〇平方メートル以上の三つの敷地規模に分かれている。とくに二四〇平方メートル以上の敷地を購入している世帯は二割以上となっている。駅から離れた場所では、駅に近い新築住宅の三分の一の価格で、広い敷地を手に入れることができる。販売価格もバブルの時期を経て、ずいぶん落ち着いてきている。手に入れやすい価格となっているのだ。実際敷地が広い新築住宅として売り出されている物件は三台分や四台分の駐車スペースを売りにしている。一方一五〇平方メートル未満の敷地は、開発当時の住宅地にはほとんど見られなかったので、敷地分割され新築された住宅や、開発住宅地の残地を開発した新築住宅地である。

二〇〇〇年以降の郊外住宅転入者では、転入のきっかけにもずいぶん違いが見られる（図21）。郊外住宅地の自然環境に恵まれていることを「この住宅地を選んだ理由」として挙げている回答者は、いずれの時期に入居した世帯でも半数以上にあたるが、街並みの美しさに惹かれて転入した人は、一九八〇年代以前に入居した人で少なく、一九八〇年代、一九九〇年代入居世帯で増えてくる。しかし、二〇〇〇年以降転入世帯でまた低くなる。「郊外住宅地の第一世代」は、住宅地を見ないで購入している人も多く、また、各住宅敷地内の庭木も緑もほとんど育っていなかったし、建て売り分譲ではなく敷地分譲だったため街並みができておらず、「街並みの美しさ」は入居動機にならない。しかし一九八〇年代には住宅地の庭木が生育し、それぞれの敷地の緑が美しい住宅地となっていたのである。

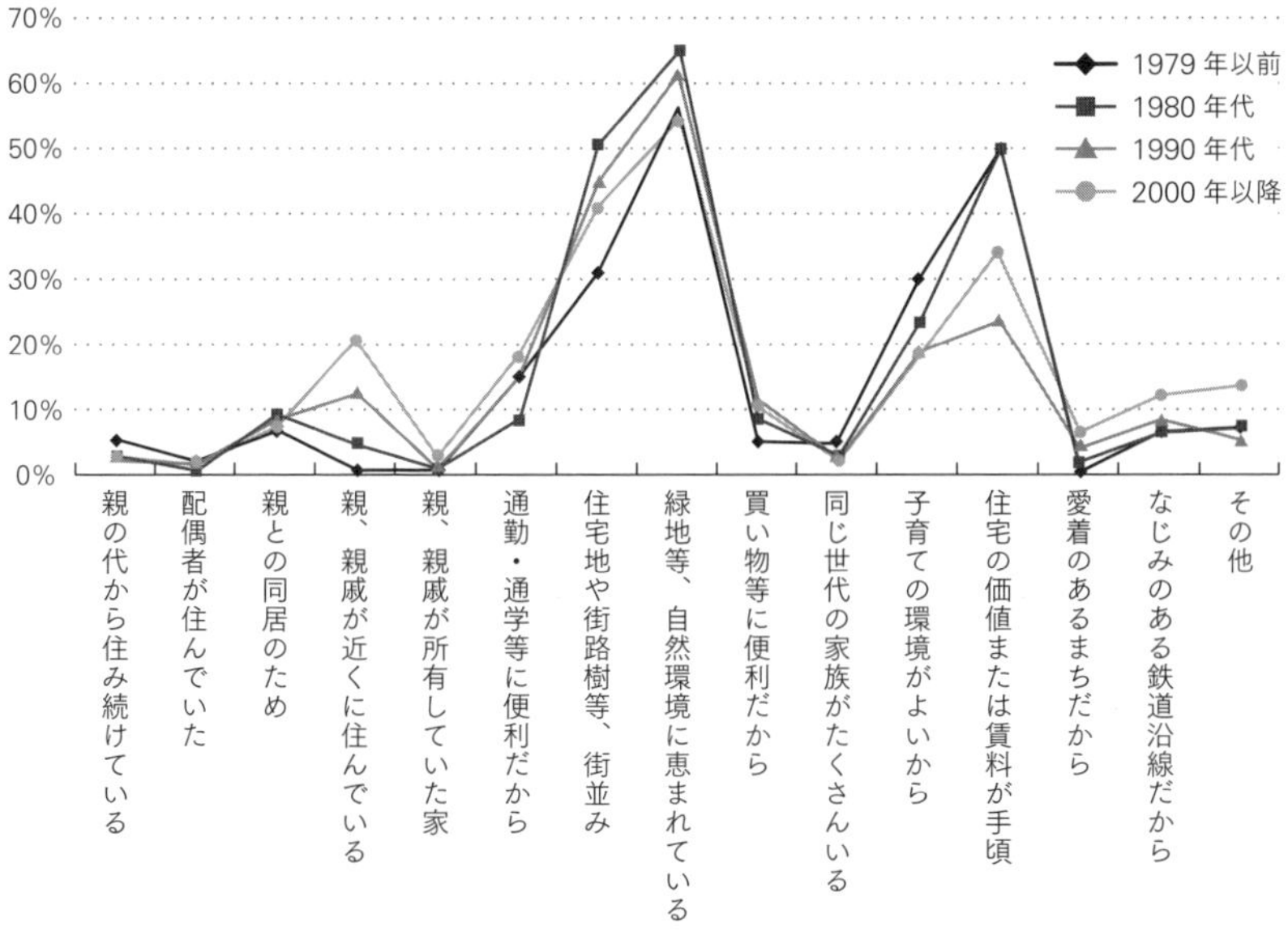

図21　入居年代別現在の住宅に住み始めたいきさつ

その一方で特徴的なのは、二〇〇〇年以降の転入者の入居動機の二割が「親や親戚が近くに住んでいる」というものである。「親との同居」ではない。「近居」をするためのUターン転入である。五〇歳代の夫婦世帯の自由記述では、親の介護のために親の家の近くに転入したというケースがあり、介護が終わると都心に戻ると書かれていた。また、このほかにも、ヒアリングでは、保険の外交やオートバイ修理など、車で移動しながら仕事をしている単身者が転入するケース、郊外住宅地からより郊外の仕事場へ車で通うために転入するケース、老後は盆栽を楽しみたいと転入するケース、夫婦それぞれが自分の職能や趣味を生かした仕事をしたいということで、妻は地域の医療施設、夫は自宅でコーヒーの焙煎をしながら小さなカフェを営むというケースもあった。転入年齢もさまざまであるが、転入理由もまたさまざまなのである。

3 郊外住宅地の将来——私の生活実現のまちへ

みんなが、流民・「ジブンダイジ型人間」

「オイエダイジ型人間」、「コドモダイジ型人間」、「ジブンダイジ型人間」。これは一九八五年、上田篤が著書『流民の都市とすまい』で、「この世には三種類の人間が存在するのではないか」として示された人間の分類である。「オイエダイジ型人間」は、家という共同体に依拠あるいは帰属しつつ、その家の存続と発展に関心がある「お家大事」という価値観をもつ人間で、さらに物理的には先祖伝来の、そして子孫に引き継ぐ塀、門、庭がある家に住んでいる。「コドモダイジ型人間」は、大都会で巡り合って結婚し、子どもに関心があり、できれば郊外に「狭いけれども楽しい我が家」が欲しいと思っている。「ジブンダイジ型人間」は、いわゆるヤングと言われる若い男女が中心で、自分の仕事に関心があり、家庭を築こうとはせず、都心のワンルームマンションに住み、自分の自由になるルームと自分の住まいの延長上にあるまちに関心がある。世界をみても、この三種類の人間がいると主張している。さらに上田は、「ジブンダイジ型人間」が、その後「家のなかのインテリア空間を外へにじみ出させる」「自分で住まいをデザインし、住まいの周りをデザインし、自分の生活領域を広げていく」という姿を予測している。まさに、今起きている「住み開き」や「DIY」を予測している。

ここでいう「コドモダイジ型人間」は、まさに郊外戸建て住宅地の人たちのことである。「オイエダイジ型人間」の親を故郷に残し、「オイエダイジ型人間」の片鱗を残しながら「家」らしい戸建て住宅を得て、「コドモダイジ型人間」として暮らしてきた。しかしそれから三五年経った現在、「コドモダイジ人間」の子どもたちは郊外戸建て住宅地を出て行き、まちで「ジブンダイイジ型人間」となった。一方、子どもがいなくなった「コドモダイイジ型人間」は高齢となり、自分たちで暮らすことのできる限りそのままその家に住み続けようとする「ジブンダイイジ型人間」となっている。また、金銭的余裕があれば、歩いて病院にも通え、日常の買物も便利な都心のタワーマンションに居を移す「ジブンダイイジ型人間」もいる。ワンルームマンションではなく、タワーマンションに住む「ジブンダイイジ型人間」である。実は、農村を見れば、「家を畳む」ことは普通に行われている。「オイエダイイジ型人間」の呪縛から逃れるべくまちにやってきて「コドモダイイジ型人間」となった人たちが、「ジブンダイイジ型人間」に変貌したときに、突然故郷の空き家問題が起こる。「ジブンダイイジ型人間」を悪くいうつもりはないが、その家を売却し、正真正銘流民としての「ジブンダイイジ型人間」となるのである。こうして、すべての人が「ジブンダイイジ型人間」になっているのが今の世の中だと考える。

多様化する郊外住宅地型ライフスタイル

郊外住宅地は家族に住み継がれる住まいでもなければ、自分自身の終の住処でもない。誰もが「ジブンダイジ型人間」となることは、郊外住宅地にとって悪いことではない。今後の郊外戸建て住宅地は、ライフスタイルに合わせて選ぶ居住地の選択肢のひとつとなると予測する。一九九八年、大阪市の臨海部の居住者に対し、居住地選択に関するアンケート調査を実施した(岡ら、一九九八)。現在、積極的に大阪の海辺に住むことを選択している人は、どのような人だろうかという関心からである。今後住みたいまちを尋ねる質問をしてみると、「大阪の臨海部に住み続けたい」という人ばかりではなく、「海辺にも住みたい」「都心にも住みたい」「山村にも住みたい」と答えており、今は臨海部に住んでいるけど、その時の生活に合わせてどこにでも住んでみたいという人たちだった。「農山村を指向するひと」「都会を指向する人」という紋切り型の人間像ではない。当時は一割ほどの人がこのように答えていたが、みんなが「ジブンダイジ型人間」となりつつある現在、このような人は明らかに増えてきていると思う。

都心のタワーマンションを選ぶ人も、郊外の戸建て住宅地を選ぶ人も同様に、「ジブンダイジ型人間」で、ライフスタイルに合わせて住まいやまちを選ぶ人である。郊外の住宅も今の自分のライフスタイルに合っている、そういう環境だから選ばれる。もちろん先のアンケートでもあったように「このまちで育ったから」、「今も両親が住んでいるから」郊外に住みたい人、さらに郊外にある仕事場に車で通っている人のように、必要だから住まう人もいるが、赤毛のアンのグリーンゲーブルスの家のような戸建て住宅での生活に憧れている人、庭で草花を育ててガーデニングを楽しみたい人、周囲の田畑でつくる採れたて野菜を食べたい人、日常的に山歩きをしたりロードバイクで走ったり、自然を感じて暮らしたい人など、また車での生活が好きでいつも車を身近に感じながら暮らしたい人もいるに違いない。その立地、まち、周囲の農山村、歴史的な環境、自然など様々な魅力を感じて住む人もいる。なかには、単身の人もいるだろうし、リタイアした夫婦も子育て世帯もいる。多様な世代が、それぞれの今の好みやライフスタイルに合わせて郊外住宅地を選ぶのである。これまで地区計画で守ってきた住宅地に対する考えは大きく変化するに違いない。少なくとも、一方でこのような多様な人たちを抱える独立性の高い戸建て住宅地は、これまでと異なった個人でつながるコミュニティをつくり出す可能性が高い。

郊外住宅地を歩いて楽しいまちにするために

北欧デンマークで、新しく開発されたまちは、今後の低炭素社会、ＳＤＧｓへの対応を前提に、脱車社会

3

郊外住宅地・住宅の変容と未来像

を目指している。地下鉄駅から徒歩圏にある集合住宅地には駐車場の附置義務はない。今は地域で自走式の立体駐車場を備えているが、将来これらの駐車場は取り壊すことを前提としている。すでにできている郊外住宅地にこのような新しい開発の事例を当てはめるのは難しいが、世界はそのような方向へ向かっていることは知っておく必要がある。そのなかで郊外住宅地はどうあるべきか。駅からつながる郊外住宅地は、駅を中心に構成されるべきだということである。そして、郊外住宅地の駅から我が家までの道が、歩いていて楽しいものになっている必要がある。

これまで住宅地の中心に計画的に配置された商業集積は見直し、駅を中心に再構成する必要がある。例えば、公民館や集会所などの施設である。これらのコミュニティ施設では、一連の市民向けセミナーを順に回して行ったり、それぞれの施設で異なった企画イベントを催している。隣町のセミナーに行こうと思うと、コミュニティ施設はそれぞれの住宅地の中心に配置されていて、どこも駅から遠い。だから仕方なく車で行くことになる。あるいは、旧集落の公民館はその集落の中心にあるため、交通の便が悪い。エリアとして公共施設を見直し、駅近に再配置する。そして、駅からの徒歩とその補完として今使われているバスルートを人々が十分に利用するように仕掛けるのである。

また住宅地の中には、住環境の悪化をもたらす迷惑施設でない限り、様々な店舗や施設があって良い。歩いていて、途中で小さな店舗やカフェを見つけると心が休まるし、子どもたちの往来の見守りにもなる。

大阪府の吹田市と豊中市をまたぐ千里ニュータウンの戸建て住宅地区は、戸建ての専用住宅を建設することが分譲時の条件であった。「まちびらき」から五〇年以上が経過し、徐々に戸建て住宅も建て替えられつつある。そのような戸建て住宅地の変化に敏感に反応した地区から、順次地区計画を策定してきた。もちろん、専用住宅を建てること、敷地分割ができないようにすること、共同住宅を禁止することが決められてきた。ところがある戸建て住宅地区は千里ニュータウンの中でも交通の便が悪く、高齢化が進んでいた。その結果、流通しにくい住宅地として空き家が増え悪戦苦闘していた。とうとう居住者が決断をし、建築面積の半分を施設や店舗にすることを認める地区計画を策定したのである。自分たちの孫が家の庭を使ってカフェをしながら住みたいといってくれたら、小さな店をしながら住みたいといってくれたら、どうぞ住んで頂戴といえる、そんなまちを目指したのである。これは千里ニュータウンでは画期的なことである。郊外住宅地のなかでは圧倒的に利便性の高い千里ニュータウンの居住者の決断は、郊外住宅地の居住者に大きな影響を与えると思う。

コロナ禍にある現在、外出の自粛や在宅ワークが推奨されるなか、身近な環境の見直しが人々の関心を集めている。以前、箕面市の駅から離れたバスでつながっている不便な住宅地で、居住者の日常生活の調査をしたことがある（松本ら、二〇〇五）。人々は日々の生活では自家用車をフルに活用しているが、一方で健康のために住宅地周辺をよく散歩をしていることがわかった。車を持っているから歩いていない、というわけではなく、健康のためによく歩くのだ。歩くことが移動手段ではなく、健康維持の手段となっていた。この傾向は、二〇二一年を迎え、ますます顕著になってきている。地域の散歩道の重要性を多くの人たちが感じたと思う。まちに点在する店舗などの施設は散歩の楽しみを増やしてくれる。オープンカフェがあるとどんなに楽しいだろう。さまざまな店舗の存在は歩いて楽しいまちとなる条件である。地区計画で、用途を専用住宅のみに限定することは、楽しいまちにする可能性をなくしていることになる。

郊外住宅地を普通のまちにするために

一九八〇〜九〇年代、住宅地に新しい価値を付加して差別化をはかり、住宅が販売されてきた。この時期に登場した計画しすぎた住宅地、道路網が複雑で見えている家にたどり着くことが難しい住宅地は、初めてまちを訪れる人にはとてもわかりにくい。そのようなまちには、たとえ用途を住宅のみにすべきとのルールがなくなったとしても、外から来た人にはわかりづらく、店舗などの施設が立地する可能性がとても低い。そのようなことを考えていたら、イギリスのマンチェスター市にあるプリモス・グローブ団地の事例を知った（佐藤、二〇一二）。プリモス・グローブ団地はラドバーン・レイアウト*8を取り入れた低層の公営住宅団地である。まちは歩車分離が図られ、人の動線と車の動線が交わることのないよう、車の動線は行き止まりの袋路となり、そこには車がUターンすることのできるパーキング・コートがある。人は、公園や緑道を通り抜けて家に帰る。市は、この住宅地で犯罪やバンダリズムが横行していたその理由を、このわかりにくい空間構成にあると結論づけたのである。そこで、二〇〇三年、住宅地の改善に取り組んだ。ラドバーン・レイアウトの屋外空間の再構成を実施したのだ。行き止まりの袋路を通り抜けられるボンエルフ*9状の通りに改造したのである（図22）。日本の郊外住宅地の場合と、イギリスの公営住宅を同じに語る必要はないが、車の通行量を抑えた道は、人通りが少なく危険も多い。店舗などの施設の立地も難しくなる。システム化されているが、複雑すぎるまちは、多くの人から楽しみを奪っているのである。

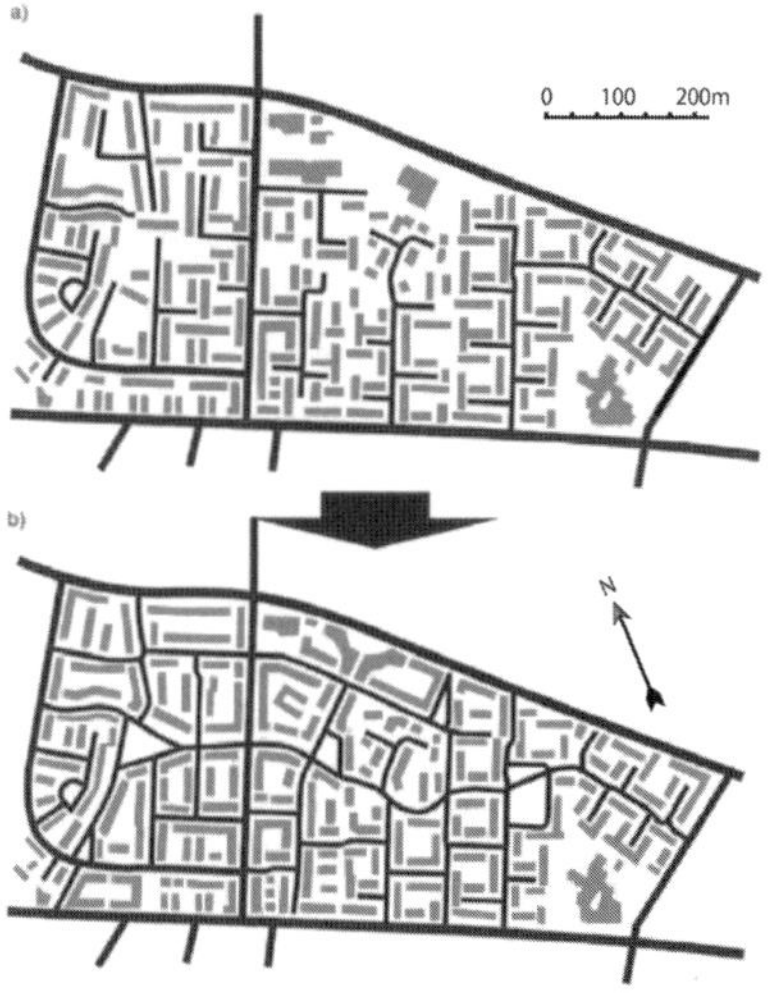

図22 プリモス・グローブ団地の再生（マンチェスター、2003年〜）
道路パターンの改善、上が事業前、下が事業後の比較。（出典：John Punter, Urban Design and the British Urban Renaissance, 2010）

本章冒頭で紹介した戦前につくられた住宅地の今の魅力は、普通の住宅地の中に高級なレストランがあったり、おいしいケーキ屋があることだ。生活している人たちのニーズがつくり上げた地域の生活スタイルともいえる。自宅のひと部屋でピアノの教室をする、塾を開くというのも、人々の生活の一部である。分譲されてしまっている住宅地の空間構成を変えることは難しいが、住宅地に住む人が自分の暮らしを豊かにする、あるいは住宅地に暮らす人たちが自分のまちが好きになるような店舗や飲食店の立地を許すことができるよう、多様な用途が立地できるまちにすることは、これから取り組むべきまちづくりのひとつと考える。

まだまだ進む戸建て住宅地開発　新しいことが大事な計画住宅地

話は関西を遥かに離れるが、北海道函館市の話をしたい。函館は、明治以降の開拓により開けたことから何代も前からずっと同じ土地に住んでいる家族はいない。ここが先祖代々の土地、と言う感覚を持っている人はほとんどいないのだ。先に引用した「オイエダイジ型人間」がいない。家族のルーツは本州のどこかのまちにあるが、農民的な土地へのこだわりがない。このような函館の人たちの引っ越しについて調査した。函館では、新しい住宅地ができるたびに、人口の重心が新しい住宅地の方に移動するということがわかったのだ。実際に函館では逆時計回りに重心が移動している。

最も古い住宅地は、函館一の観光地でもある「元町」である。港から見ると洋館の並ぶ近代的なまちに見えるよう、二階は縦長窓、板張りの洋風意匠、しかし一階は格子の和風意匠という独特の「町家」が今も多く残っており、重要伝統的建造物群保存地区に指定されている。そんな元町も現在は、居住者が激減している。昼間は観光地として賑わっているが、夜は静かなまちになる。観光客向けの店を営む人たちは、夜になると他のまちへ帰っていく。教会や歴史的に重要な建物の間を、山から海に向けて延焼防止のための広い通

3
郊外住宅地・住宅の変容と未来像

りが整備されているが、この道路が急斜面であることも敬遠される理由である。函館では大火のたびに市街地は東へ移動した。函館駅前から五稜郭周辺に古い戸建ての住宅街がある。ここから重心は北に上がっていく。戦後の高度経済成長期には、函館の北に新しい住宅地が開発された。今は、こちらも人口が減っている。そして今はさらの北のエリアに、書店とカフェのコラボ店舗ができた。この周辺に新しくできた戸建て住宅地が今は函館でいちばん人気があるという。これらの開発時期の異なる複数の住宅地居住者にその住宅地を選んだ理由をたずねるアンケート調査を行った。その結果は、大阪で調査をするのとはずいぶん異なっていた。函館駅を中心とするコンパクトなエリア内にいくつもの住宅地があり、職場や学校からの距離にはあまり左右されない。市内の主な公共交通は市電とバスであるが、その守備範囲は広いわけではない。自家用車での移動が一般的である。そんなまちでも転居には様々な理由があるが、その中に「新しいまちであること」が挙げられていたのだ。

故郷を離れ都会に出てきた世代から数えて四代目、五代目になり、おおよそどこの出身かは分かっても、それ以上のことはわからない。だからといって自分の実家も「親の家」であって、故郷ではない。自分の住むところを自由に選んできた。出身地や、故郷の呪縛はない。そのような人々の居住地選択のひとつに「新しいまちだから」という理由が一定割合あったのである。住宅地が次々使い捨てられているようにも見える。函館に限らず、他のまちでも、「新しいまち」であることが新しい住環境価値として捉えられ始めている。それは、通世代的視点に立った住宅の取得ではなく、「私の好み」で選ぶ、住宅地選びに表れている。

郊外住宅地の将来像

近年の住宅地開発では、一定の街区や通りをひとつの建設会社が買い取って、それぞれわかりやすいコン

図23　同じ住宅地でも通りごとに全く違った自由設計の家が立ち並ぶ
（兵庫県川辺郡猪名川町つつじが丘）

セプトで住宅を並べて「街並み」をつくり、販売する手法が取られている。「街並み」のテーマはきわめてはっきりしている。ロマンチックなヨーロッパのお城風の街並み、エーゲ海を望む白い壁や白い屋根の街並みなどである（図23）。簡単な間取りの変更や、畳敷かフローリングかといった床材の選択、台所や浴室、洗面など水回りの設備はいくつかの設備会社から選ぶことができる。これを「自由設計」と呼んでいる。街並みの好みで住宅地を選ぶこととなる。設計者に依頼する注文住宅ではなく、出来上がりの家の姿は「街並み」の一部としてわかっている。その中で、家族のライフスタイルに合った住宅にカスタマイズできるわけである。住宅を「企画型商品」として売りに出す時代から、街並みが「企画型商品」として売りに出される時代へと移り変わっている。親の好みを子どもが引き継ぐとは限らない。子どもは、「自分の好み」でまちを選び、移り住んでいく。そして、「計画的賞味期限」が切れたとき、そのまちの将来は危ういものとなる。

今後の郊外住宅地の将来像として二つの方向性がみられる。ひとつは「環境」への指向性である。スマートシティやＺＥＨ（ゼッチ…ネット・ゼロ・エネルギー・ハウス）を取り入れた住宅、住宅地である。国土交通省・経済産業省・環境省が連携で、ＺＥＨの推進に向け支援をしており、これが中小工務店やＺＥＨの開発を進める要因となり、新しい商品開発につながっている。新築戸建て住宅に限らず、改修にも交付金が用意されているので、今後の普及が期待されている。集合住宅ZEH、いわゆるZEH－Mでは災害時レジリエンス強化の促進が目指されているが、これを郊外住宅地にも取り入れ、地域の災害時レジリエンスを強化することにより、地域の持続性を高めることで、安全で安心な住環境を確保することを目指すべきというのも、新しい「企画型商品」として住宅地を生み出すための謳い文句になる。私は積極的にこれらを取り入れ、独立性の高い郊外住宅地の開発単位＋周辺の農村を含めて、災害時に自律的に暮らすことのできる環境を目指すことができるのでは、と考えている。鉄道や道路が一時的に寸断されても、数週間はさまざまな必要なエネルギーを供給できるシステムを組み立て、平時においても稼働させることで、スマートシティを実現可能と考えている。

もうひとつは、低密度居住である。近年販売されている新築戸建て住宅に平屋の住宅が見られるようになっている。シンプルな暮らしが人々の憧れとして示されている現在、使わない二階はつくらずに、平屋でシンプルに暮らすのである（図24）。広い面積が必要となるが、バリアフリーが実現でき、日常生活の動線がシンプルな平屋の開発を進めるハウスメーカーも複数現れている。郊外住宅地の家族人数が四、五人であった時代ではなく、今は、二人から三人、単身で郊外に移り住む人もいる。駅から近い住宅は、二階建で敷地も狭いが、ちょっと離れた住宅は、敷地も広く平屋となる。そんな、密度感のメリハリの効いたまちづくりができていく。郊外のまちの

図24　郊外住宅地の最近の注文住宅、平屋の家

姿はずいぶんと変わっていく。「ジブンダイジ型人間」が家の中に飽きたらず、家を開き人を招き入れ、まちに居場所を求めれば、それに応える郊外戸建て住宅のまちの姿も、住宅地と都市を結ぶ駅や駅前の姿も大きく変わっていくに違いない。

＊1 道路敷地を占有する軒や建物を取り除き、町割り当初の道路に回復させること、市電敷設や都市計画道路の建設による、家屋の切り取りや立ち退きによって規定の幅員以上に道路拡幅を行うことの両者を指す。

＊2 イギリス、ロンドンの郊外の郊外都市。エベネザー・ハワード（一八五〇〜一九二八年）が提唱した田園都市の理念に基づいて建設された最初の田園都市。二戸や、四戸の大邸宅のように見える長屋建の住宅が建設当時のまま現在も賃貸住宅として使われている。

＊3 都市住宅学会関西支部「駅から始まるコンパクトシティ形成促進方策に関する研究（二）」二〇一五年、にまとめられている一連の研究のなかでのヒアリング調査からの引用。

＊4 建物にビルトインされた集中式掃除設備のこと。

＊5 「近隣住区論」とは一九二四年にアメリカの社会・教育運動家で地域計画研究者であったクラレンス・ペリーが発表した考え方で、幹線道路で区切られた小学校区をひとつのコミュニティと捉え、商店やレクリエーション施設を計画的に配置するもの。日本の住宅地では小学校の校区単位は開発住宅地外の周辺集落と合わせてつくられることが多く、開発住宅地内で商業集積地をつくる傾向があった。

＊6 二〇一五年国勢調査データを用いて、能勢電鉄沿線の一八の戸建て住宅地の世帯構成を集計した結果である。

＊7 都市住宅学会関西支部「駅から始まるコンパクトシティ形成促進方策に関する研究（一）」二〇一四年、一二五〜一三〇頁のデータによる。

＊8 ラドバーンはアメリカ合衆国ニュージャージー州にあり、「歩車分離」を初めて試みた「自動車から安全なまち」として有名な住宅地である。近隣住区論を取り入れ、広い車道を渡ることなく日常生活を送ることができる。

＊9 車道を蛇行させるなどして自動車の速度を下げさせ、歩行者との共存を図ろうとする道路のこと。一九七二年のオランダの都市デルフトがその始まりとされる。ボンエルフはオランダ語で「生活の庭」を意味する。

第4章

郊外駅の現状と未来像

伊丹康二

1　鉄道ネットワークと郊外駅

大都市圏の鉄道ネットワーク

明治以降、都市圏の広がりに鉄道網は大きな役割を果たしてきた。しかし、ＪＲや公営鉄道、私鉄あるいはその支線となる路線バスが果たす役割は都市によって異なる。

例えば東京都市圏では、一八八五年に日本鉄道によって山手線が敷設され、その後も甲武鉄道（現・中央本線）など民間資本による鉄道の敷設が進んだ。東京都市圏の鉄道網の特徴は、東京都心部の地下鉄やＪＲ線の多くが山手線外の鉄道路線と相互乗り入れ（直通運転）している点である。二〇一九年には相模鉄道（相鉄）が東京の都心部に乗り入れたことで、首都圏のすべての大手私鉄が東京都心部に相互乗り入れしたことになる。

福岡都市圏では、戦時中に鉄道各社が合併して西日本鉄道（西鉄）が誕生したが、その後西鉄は多数のバス事業者を合併し、福岡県内の鉄道、バス路線を一手に引き受けることになった。西鉄グループは鉄道路線よりもバス路線の充実を図ってきた経緯もあり、福岡都市圏では、私鉄としては西鉄がほぼ独占し、支線として西鉄バスのネットワークが張り巡らされている。

一方、関西では、京都市、大阪市、神戸市という三つの政令指定都市を中心として、大阪府、京都府、兵庫県、滋賀県、奈良県、和歌山県の二府四県にまたがる京阪神都市圏が形成されている。その中央部に位置する大阪都市圏の構造を雇用・通勤という視点から捉えると、大阪を中心とした都市雇用圏（一〇パーセント通勤圏）は、大阪市、堺市、東大阪市、門真市を中心に、東は奈良市、北は兵庫県三田市から、南は和歌山県かつらぎ町まで、鉄道によって郊外へ広がるという構造になる（図1）。この大阪都市圏の広がりの基盤となる鉄道路線は、都市圏の骨格を形成するＪＲに加え、私鉄五社がせめぎあうというのが特徴である。

鉄道駅の今後の姿を展望するにあたって、ＪＲと私鉄の相違について言及しておく必要がある。関西では、一八八九年に東海道線が開通し、一九〇六年の鉄道国有法によって山陽鉄道、西成鉄道、関西鉄道などの私鉄が国有化されたことで、現在のＪＲ路線網の基礎ができ上がった。そのＪＲ路線網は産業振興を主眼に置いていたため、臨港エリアや工場に隣接する鉄道駅も多い。そのような駅では、工場などの移転に伴い、駅前の大規模な工場跡地を開発することで駅前広場などの整備が可能となる。一方、一九〇五年に開業した阪神電気鉄道などの私鉄は、鉄道会社として駅周辺の土地を開発したり所有することは少なかったため、駅前広場が貧弱になりやすいという違いがある。

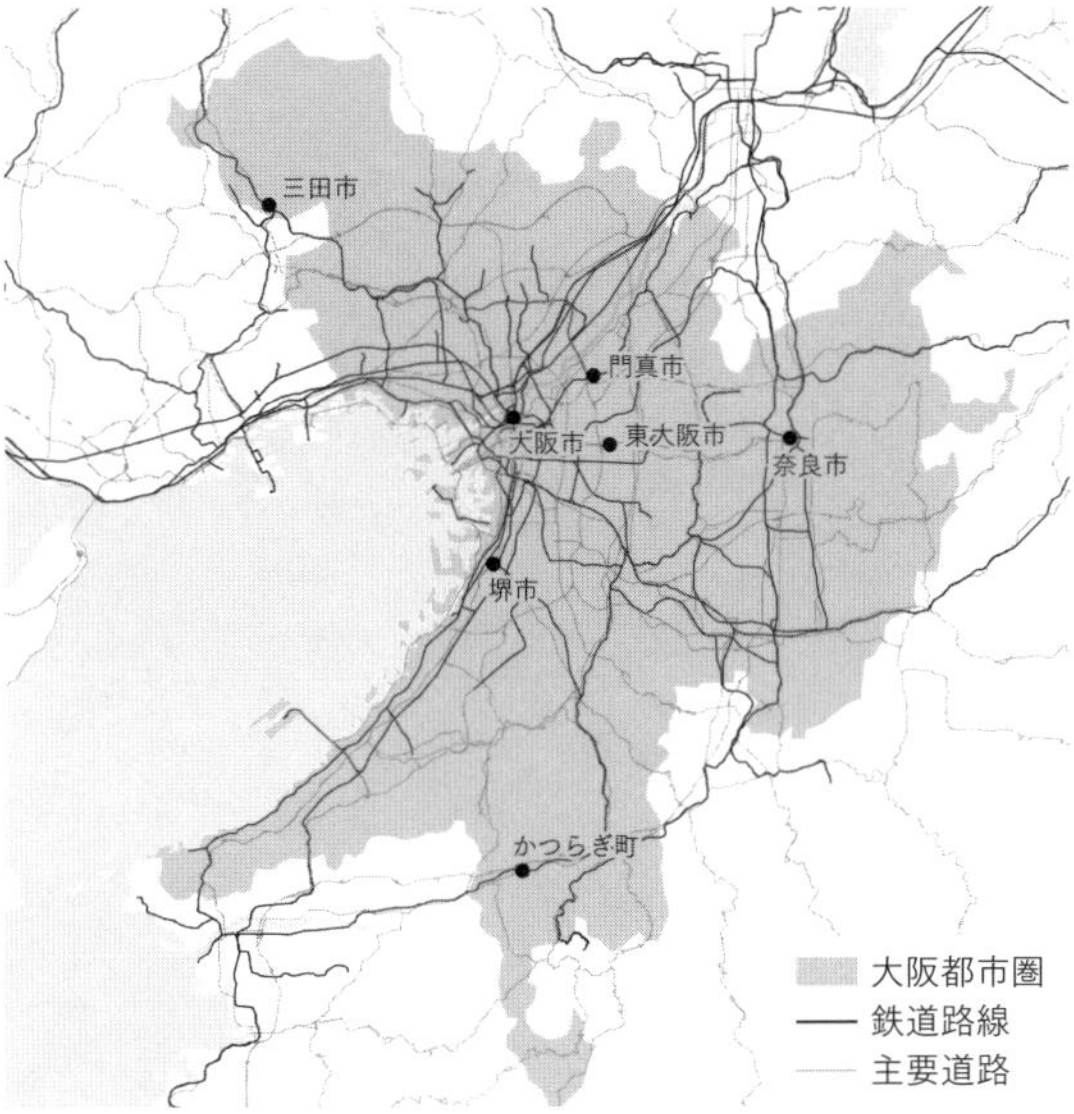

図1　大阪都市圏と鉄道路線

路線タイプと駅のタイプ

本章では、大阪都市圏の私鉄駅を中心にみていくが、大阪都市圏の鉄道路線と鉄道駅のタイプを示しておく（図2、表1）。まず、鉄道路線は三つのタイプに分類できる。ひとつは、京都から大阪、

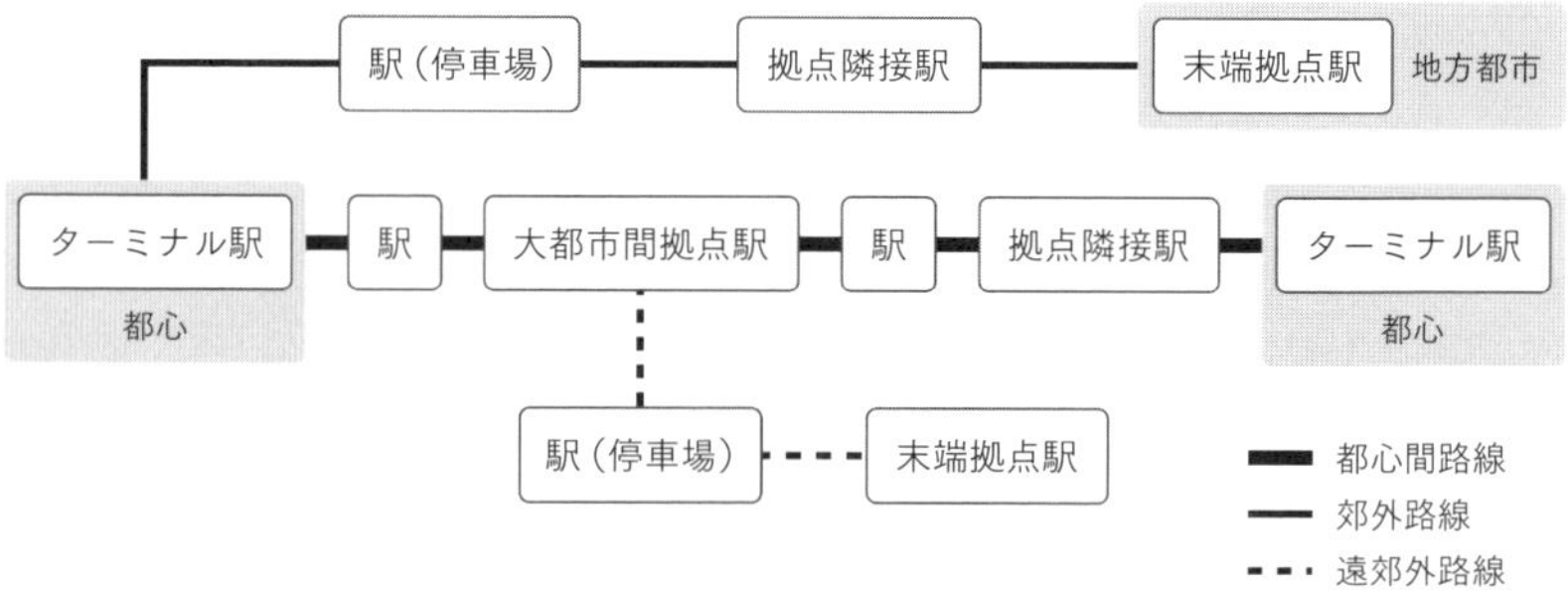

図2　路線タイプの模式図

表1　鉄道駅のタイプ例

	阪急京都線	京阪本線	近鉄奈良線	南海高野線	能勢電鉄
路線タイプ	都心間路線	都心間路線	郊外路線	遠郊外路線	遠郊外路線
ターミナル駅	大阪梅田駅（6104）		大阪難波駅（1343）	なんば駅（2556）	
大都市間拠点駅	茨木市駅（658） 高槻市駅（642）	枚方市駅（938） 香里園駅（591） 寝屋川市駅（665）	生駒駅（456） 学園前駅（533）		川西能勢口駅（442）
末端拠点駅				橋本駅（79）	日生中央駅（109）
拠点隣接駅	富田駅（206） 総持寺駅（188） 南茨木駅（445）	枚方公園駅（186） 光善寺駅（210）	菖蒲池駅（123） 富雄駅（297） 東生駒駅（183）		
停車場				林間田園都市駅（82） 御幸辻駅（28） 紀見峠駅（6）	鼓滝（53） 妙見口駅（9）

注）（　）内は乗降客数（百人）／大阪府統計年鑑、奈良県統計年鑑、和歌山県公共交通機関等資料集（いずれも2018年度）、国土数値情報（2017年度）

4

郊外駅の現状と未来像

神戸へとつながる国土軸上の「都心間路線」、都心のターミナル駅（大阪の大阪梅田駅、難波駅、神戸の三宮駅など）やターミナル駅間の拠点となる駅から奈良や和歌山といった地方都市へ延びる「郊外路線」、同じく都心のターミナル駅やターミナル駅間の拠点となる駅から山間部へ延びる「遠郊外路線」である。

また、鉄道駅のタイプとして、路線内での規模や拠点性の視点から五つの特徴的なタイプに分類できる。まず、都心の「ターミナル駅」は多路線の乗換駅で、大阪梅田駅や大阪難波駅が該当し、一日あたりの乗降客数は一〇万人以上となる。次に、その都心のターミナル駅の間に位置する中核市クラス（人口三〇万人程度）の中心市街地となる駅を「大都市間拠点駅」と呼ぶ。本章で取り上げる駅としては、茨木市駅、高槻市駅、枚方市駅（いずれも大阪府）、生駒駅（奈良県生駒市）などが該当し、乗降客数は一日あたり五万人前後である。三つ目に、その大都市間拠点駅や都心のターミナル駅から延びる郊外路線や遠郊外路線の終点を「末端拠点駅」と呼ぶ。末端拠点駅は、人口一〇万人以下の市町村の中心市街地や計画的に開発された郊外住宅地に位置することが多い。乗降客数は一日あたり一万人前後であるが、郊外住宅地の開発とともに開業した駅では、都心部への通勤で乗車していた住民がリタイアし、乗降客が減少傾向にある駅も少なくない。四つ目に、大都市間拠点駅や末端拠点駅に隣接する駅を「拠点隣接駅」と呼ぶ。拠点隣接駅の多くが普通列車のみが停車する駅である。拠点隣接駅周辺の住民は、大都市間拠点駅や末端拠点駅との使い分けも可能になる。最後は「停車場」である。鉄道に乗り降りするためだけの駅であり、駅周辺の施設集積がなく、地域のなかでの拠点性は低い。郊外路線や遠郊外路線では無人駅のこともある。なお、大阪都市圏の鉄道駅の乗降客数は表1に示す通り、大都市間拠点駅や末端拠点駅といった地域のなかで拠点性をもつ駅であっても、乗降客数は一〇万人に満たない。東京都市圏の鉄道駅とは規模が大きく異なることには留意が必要である。

駅勢圏の人口・住宅と駅の拠点性

大阪都市圏の鉄道駅周辺の人口、住宅形態を概説しておく（図3）。都心間路線である阪急京都線や京阪本線をみると、淀川沿いに走る京阪本線は駅から一キロメートル圏や二キロメートル圏に河川域が含まれるため、人口は他の都心間路線に比べて少なくなるが、二キロメートル圏の人口はおよそ一六万人程度となる。ただし、駅間距離が一～二キロメートルであるため駅周辺の人口を五〇〇メートル圏内とすると、およそ二万人になる。これらの人口を支える住宅としては、戸建て住宅より集合住宅が多い。郊外路線である近鉄奈良線をみると、二キロメートル圏内に山間部を含む生駒駅を除くと、二キロメートル圏の人口はおよそ七万人程度となり、住宅形態は集合住宅と戸建て住宅が拮抗する。都心間路線と郊外路線の大都市間拠点駅の違いは、沿線の人口に比べて乗降客数が多いことが特徴である。また、遠郊外路線である能勢電鉄では、ターミナル駅である川西能勢口駅（兵庫県川西市）から日生中央駅（兵庫県猪名川町）へ向かうほど二キロメートル圏の人口は減少し、終着駅である日生中央駅でも三万人ほどである。そして住宅形態も戸建て住宅が中心となる。

続いて、駅の特性に関係する要因について確認しておく。駅の規模や拠点性を表す指標として駅周辺の施設集積（五〇〇メートル圏内の商業施設や文化施設の施設数）[*1]を取り上げ、その要因をみてみると、駅の五〇〇メートル圏内の人口（図4）よりも、駅の乗降客数（図5）との相関が強い。さらに乗降客数は、駅の五〇〇メートル圏内の人口よりも、後背圏（駅から一～二キロメートル圏内）の人口や駅前発着のバスの本数（図6）との相関が強い。駅の乗降客数、駅周辺の人口、施設数、バスの本数の関係をまとめると図7のようになる。すなわち、駅周辺の施設集積は、乗降客数との相関が強く、後背圏から駅へのアクセス性をいかに高めるかという交通ネットワークが重要となる。逆に、乗降客が相対的に少なく、バス路線が少ない駅においては、

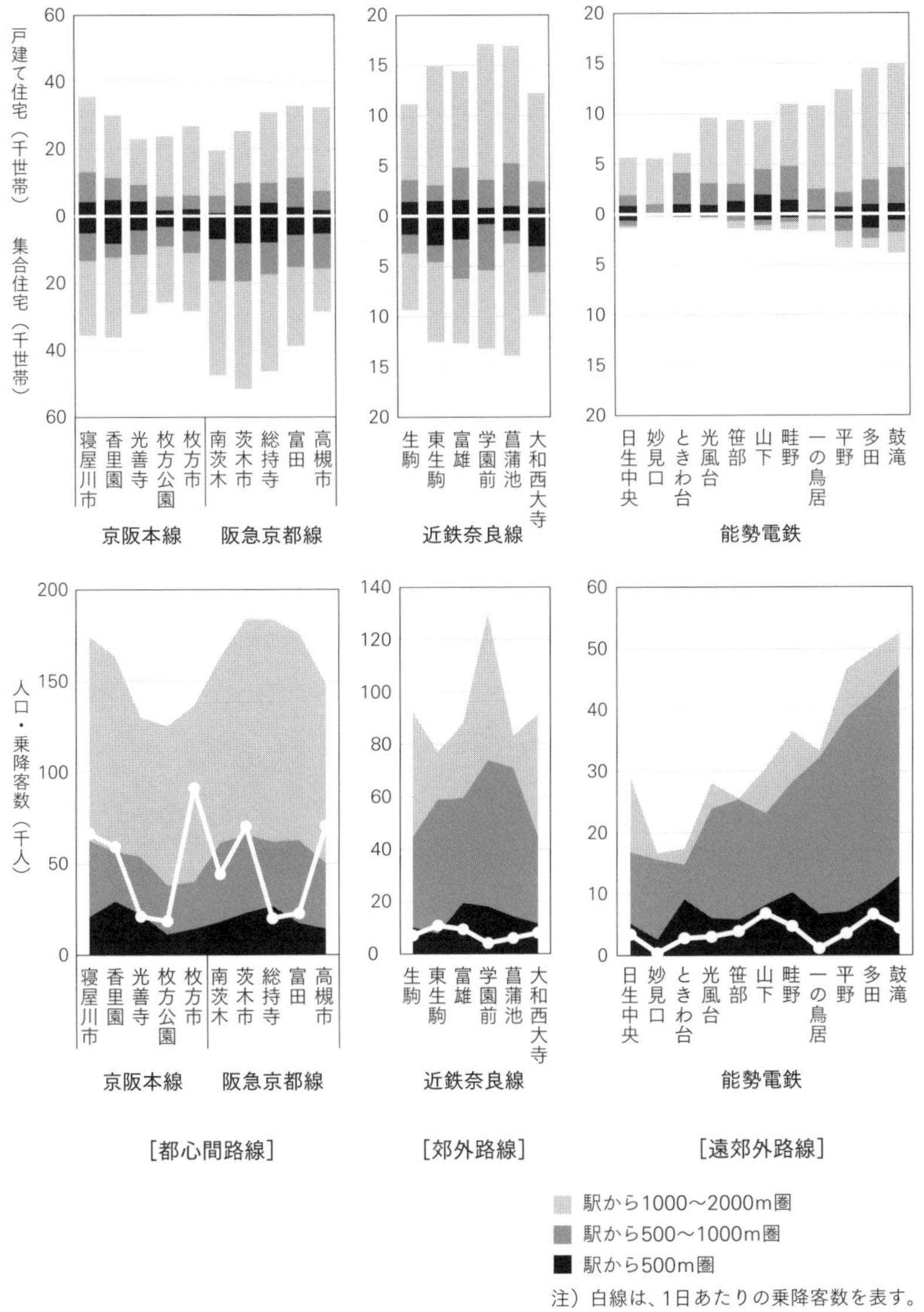

図3 駅周辺の住宅形態別世帯数（上段）および乗降客数と駅周辺の人口（2010年）（下段）

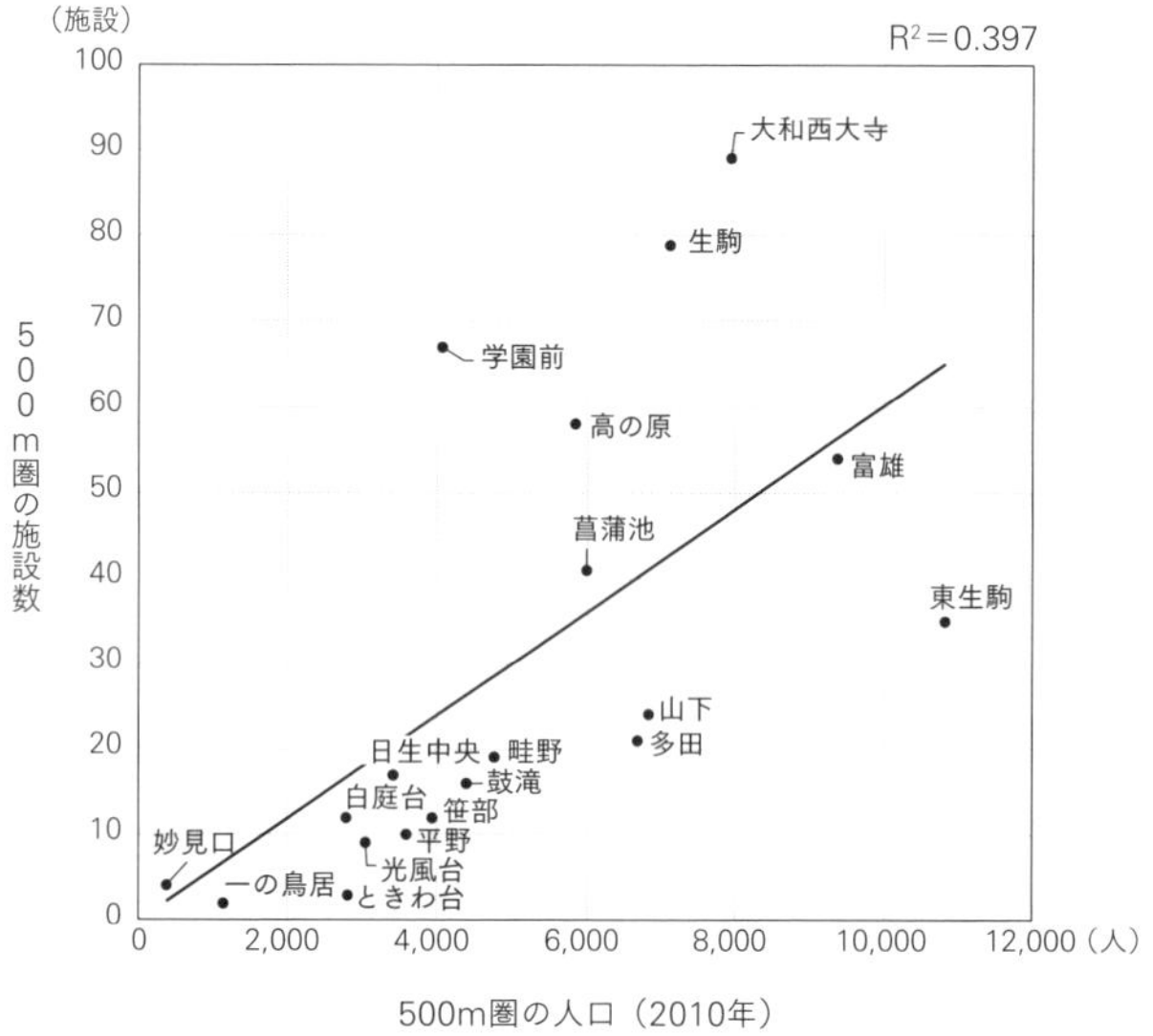

図4　近鉄奈良線と能勢電鉄における駅から500m圏の施設数と人口

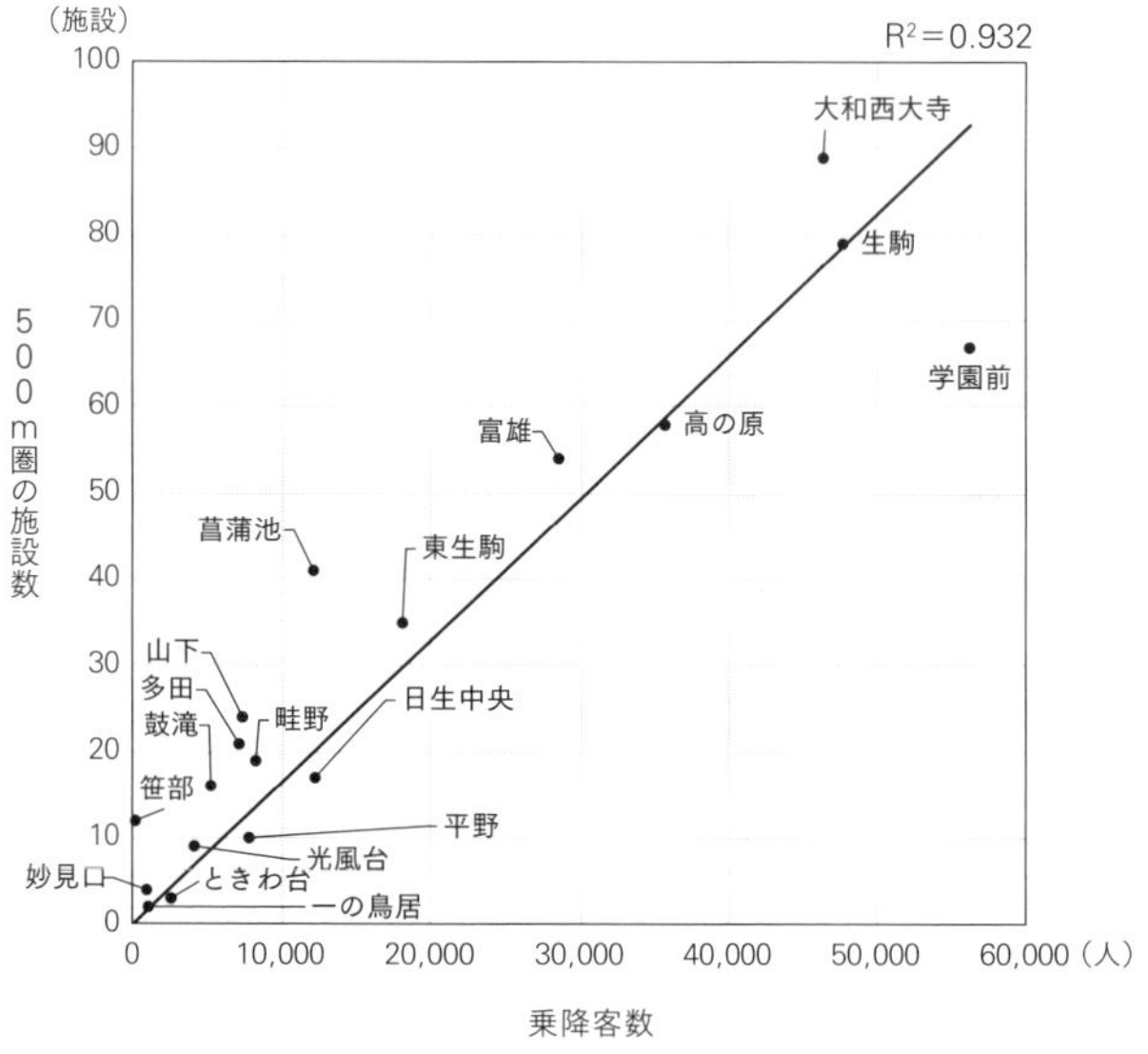

図5　近鉄奈良線と能勢電鉄における駅から500m圏の施設数と乗降客数

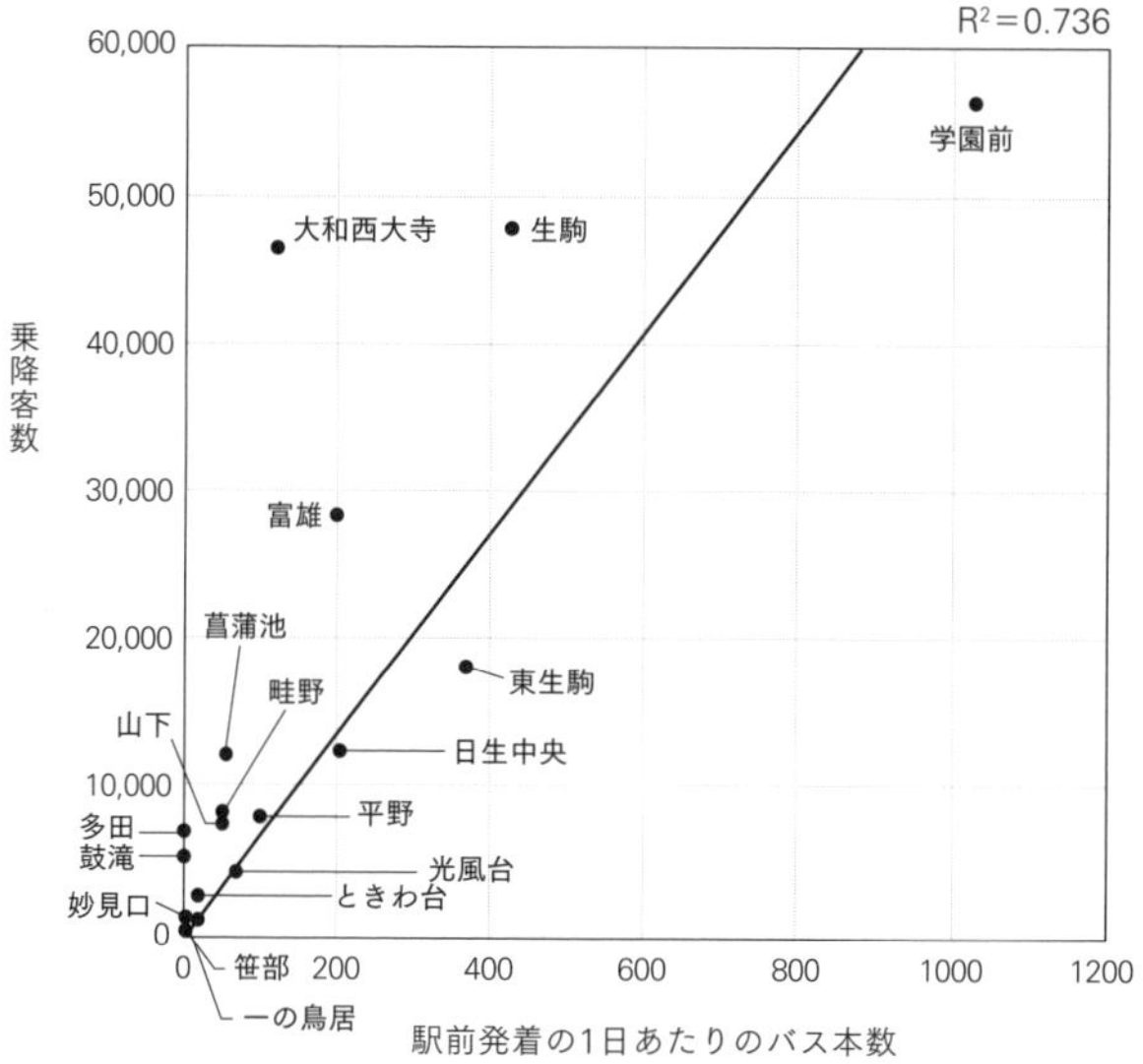

注）阪急京都線、京阪本線、近鉄奈良線、能勢電鉄の主要な拠点駅のみ駅名表示

図6　バス路線の本数と駅乗降客数の関係

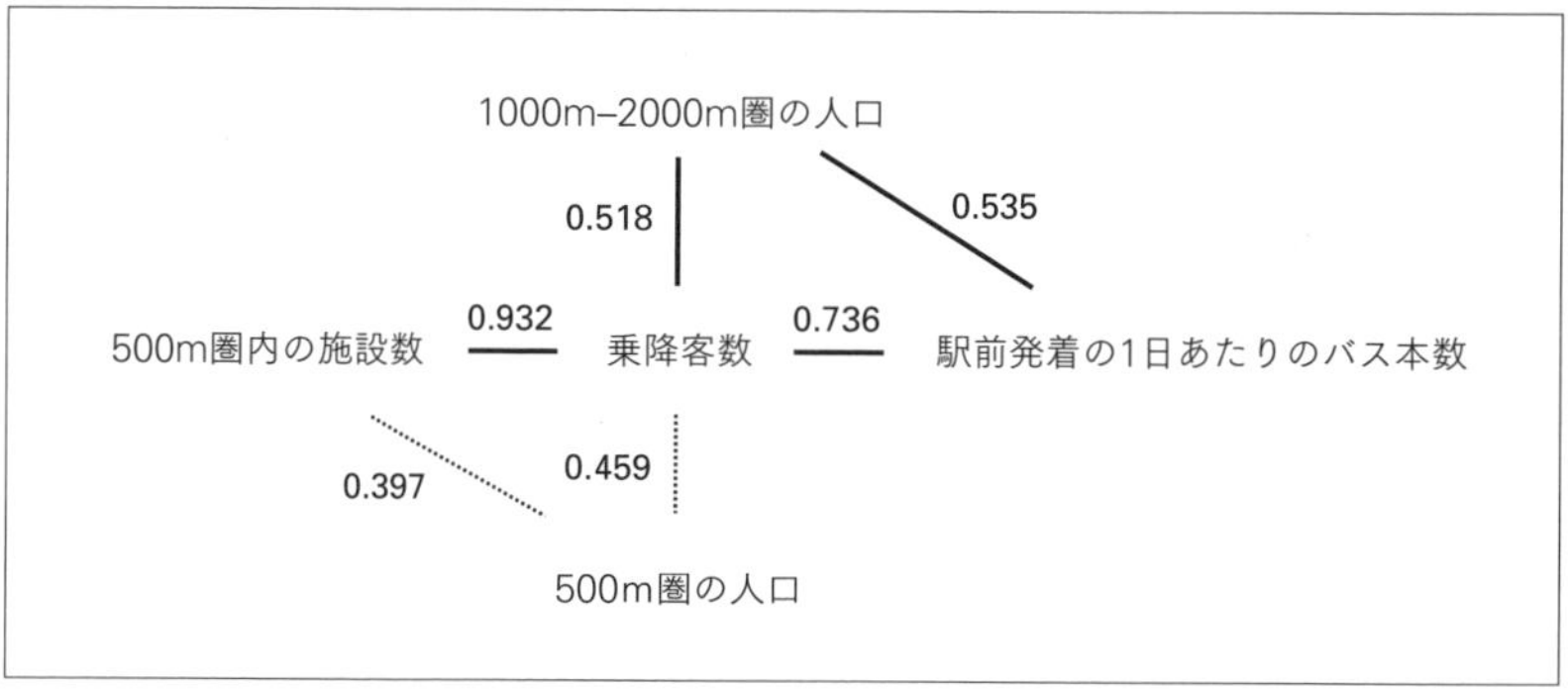

注）図中の数字は相関係数を表す

図7　駅の特性要因の相関関係

駅周辺の施設集積は期待しがたい。拠点隣接駅や停車場が、その地域のなかで住民の生活にとって必要な役割を果たすためには、駅周辺の施設数という指標以外で評価できるような個性のある駅の姿を創出する必要がある。

2 郊外駅のタイプとその周辺

大都市間拠点駅とその周辺

大都市間拠点駅は、都心のターミナル駅の間に位置する中核市クラスの中心市街地にある駅である。大都市間拠点駅の周辺には、都市の中心市街地として公共施設や商業施設などさまざまな施設が集積する。そのため、駅から五〇〇メートル圏内の人口は、拠点隣接駅よりも少ないこともある。しかし、工場移転など駅周辺に一定規模以上の敷地が発生した場合は、タワーマンションや大規模集合住宅が建設され、人口が増加することになる。例えば高槻市駅（阪急）から直線距離にして四五〇メートルほどの高槻駅（JR）前では、二〇〇八年から二〇一六年にかけて、工場跡地を含む九・三ヘクタールの地区に商業施設、教育施設とともに計一三四三戸の高層集合住宅が建設された。二〇〇五年以降、高槻市駅（阪急）周辺の高齢化率は二〇パーセント程度で推移し、五〇〇メートル圏内の年少人口率（〇から一四歳の人口割合）は二〇〇五年から二〇一五年にかけて増加している。しかし、利便性が高い駅前居住の場合、新しい住宅供給がなければ転出入が少なくなり、将来的に急速に高齢化が進む要因にもなりうる。

鉄道の乗降客や駅周辺への来訪者は、周辺住民だけでなく、鉄道駅への交通ネットワーク上の住民が含まれる。大都市間拠点駅の乗降客数が多いのは、市の中心市街地に立地し、急行や特急の停車駅となっていることや、義務的に駅で乗降する必要がある教育施設や業務施設があるだけでなく、駅前からの充実した路線バス網によって広範囲の住民を駅に輸送しているからに他ならない。鉄道駅前からのバス路線の本数をみると（図6）、大都市間拠点駅では、平日一日あたり五〇〇本以上の路線バスが駅前から出ていることがわかる。なお、高槻市駅（阪急）がある高槻市では、市営バスが市内をくまなく網羅しており、その拠点でもある高槻市駅前から各方面へ伸びる路線バスの本数は他の駅に比べて突出して多い。また、学園前駅（近鉄）の周辺は、一九五〇年以降に近鉄やUR、民間デベロッパーなどによって多くの郊外住宅地が開発され、それらの住宅地を結ぶバス網が整備されているため、一日あたり一〇〇〇本以上という多くの路線バスが走っている。

都心間路線沿線の住民からみた駅の印象評価と拠点性の評価を、都心間路線（京阪本線と阪急京都線）沿線の住民に対するアンケート調査（二〇一六年度調査）からみてみよう。①必要な商業施設や飲食店が揃っている、②銀行や公共サービス施設が揃っている、③賑わいのある商店街や飲食店街がある、④歩いて楽しむことができる、⑤街並みや、道が美しい、⑥夜も明るく、安全である、⑦地域のコミュニティ拠点である、⑧災害時に地域の拠点になる。といった「印象評価」と、①いろいろなイベントを行っている場所、②人と待ち合わせができる店や場所、③一人でまたは友達などとくつろげる店や場所、④特別な日に食事をしたくなる店、⑤休日に出かけたくなる施設や場所、⑥とくにお気に入りの店や場所が駅にあるかといった「拠点性の評価」の関係をみると、両指標間に相関が確認できたと同時に、両指標で高評価を得た駅は、大都市間拠点駅と合致する。すなわち、大都市間拠点駅は印象評価と拠点性の評価がともに高い駅であると言える。

同じ二〇一六年度調査において、現在の住宅を選択する理由を尋ねた。その結果、「家が駅から歩いて近い」ことを挙げた人は、最寄り駅が大都市間拠点駅の場合は三二・五パーセント（七一八人／二二〇八人）であるのに対し、それ以外の駅の場合は三五・六パーセント（五九五人／一六七二人）と、むしろ後者の方が高い割合であった。つまり、駅が近いことを理由に住宅を選択する人の割合は、拠点駅でも非拠点駅でも大差はない。また、現在の住宅を選択する理由として「家が駅から歩いて近い」ことを挙げた人のうち、「最寄りの駅が気に入った」ことも理由に挙げたのは、大都市間拠点駅では三三・一パーセント（二三八人／七一八人）であるのに対し、それ以外の駅では六・七パーセント（四〇人／五九五人）と、前者の方が多い。ただ、ここで注目したいのは、大都市間拠点駅の方が魅力があるということではなく、最寄り駅が大都市間拠点駅で、現在の住宅は「駅から歩いて近い」ことを理由に挙げた人のなかでも、三三・一パーセントしかその駅を「気に入った」ことを理由に挙げないという点である。気に入った駅の近くに住むという心情的な理由よりも、鉄道駅の近くに住むという物理的環境を理由に現在の住宅を選択していることから、大都市間拠点駅であっても鉄道駅の近くに住むという、誇りや愛着につながる魅力が十分に発揮できていないことが読み取れる。

末端拠点駅とその周辺

大阪都市圏の郊外にある末端拠点駅の中には、日生中央駅（能勢電鉄）のほか、西神中央駅（神戸市営地下鉄）、ウッディタウン中央駅（神戸電鉄）、千里中央駅（北大阪急行電鉄）など、駅名に「中央」を含む駅が少なくない（図8）。これらの駅は、大規模なニュータウン開発に伴って鉄道が延伸され、ニュータウンの地区センターとセットで開業した駅であり、ニュータウン中央駅とも言えるだろう。これらの駅は、その名の通りニュータウンの中心拠点として開発されたが、地区センター、近隣センターといった近隣住区理論に基づく都市構造が通用しなくなっている現在において、ニュータウンの末端拠点駅は、拠点性が高い駅と低い駅

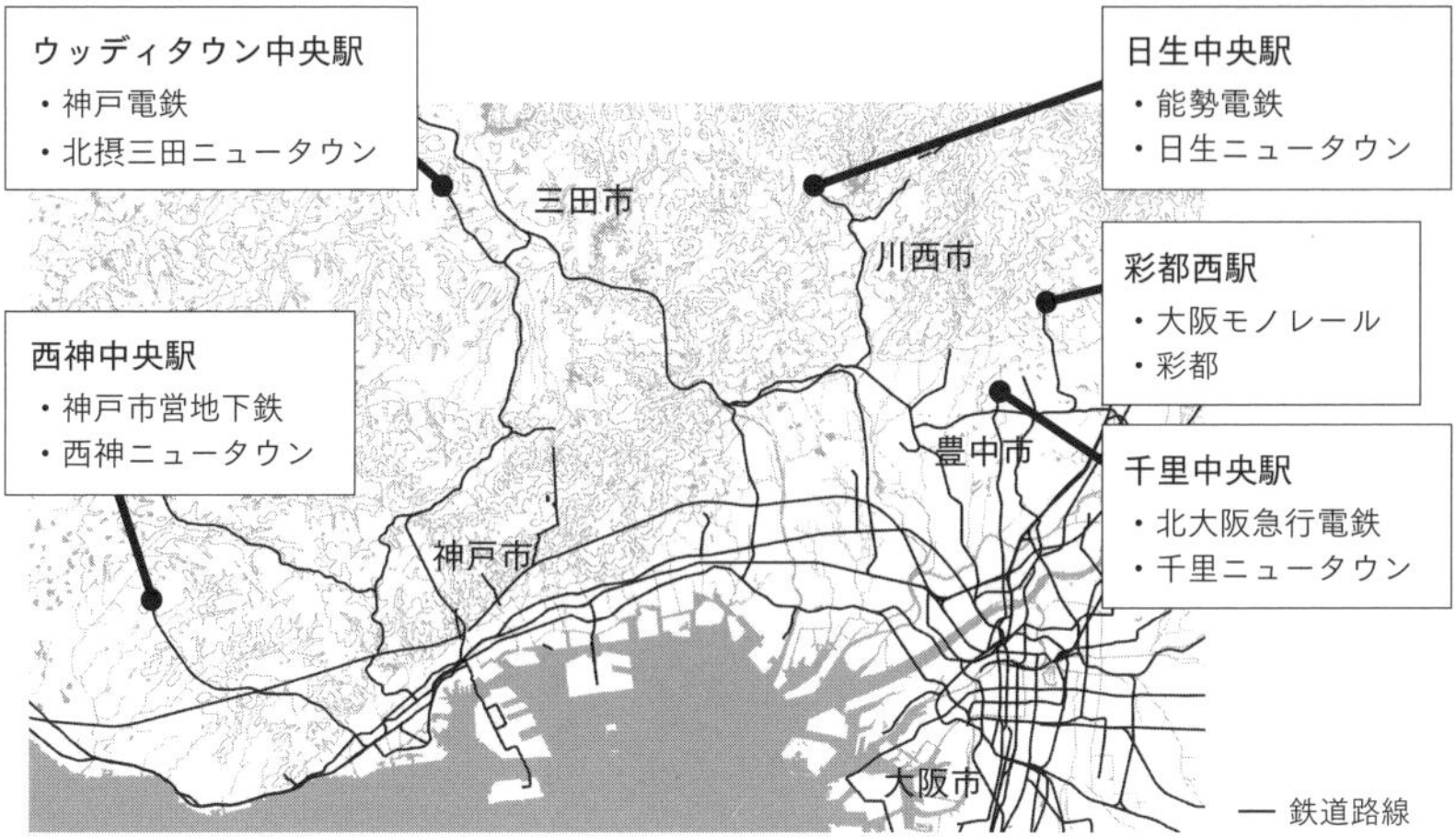

図8　「ニュータウン中央駅」の例

に分かれている。

千里中央駅は、大阪府豊中市と吹田市にまたがる千里ニュータウンの中央地区センターにあるが、大阪モノレールと北大阪急行（大阪市営地下鉄に接続）の乗換駅であると同時に大阪都心への交通利便性が高く、千里中央を発着する路線バスも平日一日あたり一五四四本（二〇二〇年一二月現在）と多くかつ広範囲をカバーしている。また、二〇〇四年以降、これまで住宅の建設が認められていなかった中央地区センターに、住宅の立地制限を緩和する地区計画が定められた。その結果、業務施設がタワーマンションなどの集合住宅に建替えられ、現在三一八四人（二〇一五年国勢調査）が居住している。乗降客数も北大阪急行と大阪モノレールを合わせて一三万三五八四人（二〇一八年）であり、商業集積とともに末端拠点駅の中では突出した拠点性を有している。一方、北摂三田ニュータウン（兵庫県三田市）の終着駅であるウッディタウン中央駅は一日あたりの乗降客数が三八五〇人（二〇一八年）と末端拠点駅としては少なく、駅発着の路線バスも平日一日あたり四本しかない。駅前にはロードサイド型の大型店舗が隣の南ウッディタウン駅前まで連なるように建ち並んでいるため、マイカー利用者にとっては利便性がよいかもしれないが、鉄道駅との関係は希薄になっており、駅としての拠点性は低いと言わざるをえない。このように、ニュータウンの一部として開発された末端拠点駅は、一般に幹線道路との接続が良好であるため、駐車場台数が確保されればロードサイド店舗のようになり、人が集まる場所にもなり得るが、鉄道駅前というポテンシャルを活かすことができなければ、拠点としての魅力はロードサイド店舗を超えることはできないだろう。なぜなら、ニュータウン中央駅の駅前は地区センターや駅前地区と呼ばれ、その範囲は道路によって区画された地区に限定されるからである。多くの場合その地区外は、用途規制が厳しい住宅系用途地域、とくに第一種低層住居専用地域や第一種中高層住居専用地域、時には地形的に開発が困難ということで市街化調整区域になっていることもある。そのため、駅前の地区センターが商業地域なのに対し、その周縁部にカフェやパン屋などの小規模な店舗も期待できないことになる。それが計画されたニュータウンの姿であるものの、計画外の要素を排除することになり、まちとしての成長、成熟を阻害しているとも言える。

拠点隣接駅とその周辺

拠点隣接駅では、住民からみると「最寄り駅」であっても「最もよく使う駅」ではないことがある。職場があるターミナル駅に早く到着するために、最寄りの拠点隣接駅ではなく、特急や急行が停車する拠点駅を利用する人が増えるということである。二〇一六年度調査において、最もよく使う駅と答えた回答者数に対する最寄り駅と答えた回答者数の割合を各駅の「最寄り率」と呼ぶことにする。最寄り率が高い駅は、その駅の近くに住む人だけが使っている駅で、最寄り率が低い駅は、最寄り駅へ歩いて行くより、特急などが停まる駅にバスなどを利用して直接アクセスするという場合である。京阪沿線では、大都市間拠点駅の枚方市駅（最寄り率六八・三パーセント）を除いて全ての駅で最寄り率が九〇パーセントを超えている。駅前発着の路線バスがほとんどない光善寺駅では九九・四パーセントである。阪急沿線でも、大都市間拠点駅では八〇パーセント台になり、拠点隣接駅では京阪沿線同様九〇パーセントを超える。拠点隣接駅では駅の周辺に住宅が多く、駅から五〇〇メートル圏内の人口は、時に大都市間拠点駅よりも多いことがあるが、必ずしも最寄り駅である拠点隣接駅を利用するわけではないことを意味している。

ところで、マイカー利用が普及している郊外路線の沿線居住者は、身近にあれば利用したいと思うサービスや店舗が最寄り駅周辺にあれば利用したいと考えるのであろうか。筆者らが行った郊外路線や遠郊外路線（近鉄奈良線、南海高野線、能勢電鉄）沿線の住民に対するアンケート調査（二〇一四年度調査）によると、拠点駅の一キロメートル圏内の住民であれば、かろうじて六〇パーセントを超える住民が「利用したい」と回答するが、非拠点駅周辺あるいは一キロメートル圏外であれば、二〇〜五〇パーセントの住民しか「利用したい」とは思わないという結果になった。すなわち、非拠点駅周辺あるいは拠点駅から一キロメートル圏外の住民は、最寄り駅が生活圏に入っていないと考えられる。その理由として、最寄り駅へのアクセスが良くないことなどが挙げられるが、マイカーが日常の移動手段になっている可能性もある。マイカー利用については、高度な自動運転技術が普及しない限り、加齢とともに自分で運転することができなくなり、日常生活に支障をきたすことが懸念されている。すでに同居家族にマイカーを運転できる人がいない、あるいは自動車を保有しない世帯が、身近にあれば利用したいと思うサービスや機能が最寄り駅周辺にあれば利用したいと考えるかというと、その傾向は、全体の傾向と顕著な差は確認できなかった。すなわち、自家用車に頼らない世帯にとっても、住宅地内のスーパーマーケットの存在、近居家族の支援、宅配サービスなどによって生活が成立しているため、鉄道駅への期待が高いわけでもないというのが、郊外路線あるいは遠郊外路線の駅の現状である。

さて、ターミナル駅から一駅のエリアは、ユニークな店ができるなど個性をもつまちとして発展しやすいということで「一つ目小町」と呼ばれる時代があった。東京圏では代官山など、大阪圏では大阪駅（JR）の隣の福島駅や天満駅界隈がその例である。当時は拠点性が高いターミナル駅の一駅隣に注目が集まっていたが、大都市間拠点駅や末端拠点駅など一定規模以上の駅の一駅隣も、個性のある駅になる可能性がある。なぜなら、拠点駅の周辺は一般に賃料が高く、小規模店やニッチな専門店は出店しにくい。また、ロードサイド店は面積や施設規模が大きくならざるをえない。個性的な店舗や個人店舗などは、拠点隣接駅周辺に集積することで、個性のある駅になる可能性があるのではないだろうか。

乗降に特化した停車場とその周辺

「停車場」は鉄道に乗るための最低限の機能に特化した駅のタイプである。このタイプの駅は、決して遠郊外路線だけでなく、都心間路線でも見られる。既存の村や集落に駅が開業し、駅前としての空間整備が十分に行われなかった場合は、駅や線路の間際まで高密度の低層住宅が迫ることになり、バスやタクシー乗り場などの交通広場がない駅もある。また、駅周辺の商業集積もほとんど見られない。多くの駅が普通列車しか停車しない駅であるが、特急などすべての電車が停車する林間田園都市駅（南海）も停車場に分類される。乗降客数は一日あたり八二〇〇人と必ずしも少なくなく、駅前にはスーパーマーケット、ドラッグストアなどの商業施設や学習塾などがあるが、駅周辺には商業集積がなく、駅の機能としては鉄道の乗降のための駅と言える。

乗降に特化した停車場のなかでも、遠郊外型とまちなか型がある。遠郊外型の停車場は、山間部の谷筋を

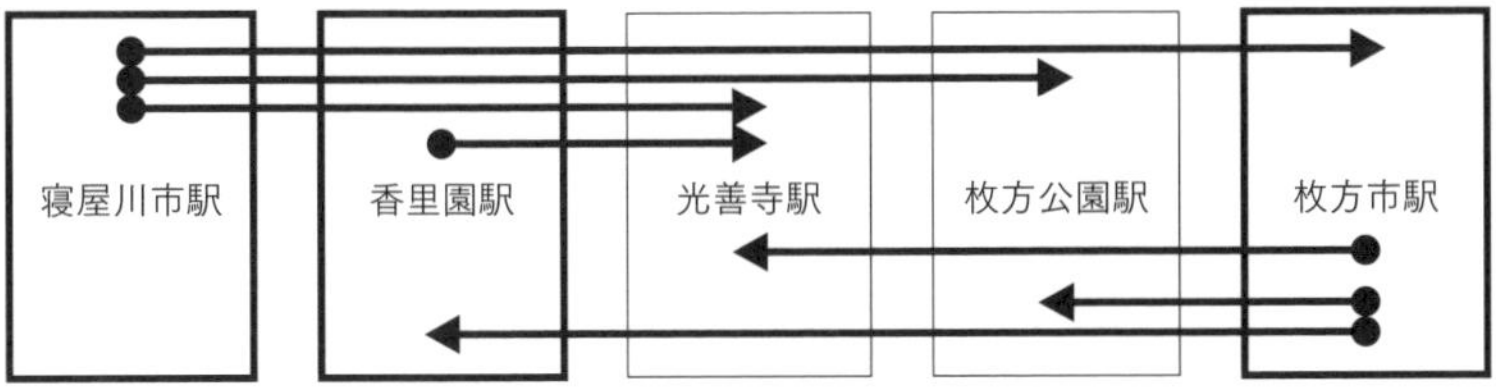

注１）各駅の乗客のうち、4%以上が移動した駅を矢印で図示している
注２）太枠の駅は大都市間拠点駅を示す

図9　京阪沿線における主な近隣駅間移動

走る路線であり、駅前は地形的にも広場と呼べる空間がほとんどなく、後背圏の人口も少ない。鉄道駅を発着あるいは経由する路線バスも少なく、かろうじてマイカーによる送迎ができるような駅である。まちなか型の停車場は、地形的にも駅前空間の確保が可能であるが、商業集積は期待できず、小規模店舗がわずかに見られる程度で乗降機能に特化した駅である。いずれにしても、停車場で駅前に十分な広さがある場合は、駅前空間が駐車場として機能することで、パークアンドライドが可能になる。林間田園都市駅（南海）では、駅前の商業地域の多くが月極駐車場になっており、周辺の住宅地内の駐車場も含めるとおよそ二〇〇〇台分にもなる。奈良県五條市など遠方の住宅地から大阪方面に向かう通勤客がパークアンドライドで利用している（貝谷、二〇一〇）。国道三七一号線のバイパス沿いというマイカーでのアクセス性、特急や急行の停車駅、駐車場になる一定規模以上の空地などの条件によって成り立つ、鉄道の乗降に特化した停車場と言える。

3　駅の拠点性

短距離乗車を促す個性がある駅

各鉄道駅が個性をもち、その地域にとって固有の駅になることで、その駅を最寄り駅とする住民だけでなく、路線バスや鉄道に乗って駅に来る住民が増えることが期待される。それは大都市間拠点駅などの拠点駅だけでなく、非拠点駅でも可能性がある。

京阪神都市圏交通計画協議会が二〇一〇年に実施した第五回近畿圏パーソントリップ調査によると、阪急京都線では、大都市間拠点駅である茨木市駅の乗降客は、大阪梅田駅から乗り降りしている客が多くを占め、そのほかの拠点隣接駅からの乗降は少ない。一方、京阪本線の寝屋川市駅から枚方市駅の間をみると、大阪都心部との往来は必ずしも多くなく、むしろ短距離乗車が多い（図9）。大都市間拠点である枚方市駅は官公庁や文化施設が集積するほか、二〇一六年には枚方市が創業の地であるＴＳＵＴＡＹＡが「枚方Ｔ－ＳＩＴＥ」を開業し、書籍、食品などを融合させたユニークな施設として賑わいを見せている。同じく香里園駅は計画人口二万二〇〇〇人のＵＲ都市機構の香里団地への玄関口でもあり、団地住民の利用も多い。拠点隣接駅である光善寺駅は、小学校二校（公立一校、私立一校）、高等学校二校（公立一校、私立一校）の最寄り駅であるほか、駅南側には枚方市立蹉跎《さだ》図書館、生涯学習市民センターが立地し、図書館を利用するために鉄道に乗って光善寺駅に来る人も見られる。このように、阪急京都線は、大阪都心の求心力が強いが、京阪本線は、駅周辺施設の各駅周辺施設の個性によって鉄道の短距離乗車が促進されている。

これからの郊外駅は、郊外生活の拠点としての役割を担い、沿線生活者は都心だけを目的地にするのではなく、個性がある駅周辺が目的地になる、そのような郊外生活像が描けるのではないだろうか。

生活拠点としての駅

モータリゼーション以前は、郊外の住民にとって鉄道駅は日常生活圏の中心であった。駅前には商店街や市場があり、駅は鉄道を通して仕事場や学校など都市へつながる玄関口であった。一九七〇年代以降、モータリゼーションによって生活様式が変わり、駅や駅周辺を含むまちの構造が変化してきた。そして、現在の鉄道駅はというと、すでに示した通り、郊外の住民にとって鉄道駅が日常生活において中心的な役割を担わなくなっている。一方、人々の日常生活では、レイ・オルデンバーグが提唱した、自宅と職場以外の第三の居場所（サードプレイス）も必要であろう。また、二〇二〇年に発生した新型コロナウイルスの流行によって外出自粛期間が長引くなか、インターネットでデリバリーの食事を注文したり買物ができる便利さを改めて実感する一方、まちとの関係が希薄な生活は心身ともに不健全であることを実感した人も多いのではないだろうか。ふらりと出かけたくなる場所、変動する日常生活のさまざまなニーズに対応した場所、それが最寄り駅付近ですべて満たされることは困難であったとしても、鉄道の短距離乗車など、身近な駅付近で満たされる、そのような地域の生活拠点となる駅づくりが必要だろう。

例えば、洛西口駅（京都市）から徒歩数分の場所に本社を構え、地域密着で住宅の設計・施工を行う建設会社「リヴ」は、住まいづくりだけでなく、地域の活性化を目指して、本社ビルに育児支援団体や若手起業家のオフィス、地域に開かれたバンケットスペースを併設している。そのリヴは、洛西駅前の高架下の商業施設「ＴａｕＴ阪急洛西口」の一角で料理教室やまちづくりワークショップなどさまざまなイベントも開催するコミュニティカフェを運営している。駅前や高架下の店舗群が、飲食店や小売店といった単用途の集合体ではなく、ひとつの店がさまざまな新しい体験や人との出会いを演出している。そのような場の運営を、近隣の建設会社が地域のために運営している点が特徴である。後述するように、いつも何かイベントをやっている場所は、四〇歳以下あるいは一五歳以下の子どもがいる人が出かけたくなる場所として挙げていることから、このような層のニーズに合致しているとも考えられる。非拠点駅では、都心駅前の大規模商業施設のように品揃えを充実させることは困難であるが、イベントという定期的に入れ替わる新しい経験や出会いを演出することは可能ではないだろうか。

人や情報の交差点としての駅

従来、駅前広場といえば、タクシー乗り場やバスターミナルなどを指していた。しかし、一九九八年に建設省（当時）から「駅前広場計画指針」が発表され、近年は、人が集まったり遊んだり各々の時間を過ごすことができる広場へと変化している。関西でも、JRの天理駅（奈良県）、姫路駅（兵庫県）など事例には事欠かない。さらに、近年、鉄道駅舎の設計・デザインを、建築家が担う事例が建築系雑誌に取り上げられることも多くなった。二〇一五年以降、JRの女川駅（宮城県）、小淵沢駅（山梨県）、延岡駅（宮崎県）など多くの駅舎が雑誌『新建築』に掲載されている。それらの駅舎は、駅舎と駅前広場が一体的にデザインされた小淵沢駅など、交通結節点としての駅というだけでなく、さまざまなアクティビティを受け入れ、そのアクティビティをさまざまな角度から見ることができるような交流広場として設計されることが多い。また、駅が鉄道に乗車するための施設であった時代は線路および駅によってまちが二分されることもあったが、連続立体交差事業や駅の高架化などによって、デザイン性を取り入れた自由通路が整備されるようになってきた。JR延岡駅では「人と人との縁が交差する場所」というコンセプトから「エンクロス」と命名され、市民活動スペースや書店、カフェが入る駅前複合施設、駅前広場、自由通路などが一体的に計画されたほか、新山口駅では自由通路、カフェ、観光案内所などを整備し駅からまちへの人の流れを生み出すことを意図して設計されている。そのほか、JR徳山駅（山口県）、日立駅（茨城県）、竜王駅（山梨県）など、自由通路を活かして人の往来を建築設計として積極的にデザインしている例は珍しくない。国土交通省都市局でも、駅や駅前広場と一体的に機能の配置を検討することが期待される地域、すなわち駅、駅前広場、さらにその周辺のエリアを「駅まち空間」と定義し、時代に合った駅まち空間の再構築に向けた手引きを作成し、支援制度の創設も視野に入れている。このように、鉄道駅の役割が、鉄道に乗るためのターミナル施設から、鉄道駅が滞在できる施設へと変化していることは間違いない。

新たな機能の発見

従来のような、通勤通学が生活圏形成の決定的要因であるとか、施設利用には段階的な生活圏域が成立するといった原則論は通用しがたくなっている。鉄道駅を生活拠点にした郊外の再編を進めるためには、買物などの消費行動や勤務形態が多様化していることを踏まえ、都市と郊外という空間秩序では成立しないことを認識する必要がある。

そのうえで、駅の拠点化に向けて、これまでの駅の役割を変化させるだけでなく、新たな機能を付加することも重要である。

①日常行動の中で目的地となる駅

鉄道の乗降客数の減少は、人口減少や都心居住の増加だけでなく、団塊世代の退職なども大きく影響している。郊外に住宅を構え、鉄道を利用して都心に働きに出ていたリタイア層が、リタイア後に鉄道駅に足が向くかどうかは鉄道駅の役割や位置づけを考えるうえで重要な視点である。二〇一四年度調査によると、近鉄奈良線沿線では、六五歳以上の人は、それ以下の年齢の人よりも駅への外出が多い傾向があるが、能勢電鉄沿線では大きな違いはなく、南海高野線沿線では、逆に六五歳以上の方が少ない傾向があった。鉄道に乗る以外の目的が見出せるような魅力的な駅が求められよう。とはいえ、遠郊外路線の停車場のような鉄道の乗降に特化した駅の場合、沿線の住民は鉄道に乗る以外の目的で駅を利用することはあるのだろうか。同じく二〇一四年度調査において南海高野線沿線の住民に最寄り駅へ行く目的を尋ねたが(回答者数四五五人)、「その他」として三〇人が自由記入欄に「散歩」や「ウォーキング」と回答した。鉄道駅が徒歩圏内の住民

表2　属性別にみた、「出かけたくなる場所、よく出かける場所」

	年齢による違い	15歳以下の子どもの有無による違い（本人50歳以下）
美味しいものが食べられる場所 自然が豊かな場所 いろいろ好みのものを購入できる場所	40歳以下が好む	とくになし
温泉やマッサージ等リラックスできる場所	50歳以下が好む 50歳以上（25.4%） 50歳以下（38.9%）	いない方が好む いる人（34.7%） いない人（44.3%）
いつも何かイベントをやっている場所	40歳以下が好む 40歳以上（8.2%） 40歳以下（23.2%）	いる方が好む いる人（19.8%） いない人（8.2%）

にとって、現在の駅は、散歩などの目的地になっている可能性がある。とくに均質的な住宅が建ち並ぶ郊外住宅地においては、わかりやすい目標地点がある方がよいだろう。ウォーキングは健康志向の高まりもあり実施率は上昇傾向にあるが[*2]、持続的に実施するためには、まちのなかで目標地点となる場所があることは重要である。そのような目標地点あるいは経由地点の候補として鉄道駅が名乗りを上げ、不定期のイベント企画や、気軽に休憩ができるカフェやオープンスペースの設置だけでも有効であろう。

②子育て層が出かけたくなる駅

郊外に住み、日常的にマイカーを利用する人にとっては、鉄道駅が生活圏に入っていない可能性があるが、郊外生活の拠点となる駅および駅周辺のあり方を示すためにも、とくに四〇代以下の住民のニーズを把握することは重要である。二〇一四年度調査において、「出かけたくなる場所、よく出かける場所」を尋ねた結果、「美味しいものが食べられる場所」「自然が豊かな場所」「いろいろ好みのものを購入できる場所」といった美食、自然、リラックス系は四〇歳以下の回答が最も多く、購買力が旺盛な世代に好まれている（表2）。また、「温泉やマッサージ等リラックスできる場所」は、五〇歳以下の方、なかでも、一五歳以下の子どもがいない人の方が好む傾向がある。「いつも何かイベントをやっている場所」は、四〇歳以下の方が好み、また、本人が五〇歳以下で一五歳以下の子どもがいる人の方が好む傾向がある。このように、自然が豊かな郊外でのびのびと子育てをするという従来の価値観に加え、新しい刺激のなかで子育てをしたいという価値観があるのではないだろうか。

③第三の仕事場になる駅

鉄道駅を生活拠点にした郊外の再編を進めるうえで、働く場の見直しは必須である。その指摘自体新しいものではないが、二〇二〇年の新型コロナウイルス感染症の流行によって、より一層現実的な問題となった。すなわち、一部の業種や職種に限られるとはいえ、都市部への遠距離通勤が必ずしも必要ではないことを身をもって体験することになった。しかし、第二の仕事場ともいえる自宅にはそもそも書斎がない、公私の線引きが難しいなど種々の限界があり、職場と自宅以外の第三の仕事場を求めることになる。二〇二〇年以前から、シェアオフィス、コワーキングスペースなどは存在したが、多くはアクセス性のよい都心部に立地し、郊外部は限定的であった。今後、第三の仕事場として、郊外の自宅からわずかな時間距離にある駅前のシェアオフィスやテレワークスペースの需要が生まれる可能性がある。駅前であるメリットとしては公共交通でアクセスしやすいことや必要に応じて都市部に移動しやすいことが挙げられる。JR東日本は、二〇一九年から駅ナカに小規模な一人用のシェアオフィスを設置する事業を開始していたが、二〇二〇年以降、都内だけでなく郊外さらには地方にまで展開する計画を発表している。*3

④図書館を核とした駅

一九二九年、小林一三はターミナル駅である大阪梅田駅（阪急／当時「梅田駅」）の駅前に百貨店を建設、経営し、都心部への人の流れをつくり出した。その後も他の私鉄が同様の手法を追随し、長らく駅前の百貨店は駅の格を上げることに寄与してきた。しかし、百貨店も鉄道会社が経営する百貨店だけでなく、呉服店系の老舗百貨店も各所に進出したことで、百貨店があれば駅の拠点性が向上し、鉄道の乗降客数が増えるとい

表3　安価で身近にあれば利用したい施設やサービス

	近鉄奈良線沿線	南海高野線沿線	能勢電鉄沿線
安価で身近にあれば利用したい施設やサービス			
第1位	図書館（38.5%）	飲食店（昼・夜）（44.6%）	飲食店（昼・夜）（32.7%）
第2位	飲食店（昼・夜）（28.8%）	図書館（33.7%）	カフェ（27.9%）
第3位	各種教室（25.5%）	カフェ（32.0%）	スポーツジム（26.4%）
第4位	カフェ（24.5%）	各種教室（29.8%）	各種教室（25.1%）
第5位	スポーツジム（24.0%）	スポーツジム（25.9%）	図書館（24.8%）
上記の施設などが最寄り駅周辺にあれば利用したい人の割合			
	50.6%	41.1%	55.9%

う時代ではなくなった。

二〇一四年度調査において、一五種類の施設やサービスを対象に、安価で身近にあれば利用したいかを尋ねた。調査対象の三沿線の施設整備状況に違いがあるにもかかわらず、上位五施設は、順位こそ違いがあるものの同じであり、図書館に対するニーズが高い（表3）。近年は、カルチュア・コンビニエンス・クラブが複数の公共図書館を指定管理者として運営し、物販やイベントなどを組み合わせて来館者を伸ばしているほか、本を持ち寄って交流を深める「まちライブラリー」という取り組みも広がりつつある。このように、書籍はさまざまなテーマとつながることができるため、情報や人の交流のハブになりうるアイテムと言える。また、表3を見ると、能勢電鉄沿線の図書館に対するニーズは他の沿線に比べて相対的に低いが、その理由は、沿線の兵庫県川西市内では各地域の公民館に図書室が設けられているため、すでに住民にとって身近なところに図書室があるためと考えられる。「多くの書籍に触れられる場所」を「図書館」という施設に期待しがちであるが、書籍に触れられる空間や場所あるいはサービスと捉えることで、さまざまな場所での展開が可能になる。カフェにしても図書館にしても、期待されているのは飲み物の提供、図書の閲覧やレファレンスだけでなく、サードプレイスとして利用できることや、図書を通じた副次的な効果こそ求められている。ただし、いずれの施設やサービスも、最寄り駅にあれば利用したいという人は五〇パーセント前後に留まり、現在の駅前空間の求心力を反映していることには留意する必要がある。いずれにしても、駅前のマグネット施設は、百貨店から図書館へ変わりつつあるのではないだろうか。

4　駅の象徴性

駅舎のデザイン——記憶の継承

これからの鉄道駅は、機能面だけでなく、駅がもつシンボル性や思い出のある駅づくりなど、象徴的な魅力も高める必要がある。人口が減少している郊外住宅地でも、三〇代～四〇代の転入者は一定数存在する。二〇一四年度調査において郊外住宅地が開発された当初に入居した当初入居者と、二〇〇〇年以降に入居した新規転入者の入居動機を比較する（図10）と、「親、親戚が近くに住んでいる」という近居もさることながら、「なじみのある鉄道沿線だから」「愛着のあるまちだから」といった、幼少期にそのまちで過ごした思い出やまちへの愛着が動機となってUターンしている傾向がみられる。持続的で豊かな郊外生活のためには、このような沿線やまちに対する愛着、帰属意識の醸成は欠かせない。鉄道駅は、多くの世代が日常的に利用するため、まちに対する愛着などを育む重要な場所である。例えば、明治時代に建築された私鉄最古の駅舎である浜寺公園駅（南海）は、連続立体交差事業によって移動を余儀なくされたが、曳家によって移動させ、NPO法人浜寺公園保存活用の会がカフェ＆ギャラリーとして運営している。東京では、複々線化工事や連続立体交差事業に伴って解体されたものの、その後住民からの要望などにより復元された田園調布駅（東

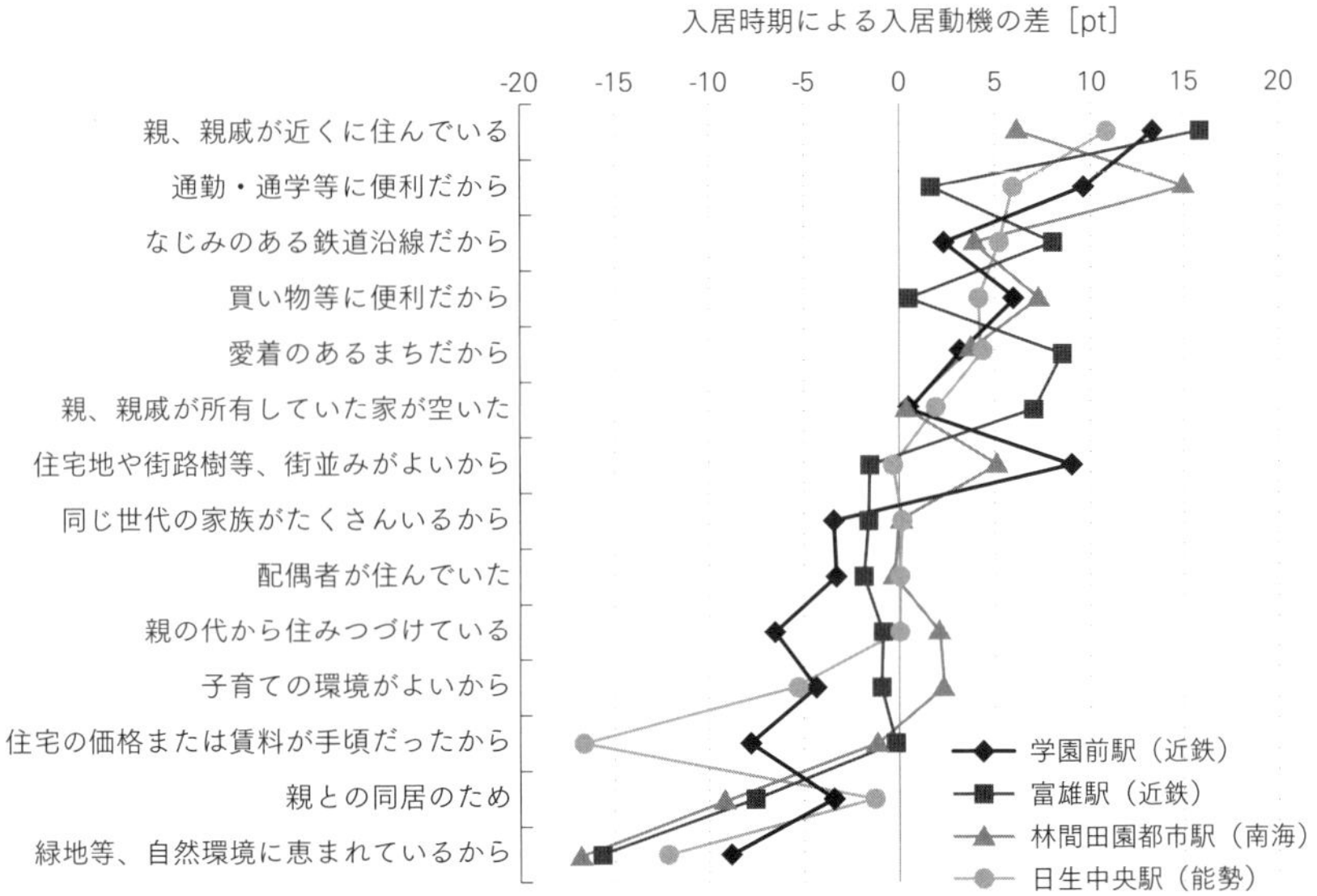

注）横軸は、2000年以降の入居者の回答率から1999年までの入居者の回答率を差し引いたポイント数を表す

図10　入居時期による入居動機の違い

急）や国立駅（ＪＲ）などの例もある。これらの駅では、駅舎が地域のシンボルになっており、駅舎のデザインが駅の拠点化に重要な役割を果たしていることがわかる。

外の世界へつながる駅

広井良典は、コミュニティの中心（地域における拠点的な意味をもち、人々が気軽に集まりそこでさまざまなコミュニケーションや交流が生まれるような場所）として歴史上重要な役割を担ってきた場所は、「外部」との接点としての性格をもつ場所である、と指摘している（広井、二〇〇九）。神社などの宗教施設は彼岸あるいは異世界との接点、学校は新しい知識という外の世界との接点、商店街や市場はモノやサービスの交換という意味で外の世界との接点である、という主旨である。従来の郊外駅は、鉄道に乗る場所として、都市という外の世界に通じていた。その意味で、駅がコミュニティの中心として位置づけられていたが、モータリゼーションによってその役割が希薄化し、拠点性を喪失しつつあるとも言える。鉄道駅の復権あるいは今後の発展を考えると、沿線あるいは郊外の住民にとって、鉄道駅が改めて外の世界と接することができる場所になることが求められている。

5 まちにつながる駅

周辺地域とのタイアップ

駅周辺の地名を駅名にすることは一般的であるが、近年、駅名を地名だけでなく、周辺の施設名称を含んだ駅名に変更する動きが見られる。阪急では、二〇一三年、服部駅（大阪府豊中市）を服部天神駅へ、中山駅（兵庫県宝塚市）を中山観音駅に変更した。両駅は、開業当初はそれぞれ服部天神駅、中山寺駅という名称だったが、一九〇〇年代に服部駅、中山駅に改称しており、およそ一〇〇年を経て再び近隣の寺社の名称に戻ったことになる。これは、利用客が認知しやすい名称にしたというだけでなく、鉄道駅が周辺の寺社とタイアップし、駅の特徴を明確化したと捉えることができる。

また、鳴尾・武庫川女子大前駅（阪神／図11）は、二〇一九年に、鳴尾駅から改称されると同時に、駅の高架下に、当駅を最寄り駅とする武庫川女子大学のキャンパス施設が建設された（三好、二〇二〇）。駅の連続立体交差事業に伴う高架下の利用としては、当初、西宮市は自転車駐輪場を計画していたが、阪神所有の高架下の土地を武庫川学院が定期借地方式で借り受け、学院がキャンパス施設を整備することになった。それにより、乗降客数の半分を武庫川学院関係者が占めている鉄道駅の名称に大学名が入るだけでなく公開講座などを行うレクチャールームなどが整備されることとなった。周辺の教育機関との連携によって駅の特徴が強化された例である。そのほか、二〇二三年開業予定の箕面船場阪大前駅（北大阪急行）では、鉄道延伸に伴い駅の新設とともに駅前施設の建設が進められている。駅前には大阪大学の外国語学部の校舎が移転するとともに、大阪府箕面市も文化ホールや図書館、生涯学習センターなどの複合施設を整備する。新図書館には市の蔵書に大阪大学の蔵書も合わせて所蔵され、大阪大学が指定管理者として無償で管理運営を担うことになっている。このように、新駅を整備するにあたって、自治体と鉄道会社だけでなく、周辺の大学も巻き込みながら、教育文化に特化した拠点づくりを目指している例もある（図12）。

周辺の寺社や大学などの施設とタイアップするだけでなく、郊外あるいは遠郊外においては農とのタイアップも可能である。都市部から遠郊外に延びる遠郊外路線の終着駅は、農村や田園地帯の境界に達することもある。郊外は、都市との関係のなかで成り立つと考えられてきたが、さらにその外縁部にある農村や田園地帯との関係を見直し、都市との関係を重視する郊外ではなく、農村との関係に目を向けることも考えられる。二〇一四年度調査において、出かけたくなる場所をたずねたところ、能勢電鉄、近鉄奈良線、南海高野線いずれの沿線居住者も「新鮮な地元の食材が買える場所」「美味しいものが食べられる場所」「好みのものが購入できる場所」が上位を占めた。郊外の住民は、緑豊かな自然環境や住宅地の街並みへの欲求は前提としつつ、有機野菜や新鮮さを売りにした食料品に対するニーズも高い可能性がある。そのような駅と農の共存が可能ではないだろうか。例えば、千里中央駅（北大阪急行）から北部へ延伸し二〇二三年に開業が予定されている箕面萱野駅（北

図11　鳴尾・武庫川女子大前駅（高架下がキャンパス施設）

大阪急行）や彩都西駅（大阪モノレール）といった郊外の末端拠点駅周辺は、農・住混在地域であり、ＪＡの直売所や産直の店が複数建ち並ぶ。それらの生鮮食料品の直売所はいずれも盛況である。また、能勢電鉄は二駅の駅ナカで地元産の野菜を定期的に販売する「旬彩マルクト」を運営している。

その他にも、駅周辺のロードサイド型店舗とタイアップすることも考えられる。郊外においては、モータリゼーションにより、商業施設や生活サービス施設が鉄道駅周辺ではなくロードサイドに多く立地することになった。しかし、鉄道駅かロードサイドかという二者択一ではなく、幹線道路と鉄道路線が隣接する場合は、共存共栄が可能ではないだろうか。とくに郊外においては、地形的にも道路と鉄道が並行していることがあり、駅前に道路網の拠点を重ね合わせることも考えられる。林間田園都市駅（南海）を例に考えてみよう。この駅は、南海電鉄が開発した橋本林間田園都市（和歌山県橋本市）の玄関口として一九八一年に開業した。林間田園都市駅を含む高野線は、大阪から世界遺産「紀伊山地の霊場と参詣道」のひとつである高野山へ延びる観光路線でもある。この南海高野線は、大阪から高野山への参詣道である高野街道（国道三七一号線）と並行しており、林間田園都市駅は、鉄道路線と幹線道路が交差する交通利便性の高い駅である（図13）。また、駅前には現在、およそ二〇〇〇台収容の

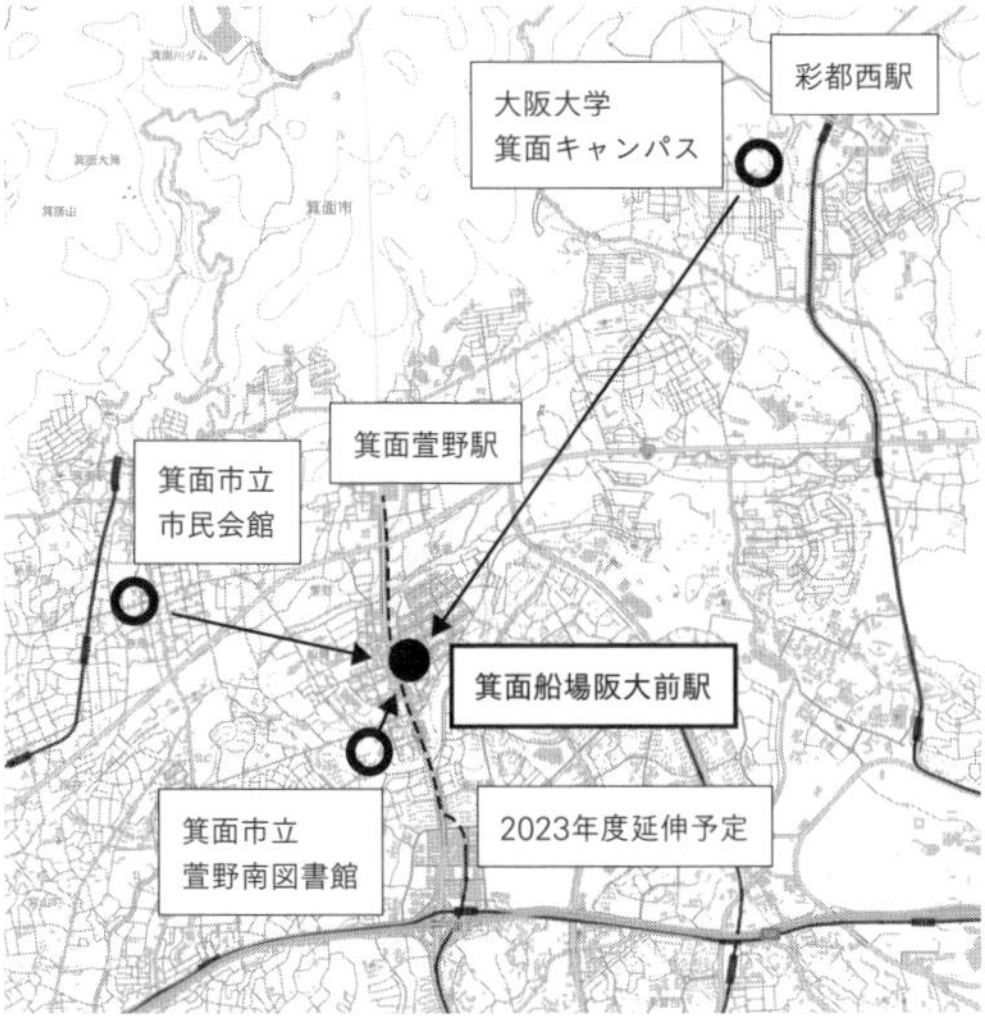

図12　箕面船場阪大前駅前の施設集約

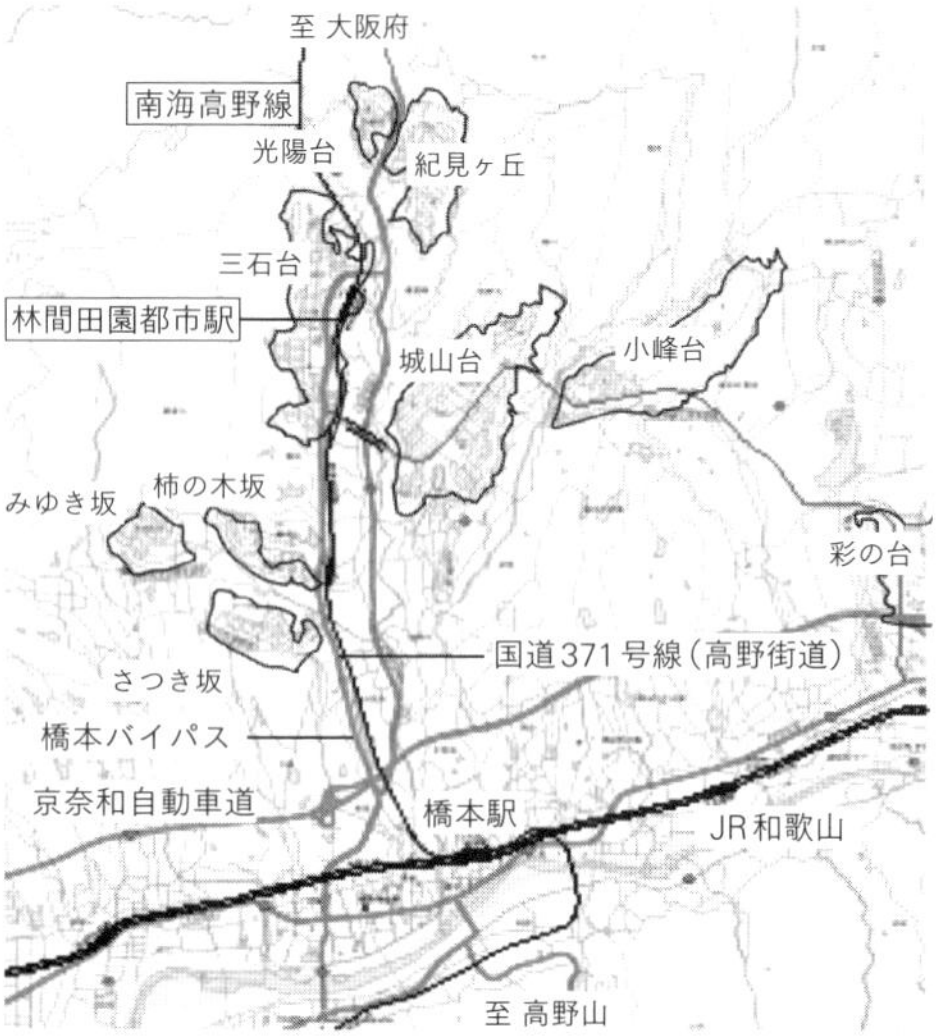

図13　南海高野線沿線の郊外住宅地と幹線道路

駐車場が広がっており、パークアンドライドに適した停車場となっている。そこで観光客など道路利用者の休憩や地域振興に寄与する道の駅を組み合わせた「鉄道駅×道の駅」という駅の姿は構想できないだろうか。

その構想は、主に三つの視点から発想したものである。ひとつは、郊外住民の食へのこだわりである。前述のとおり、二〇一四年度調査において、出かけたくなる場所をたずねたところ、「新鮮な地元の食材が買える場所」「美味しいものが食べられる場所」「好みのものを購入できる場所」が上位を占めた（図14）。もうひとつは、第3節で述べたとおり、駅が散歩やウォーキングの目的地となり、立ち寄り利用するための仕掛けである。最後のひとつは、将来的な公共施設の再編である。近年、公共施設の再編は多くの自治体で課題になっているが、郊外住宅地を多く抱える自治体ほど、今後の人口構成の変化が激しく、施設および公共サービスの再編は急務となる。二〇一四年度調査からは、「図書館」「趣味や習い事をする教室」への利用意向が高いことがわかった。「趣味や習い事をする教室」に対応する公共施設としては公民館が候補であり、現在、駅から徒歩一〇分の住宅地の端部に公民館があるが、これからの駅の拠点性を考えると、公民館の建替え時には駅前に移転し、駅の拠点性向上に寄与することも考えられる。道の駅は市町村もしくはそれに準じる公的団体が設置することになっているが、公共施設との複合化など公共施設再編の動きと連動させ、既存施設

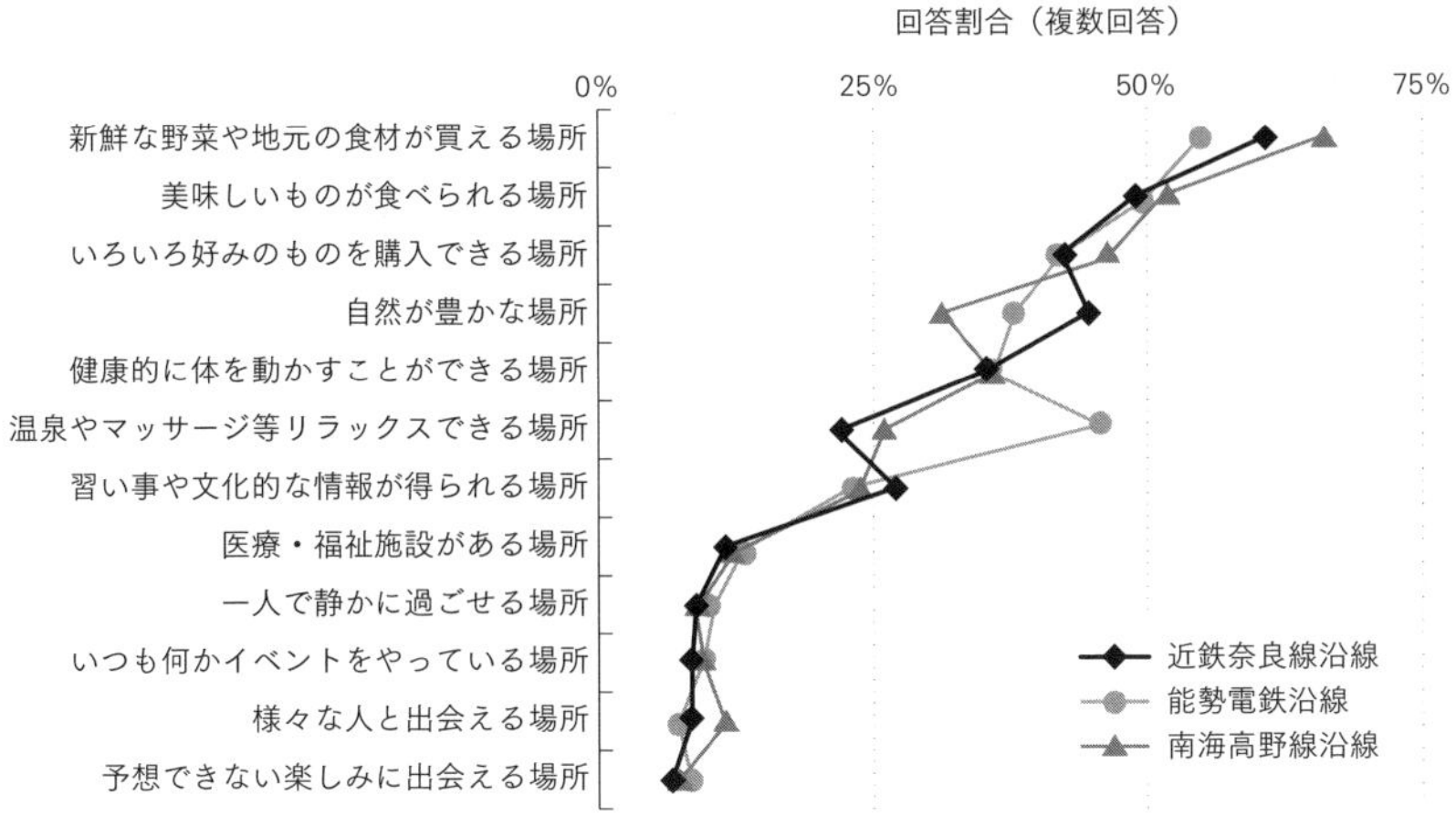

図14　郊外路線沿線の住民が出かけたくなる場所

の整理統合も視野に入れられる。既存の「道の駅」の整備・運営手法にとらわれず、郊外における自家用車と鉄道の共存を目指した拠点整備案として考えられるだろう。

駅から高架下、商店街へつながる駅

一般的に、私鉄が鉄道を敷設する際、駅（とくに拠点駅以外の駅）周辺の土地を所有することは少ない。しかし、これまでも述べてきたように、駅が拠点性を持つためには、駅だけでなく、駅から駅周辺への連続性をデザインすることが重要になる。これまでも、駅の改札内外に売店や立食形式の軽食店などがあった。その多くは鉄道事業者の関連会社が運営していたが、近年、改札の内外にテナントとして誘致する事例が増えている。ＪＲ東日本では、鉄道利用者を乗客としてだけでなく消費者として捉え、二〇〇五年の大宮駅（埼玉県大宮市）、品川駅（東京都港区）を皮切りに、改札内（駅ナカ）の商業施設群「エキュート」を開業している。

また、鉄道の高架下は、鉄道の騒音や振動に加え、日照条件の悪さといった不利な条件があるものの、二〇〇四年に、ＪＲ舞浜駅（千葉県浦安市）高架下に静粛性が求められるホテ

ルが開業するなど、その不利な環境を克服したうえで、空間として積極的に活用する動きもある。

高架化による駅前高架下だけでなく、駅間高架下の利活用も有効であろう。東京のJR中央線では、「中央ラインモールプロジェクト」と題し、三鷹駅から立川駅（東京都三鷹市〜立川市）の高架下のうち九キロメートルを対象に、まちの顔としての駅と、その駅間の高架下空間を一体的に開発することで、「駅」と「まち」をつなげ「地域の顔としての駅」の魅力を高めることを謳っている[*4]（図15）。具体的には、駅間の高架下空間に、商業施設、保育園、クリニック、地域の交流・回遊拠点「コミュニティステーション」、学生向け賃貸住宅「中央ラインハウス小金井」（一八棟一〇九室）などが開業し、高架下にそれらをつなぐ回遊歩行空間を整備している。また、御徒町駅と秋葉原駅（東京都台東区〜千代田区）の間の高架下には、ものづくりをテーマにした店舗や工房、ギャラリーが集積する「2k540　アキオカアルチザン」などもある。

図15　中央ラインモール

さらに、二〇一六年度調査をもとに、駅の満足度と駅周辺の賑わいに対する満足度を比較しながらその連続性について考えてみよう。京阪沿線の拠点駅をみると、枚方市駅の満足度は四六・一パーセントと高いが駅周辺の賑わいの面では三九・七パーセントと、他駅に比べて相対的に評価が低くなる。逆に、香里園駅は駅の商業施設、飲食店の満足度は二九・七パーセントであるが、駅周辺の満足度は六五・九パーセントと高くなり、駅周辺の賑わいについても、五九・三パーセントの満足度を得ている。阪急沿線では、駅間距離

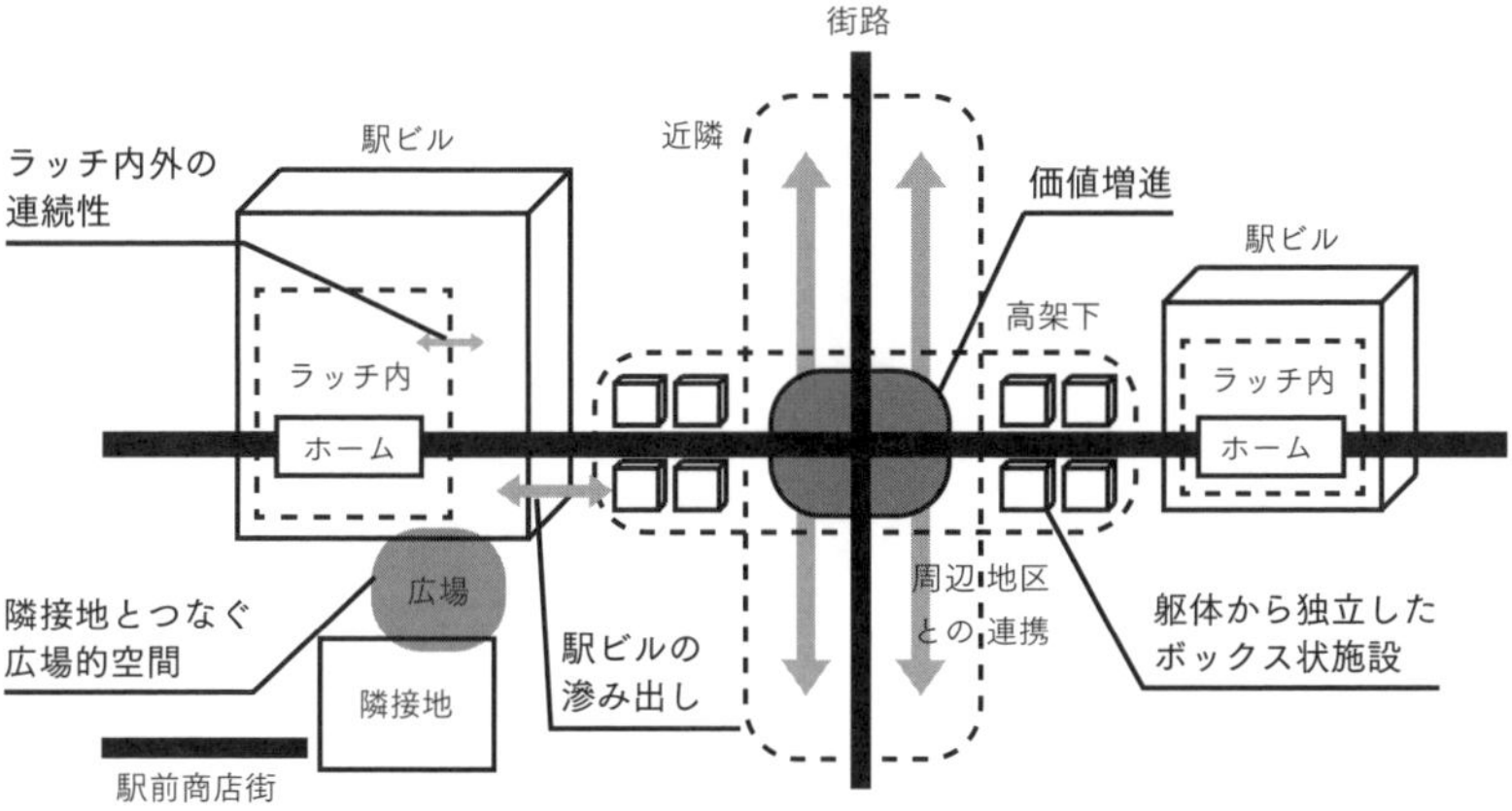

図16　駅から周辺地域への連続的活用

が近い高槻駅（JR）とともに面的に商業地域が広がる高槻市駅（阪急）は、駅の満足度（三四・〇パーセント）も、駅周辺の満足度（八六・〇パーセント）も高い。茨木市駅も駅の満足度は二七・三パーセント、駅周辺の賑わいでは五九・一パーセントの満足度を得ている。香里園駅の西側には飲食店や商業施設の集積があり、茨木市駅にも西側に商店街が広がっている。このように、駅から面的な広がりをもつ商業エリアは、駅周辺を特徴づける要因となり、駅と駅周辺の賑わいがつながることによって、一体的な魅力が形成される。

改札内（駅ナカ）施設、駅ビル、高架下の活用、駅前商店街の活性化など個々に開発や整備が行われているが、鉄道駅を地域の拠点と位置付けるためには、ホームから改札内、改札外、駅ビルや駅前広場、高架下、駅前商店街や周辺地域へとつながる連続性が重要である（図16）。

駅と駅とのネットワーク

鉄道駅に拠点性をもたせる場合、俯瞰すると自ずと点状の拠点になる。前述のように、駅間の高架下を活用することで、駅と駅をつなぐ線状に拠点が広がる。さらに、複数の路線が並行し、両路線の駅が徒歩で行き来できるような数百メートルと近い場合、両路線の駅間に面的な広がりをもつ拠点が形成される。大阪都市圏の鉄道路線では、阪急京都線とJR東海道本線、阪神本線と阪急神戸線とJR神戸線などがそれにあたる。茨木駅（JR）と茨木市駅（阪急）は約一三〇〇メートルほどの距離にあり、茨木市では立地適正化計画[*5]において、両駅や市役所など公共施設が集積しているゾーンを拠点とし、それらの拠点をつなぐネットワーク、さらに拠点やネットワークを含むエリアを中心市街地として捉えている。高槻市でも、駅間距離が四五〇メートルの高槻駅（JR）と高槻市駅（阪急）を中心とした「高槻中枢都市拠点」、同じく二五〇メートルの摂津富田駅（JR）と富田駅（阪急）を中心とした「富田都市拠点」として位置づけている。[*6] 一方で、二〇〇七年に夙川駅（阪急）から四五〇メートルの距離に開業したさくら夙川駅（JR）、二〇一八年に総持寺駅（阪急）から六五〇メートルの距離に開業したJR総持寺駅（JR）は、いずれも普通列車しか停車せず、駅前に商業集積などはほとんど見られないため拠点性が高いとは言い難い。しかし、複数の鉄道路線の駅間エリアと捉えることで、面的に広がる拠点を形成する可能性はある。

多様な主体の協働と共創

関西の鉄道事業者は、運輸事業だけでなく、さまざまな事業を展開してきた。詳細は第5章を参照いただくとして、駅前事業の展開として、例えば、近鉄の社会人向け単身者用賃貸住宅「木津川台ソシャレ」（一二〇戸、木津川台駅）、阪急阪神グループの子育て支援施設、認可保育園、学童保育施設、葬儀会館の運営などが挙げられる。沿線生活の充実を図り、沿線人口の維持、鉄道利用者の増加を意図していると思われるが、鉄道駅の拠点化については、鉄道事業者や関連バス会社などの交通事業者はもとより、行政の戦略的な関与、地域の活動団体の拠点づくりなど、多様な主体が連携、協働しながら実現することが必要になる。例えば、阪急洛西口駅から桂駅間の高架下を活用したまちづくりを、鉄道事業者が住民ワークショップを行いながらコンセプトを設定し、地域の企業・団体と連携しながら開発を進めているが、そのような事例は少なくない。また、生駒市の中心市街地である生駒駅（近鉄）では、一九七〇年代以降の急速な人口増に対応するため、一九八三年に生駒駅南口地区の再開発事業が完了、一九九〇年に北口地区の市街地再開発事業の都市計画決定を行い、一九九七年に第一地区が完了、二〇〇五年の第四地区では七棟に分棟しつつも一体的な街並みになるよう整備された。一方、第二地区は長引く景気低迷により一九九五年のホテルや大型商業施設を誘致する基本計画案から二〇〇四年には市民ホールを核とする施設計画案へ、さらに、二〇〇六年に民間企業による事業採算性の高い事業へシフトし、住宅中心のコンパクトな計画へ変更を行い、二〇一四年にようやく再開発事業が完了した。その過程で、計画当初から市民と行政の協創を進めたことで、事業着手後は短期間で事業を完了できたほか、市民の意見を反映させた施設計画、オープン後の市民によるさまざまなイベント開催が実現している。また、生駒市の身の丈に合った再開発を模索し実現させている点も一目に値する。鉄道駅前の再開発事業はまちの顔をつくる計画ともいえるが、長年にわたる市民と行政の共創による駅づくりは

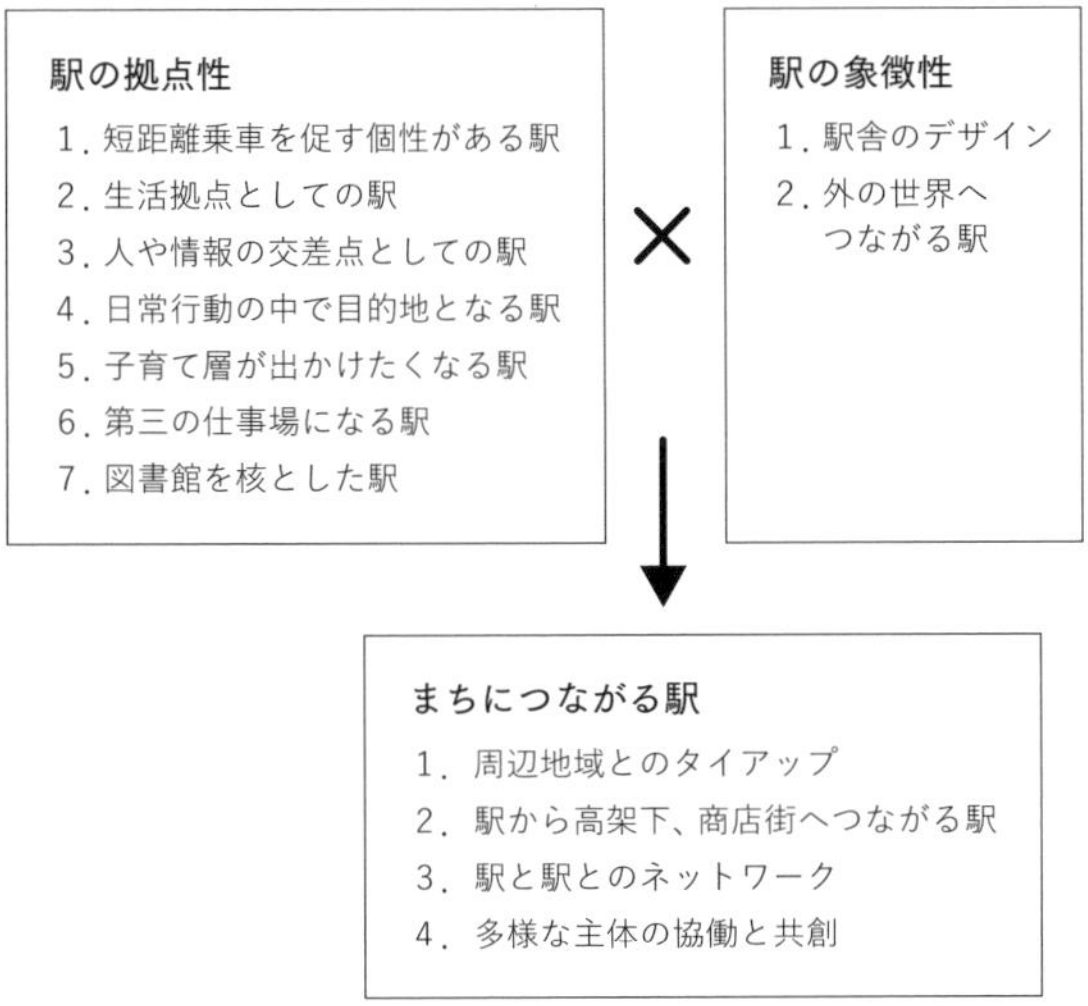

図17　郊外再生に資する駅の構想

一目に値する。なお、商業棟「ベルテラスいこま」の五階には生駒駅前図書室が入り、市民ギャラリーや子育て支援機能を兼ね備えた多世代が交流することのできる施設で、読書カフェコーナーやテラスを配置した特色ある施設である。

本章では、郊外駅の現状を踏まえたうえでこれからの郊外再生に資する駅の構想を試みた。郊外駅の中でも大都市間拠点駅や拠点隣接駅などいくつかのタイプを見出すことができ、規模の大小にかかわらず、拠点性と象徴性の両面から検討を行い、その実践方法として周辺のまちとつながりながら駅づくりを進めることが期待される（図17）。

註

＊1 児童関連施設（幼稚園、保育園、児童館、子育て交流施設など）、高齢者関連施設（老人福祉センター、デイサービスセンターなど）、商業・業務施設（スーパーマーケット、コンビニ、銀行、郵便局など）、各種施設（教育施設、文化施設、運動施設など）、医療施設を集計している

＊2 笹川スポーツ財団が実施した「スポーツライフに関する調査二〇一八」によると、週一回以上の散歩・ウォーキングの実施率は三二・九％、六〇歳以上では四八・四％という調査結果が報告されている

＊3 ＪＲ東日本プレスリリース、二〇二〇年九月三日

＊4 東日本旅客鉄道八王子支社プレスリリース、二〇一四年一〇月一七日

＊5 「茨木市立地適正化計画」二〇一九年三月

＊6 「高槻市都市計画マスタープラン」二〇一一年三月

第5章

多様化を続けた鉄道会社の事業と郊外[*1]

水野優子

1 近代期の事業展開——沿線価値の創出

鉄道事業と付帯事業

本業である鉄道旅客とは別に鉄道会社がこれまで取り組んできた付帯事業（非鉄道事業）は多岐にわたる。主なものとしてバスやタクシー、船舶などの旅客輸送や貨物輸送、不動産、建設、流通、ホテル、観光レクリエーション、生活サービス、情報通信、金融・保険、教育・文化などさまざまな分野が挙げられる。その事業フィールドは郊外を含む自社沿線に始まり、鉄道事業本社やグループ会社によって経営を拡大し、鉄道を中心とする巨大企業グループへと成長させてきたのである。

では鉄道会社はこれまでどのような経緯で事業を多角化させ、それは郊外とどう関連してきたのであろうか。近代期以降の郊外形成に大きな役割を担ってきた私鉄のなかでも、関西は国内初の純民間資本鉄道である南海や、同じく初の都市間電気鉄道（インターアーバン）である阪神、さらには先駆的な多角経営を展開した阪急などを擁し、その覇権により私鉄大国とも評されてきた。それら関西の大手私鉄五社（南海、近鉄、阪神、阪急、京阪）を事例として、沿線を居住や就労といった生活の場とする沿線生活者や沿線地域に関連するものを中心に、付帯事業を〝近代期（戦前）〟〝戦後から高度経済成長期、安定成長期〟、そしてバブル経済崩壊から現在に至る〝低成長期〟の三期に大別し俯瞰する。

郊外レクリエーションの創出

近代期は全国の主要都市で工業化が進展し、関西では明治前期の官営鉄道大阪～神戸間開通（一八七四年

5

多様化を続けた鉄道会社の事業と郊外

／現・ＪＲ神戸線の一部）以降、官民により鉄道が敷設されるが、これらは市内電車（路面電車）を除くと蒸気鉄道や馬車鉄道であった。明治中期開通の南海（一八八五年／阪堺鉄道）や、近鉄の最古参路線（一八九八年／河陽《かよう》鉄道）も蒸気鉄道である。明治後期になると阪神（一九〇五年）を皮切りに、輸送力と高速性を備えた都市間電気鉄道が開通し始めるが、これらの鉄道会社は都市間の往来による旅客需要だけでは経営が困難であった。そこで蒸気鉄道に比べ加減速が容易なため駅間距離を短くしやすい電気鉄道の特性を活かし、経路上の町場ごとに駅を設置して官営鉄道より駅数を多くすることで、その官営鉄道が取り込んでいない郊外の乗客を獲得しようと図る。それと同時に人々による日常の経済活動だけでなく、非日常の余暇活動による需要を掘り起こすため、それに関連する付帯事業に取り組み始めるのであった。

各社は旅客需要の喚起に郊外でのレクリエーションの場の提供を用いる。そのひとつとして観光目的の鉄道利用を促すため、路線近傍に点在する社寺を沿線資源と捉え、参詣の宣伝や最寄り駅の設置をおこなった。有名社寺の鳥居前町や門前町は市街地として成熟していたものも多く、参詣旅客だけでなく町場そのもののポテンシャルも旅客源としてみることができ、また、社寺名を駅名とすることで駅名そのものが広告効果をもったのである。

同様に喚起策として用いたのが既成の観光地や景勝地であった。これらの知名度や集客力をもとに行楽輸送を担うと同時に、付帯事業として観光施設経営を始めている。南海（南海鉄道）の観光事業への取り掛かりは大阪湾南端の淡輪《たんのわ》（一九〇四年／大阪府岬町）における海水浴場や汽車ホテルなどの経営であった（図1）。また、大阪府からその一部を賃借した浜寺公園（一九〇五年／堺市）では食堂や公会堂、海水浴場などを設けて観光拠点とするが、大阪～堺間で路線が並走するライバルの阪堺電気軌道（初代）が同様に堺市から賃借した大浜公園（一九一二年）との間で、堺における臨海レクリエーションの覇権争いを両社の合併（一九

図１　南海／蒸気鉄道時代の客車を改造した淡輪の「汽車ホテル」
（出典：南海鉄道『南海鉄道発達史』1938年）

一五年）まで繰り広げる。同じく臨海地域を沿線とする阪神でも打出海水浴場（一九〇五年／兵庫県芦屋市）の経営を始め、事業家らが興した香《こう》櫨園《ろえん》遊園地（一九〇七年／兵庫県西宮市）へは出資した。阪急の創業路線（宝塚線、箕面《みのお》線）は、そもそも大阪から観光地の箕面（大阪府箕面市）、宝塚温泉（兵庫県宝塚市）、有馬温泉（路線は未成／神戸市）などを目指し着想しており、宝塚新温泉（一九一一年／後の宝塚ファミリーランド）を始めとする宝塚開発が阪急の礎のひとつとなる。阪神間で路線が並走し同様に甲子園開発（一九二四年／西宮市）を展開した阪神とは、六甲山（神戸市）でも林間レクリエーションの経営競争を引き起こした。この他、京阪は香里《こうり》（大阪府寝屋川市）や枚方《ひらかた》（同・枚方市）、琵琶湖など、近鉄は菖蒲池《あやめいけ》（奈良県奈良市）や生駒《いこま》山（同・生駒市他）などで旅館やホテル、遊園地といった観光経営を始めており、五社それぞれが沿線資源を活かした郊外レクリエーション事業を展開するのであった。

　お雇い外国人や神戸、横浜などの居留外国人らにより近代スポーツが国内に持ち込まれやがて普及するようになるが、そのための競技場整備に鉄道会社は一翼を担う。南海は浜寺公園に設置したテニスコート（一九〇八年）を拡充し浜寺庭球場（一九二四年）を、大浜公園では運動場とテニスコート（ともに一九一三年）、相撲場（一九一九年）を設け、後に拠点施設として中《なか》百《も》舌鳥《ず》総合運動場（一九三七年／堺市）を建設する。同様の拠点施設は京阪が京阪グラウンド（一九二二年／寝屋川市）を整備し、近鉄は前身会社や被合併会社それぞれが吉野（一九二六年／吉野鉄道／奈良県吉野町）、藤井寺（一九二八年／大阪鉄道／大阪府藤井寺市）、花園（一九二九年／大阪電気軌道／同・東大阪市）、寺田（一九三五年／奈良電気鉄道[*2]／京都府城陽市）で建設した。なかでも阪神と阪急の建設競争は激しい。阪神は五社中最古の香櫨園運動場（一九一〇年／香櫨園遊園地内）や鳴尾運動場（一九一六年／西宮市）、甲子園大運動場（一九二四年／現・甲子園球場／西宮市）などを、阪急は豊中グラウンド（一九一三年／大阪府豊中市）、宝塚運動場（一九二二年／宝塚新温泉隣接地）、西宮球場（一九三七年／後の西宮スタジアム／西宮市）などを、それぞれ相手の動向を睨み設備を拡充させながら阪神間で交互に建設を進めた（図2）。これには当時の野球熱に伴う全国中等学校優勝野球大会（一九一五年／現・全国高等学校野球選手権大会）といった多くの観客収容を見込める競技大会の誘致合戦が背景にあった。

このような施設建設に留まらずその集客を高める文化興行やスポーツ興行の誘致や創設も鉄道会社はおこなう。京阪は江戸時代創始の伝統芸術である菊人形興行を香里遊園地（一九一〇年）で始め、枚方遊園地（一九一二年／現・ひらかたパーク）へ引き継ぎ二〇〇五年まで開催した。阪急の宝塚新温泉に誕生した少女歌劇の宝塚唱歌隊（一九一三年）は、宝塚音楽学校や宝塚歌劇団として今に残る。また、博覧会などの催しを多数企画し、沿線の自社球場を本拠地とするプロ野球興業は阪急、阪神、南海が球団を創設して定着し、近鉄も戦後に参入した。これらの郊外レクリエーション事業は、沿線生活者のみならず広範な人々の興味を引き寄せ自社沿線に呼び込むものとして機能し、

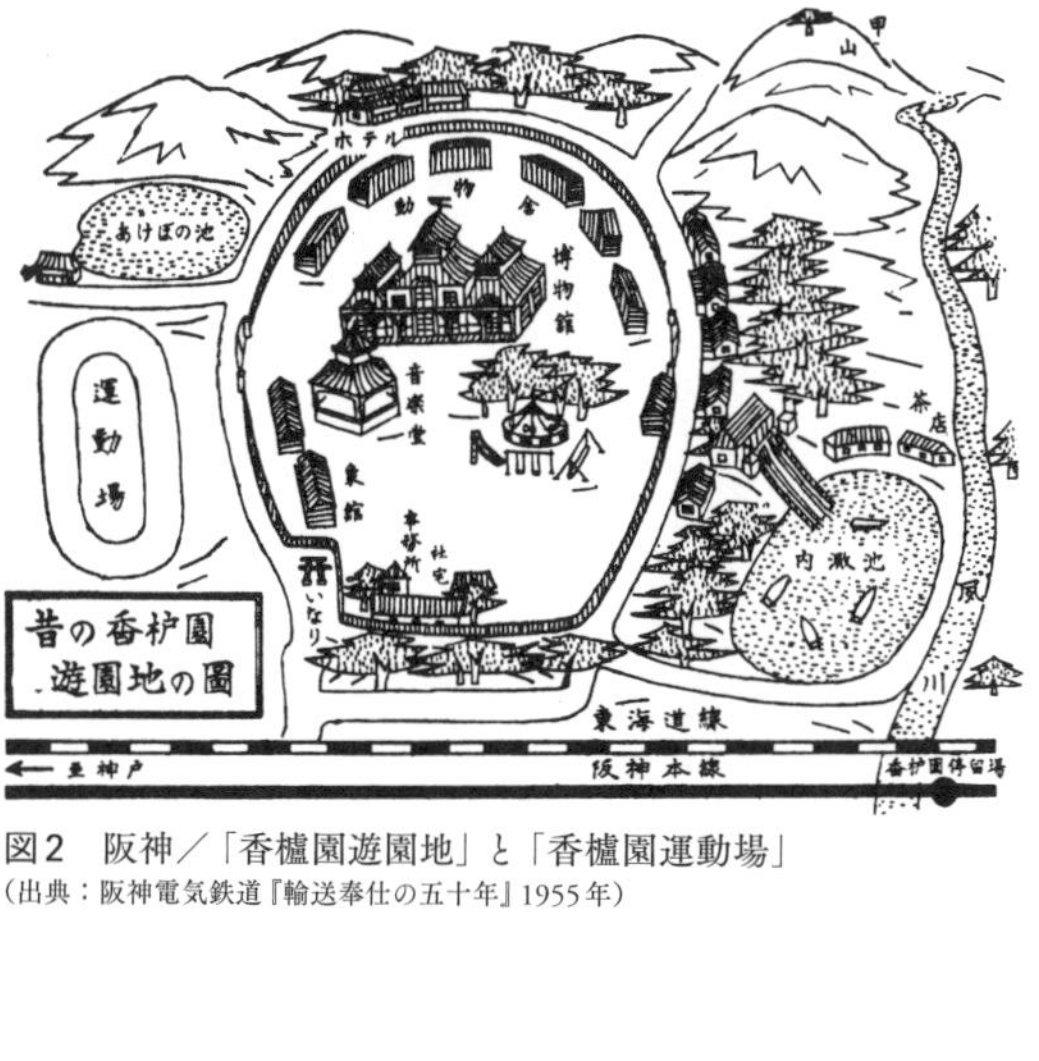

図2　阪神／「香櫨園遊園地」と「香櫨園運動場」
（出典：阪神電気鉄道『輸送奉仕の五十年』1955年）

図3 「関西学院」の建築家ヴォーリズによる建築群
（提供：関西学院）

収益の柱のひとつとして成長していくのであった。

郊外教育環境の提供

さらに安定的な旅客需要の創出策として沿線への学校や住宅団地、工場など他資本施設の誘致をおこなうが、その目的には保有不動産の有効利用や電気供給事業（後述）の供給先確保もあり、なかでも高等教育機関の誘致は沿線の文化的イメージを形成するものとなった。京阪（現・阪急十三《じゅうそう》駅～千里山駅間を敷設した北大阪電気鉄道）は、大学令に基づく大学昇格を目指していた関西大学を大阪市内から郊外の千里山に誘致（一九二二年／大阪府吹田市）する。阪急も同じく大学昇格を目指す関西学院を、神戸のキャンパス地と西宮市～宝塚市間を結ぶ今津線沿線の社有地（西宮市）とを買収し合うことで誘致（一九二九年）し、学校側はその差額を資金として大学昇格を果たした（図3）。今津線沿線ではこれを呼び水に相次いで私立学校が立地されるようになる。近鉄は奈良市西部の丘陵地へ帝塚山学園を誘致（一九四一年）して中学校が新設され、翌年、その最寄り駅として学園前駅を開設する。戦後、近鉄はこの一帯で他社に先駆けニュータウン開発を始め、学校側も幼稚園から大学、大学院に至る教育機能の拡充を進めた。このように近代期の学校誘致が沿線イメージに作用し、今日みられるそれぞれの沿線ブランド形成につながっていったのである。

また、郊外の良好な環境を校外学習の場として提供する動きもみられる。近鉄（大阪鉄道）が藤井寺開発に際し建設した藤井寺教材園（一九二八年）は、小中学校への教材提供を目的とし、動植物の収集や実習場、果樹園の整備などをおこなった。沿線の地元事業家による遊園地の跡地を転用した阪神の武庫川学園（一九三一年／西宮市）は、大阪市内の児童生徒向け夏季林間学校として整備した。これらはそれぞれ短命ながら、郊外の景勝地を活用し林間学校による鉄道利用や沿線のイメージ形成につなげるものであった。

さらに沿線での学校経営も鉄道会社はおこなう。阪急による少女歌劇の養成部門は宝塚音楽歌劇学校（一九一八年文部省認可／現・宝塚音楽学校）となり、また、阪急は男子商業教育の専修学校も開校する。さらに百貨店女子店員養成の専修学校設置は近鉄や阪急でおこなわれた[*3]。阪急ではいわゆる花嫁学校も開校するものの、鉄道会社の学校経営は自社事業の人材育成を目的としていた。

都心ターミナルの経営

ここまで記した郊外での動きに対し、人々の往来が集中する都心ターミナルでも付帯事業を展開する。浜寺公園の食堂や急行列車の食堂車を始めていた南海は、難波駅（大阪市）待合所の二階で南海食堂（一九一一年）を開く（図4）。翌年に焼失するが、以降、鉄道会社の多くが取り入れる駅直営食堂の先駆けであった。また、ターミナルでの百貨店経営の先駆けは阪急である。江戸の老舗呉服店から百貨店業態に転換した白木屋を誘致し、梅田駅（大阪市）に新築した阪急ビル（一九二〇年／旧館）へこの百貨店や直営食堂、本社機能、駅舎施設を配置した。この好評を見定め賃貸契約満了とともに直営事業として阪

図4　南海／難波駅（三代目駅舎）の「南海食堂」
（出典：南海電気鉄道『南海電気鉄道百年史』1985年）

急マーケット（一九二五年）を、さらに駅機能拡充に伴いその隣接地に建設した梅田阪急ビル（一九二九年）に鉄道会社直営初の阪急百貨店（現・うめだ本店）を開業する。このような外食事業や小売事業、劇場経営、駅ビルを管理する不動産事業が、ターミナルにおける鉄道会社の典型的な付帯事業として他社も取り入れていくのであった。また、南海が開設に関与した新世界（一九一二年／阪堺電気軌道恵美須町停留場前／大阪市）や楽天地（一九一四年／難波駅近傍）といった都心型レクリエーション施設も登場している。

大阪都心は旧城下町をもとに発達し過密化していたため、その中心街への乗り入れが困難で、五社のターミナルは主に都心周縁部で開業していた。鉄道会社はそんな駅前空間を経営資源と捉え自社施設を配置することで駅そのものを目的地化し、自社ターミナル一帯を大阪都心の新たな核へと台頭させていく。沿線生活者からはターミナルでの買物や食事などが非日常の余暇活動として支持されていった。

既成郊外の沿線化、沿線テリトリーの拡大

五社が建設した路線は主に都心と郊外の市街地とを連絡する経路に敷設しており、郊外駅は旅客獲得を狙い大きな町場に寄り添うよう設置した。そのため路線は自ずと前近代の主要交通路である街道と並走する経路を辿り、街道上に併用軌道（路面電車）で敷設したケースもある。長距離を短時間で移動できる鉄道の登場は、それまでの街道による人や荷の往来に取って代わり宿場の衰退に影響を与えた。古来〝駅（うまや、えき）〟は交通や通信のため街道に適当な間隔で人馬や宿所を配置した場所を指す言葉であったが、鉄道の台頭に伴って街道の地位は低下し、代わって鉄道で停車場や停留場などと呼ばれた場所に〝えき〟の呼称が定着していった。

この鉄道駅の登場が都心の都市構造のみならず、沿線化した既成の町場の地域構造にも大きな変化をもた

らす。それまでは役場や社寺、学校といったものが地域の中心的施設であったが、地域内での人や物の流れの要素に鉄道駅が加わり駅前の往来が活発になると、自ずと商店などが集まり駅前の様相に変化が起こり始めた。また、住宅やレクリエーション施設が駅利便の良い場所に設置されると、駅にはそれまで以上に人が集まるようになっていく。さらに駅はバスやタクシーといったフィーダー交通の接続点となり、鉄道貨物事業では物流拠点となった。都市近郊で住宅地整備を主眼とする耕地整理事業や土地区画整理事業が地権者などにより施行されるようになるが、それらの多くは駅の利便性を意識して計画された。このように町場に寄り添うように置かれた駅は、単に列車を乗降する場所に留まらず、多くの要素が集積する場所へと転換する。戦後、駅の求心力はさらに高まることになるが、近代期にはこういった地域構造の変化が既に始まっていた。

　このような既成郊外の生活に大きな変化をおよぼし、かつ、電気鉄道会社ならではの付帯事業として電気（電灯、電力）供給事業があった。国内に電力会社が登場（一八八六年）し、鉄道会社でも小田原電気鉄道（現・箱根登山鉄道）が供給開始（一九〇〇年）するなか、五社のなかで最初に始めたのは阪神（一九〇八年）である（図5）。当時は各社が発電所を保有し鉄道用電力を賄っており、その余剰電力を活用するため収益性は高く、鉄道路線を基幹配電経路とすることで効率的に沿線を供給テリトリーにでき、さらに大口需要の見込める市街地や工場などが沿線に立地しているといった理由で全国的に鉄道会社が参入する。蒸気鉄道であった南海（南海鉄道）でも電化（一九〇七年）に伴い供給開始（一九一二年）している。インターアーバン事

図5　阪神／電化製品も販売した駅前の電灯営業所（写真は千船《ちぶね》駅）
（出典：阪神電気鉄道『輸送奉仕の五十年』1955年）

図6　阪神／直営初の「西宮循環バス」
（出典：阪神電気鉄道『阪神電気鉄道百年史』2005年）

業者は新時代の交通サービスと同時に、電気という新時代のエネルギー供給サービスも沿線にもたらしたのである。鉄道沿線は電気供給の恩恵を受け、それまでの石油ランプに代わって電灯が家庭内を明るく安全に照らしたのであった。

既成郊外の交通環境に変化をもたらしたのは鉄道だけに留まらない。自動車が国内で明治後期に登場し、鉄道会社による乗合バス事業は関東圏で京王電気軌道（現・京王電鉄）が開始（一九一三年）するが、本格普及は関東大震災（一九二三年）で被災した市電の補完として東京市が市営バスを運行するようになってからで、関西の鉄道会社でもバスやタクシーの経営に参入していく。阪急は苦楽園口駅開設（一九二五年／西宮市）に伴い、他資本のタクシー会社に委託する形で、駅と高級住宅地の苦楽園とを結ぶ乗合バス事業を開始する。後にこの路線と競合するバス会社を買収して傘下に置くが、これが同社バス事業の中軸企業である現在の阪急バスとなる。京都市〜滋賀県大津市間を結ぶ京阪京《けい》津《しん》線の一部区間は旧・東海道の道路上を併用軌道で運行していたが、この経路への他社のバス事業進出を防止するため、京阪は既存事業者を買収（一九二七年）して参入する。阪神は西宮市内の循環線を皮切りに直営バス事業（一九二九年）を、近鉄は奈良駅から景勝地である春日奥山への遊覧バス（同年）を始める（図6）。南海は自社駅と観光地や住宅地とを結ぶバス事業者が沿線で相次いで出現する状況に至り、それらを買収や資本参加することで参入を果たした。当時は事業参入が比較的容易な分野であったため大小の事業者が乱立したが、自動車交通事業法（一九三一年）などによる規制強化で地域ごとの統合が起こり、やがて鉄道会社など大手資本に集約されていった。このように鉄道会社は、鉄道旅客のフィーダー交通として、自社テリトリーへの他社進出の防止策として、また、沿線観光の一環として旅客自動車事業を展開する。鉄道軸から樹枝状にバスやタクシーの事業網を展開し、それまで鉄道軸に沿って形成してきた沿線テリトリーをその外側へ拡大させていったのである。これにより駅遠隔地の郊外生活者もまた、近代交通機関の利便を享受した。

郊外生活・郊外居住の創出と近代郊外住宅地

沿線における付帯事業に住宅や住宅地の供給があるが、これは旅客需要の創出を目的に沿線の定住者を増やすべく住宅を提供するものであった。明治期以降、都市部で工業化が進展する一方、大気汚染や水質汚濁など都市環境の悪化が進み、事業家や資産家といった富裕層が環境の良い住宅地、別荘地を郊外に求めるようになる。さらに新興階層である中産階級でも郊外へ移住する動きが加速し、鉄道会社や土地会社が鉄道沿線を中心に郊外住宅地の経営を始めていった。五社のうち住宅経営に最も早く着手したのは阪神である。それ以前から沿線居住者を増やすべく、転入者に対する土地家屋の無料仲介の他、家財の無料運搬や定期代の大幅割引をおこなっていたが、西宮駅（西宮市）駅前の社有地を転用して大阪や神戸の相場より安い家賃の貸家経営（一九〇九年）を始めた（図7）。この好評を受け西畑（一九一〇年／西宮市）では貸家約七〇戸による住宅地経営を手掛けている。阪急は創業路線が大都市間を経路とせず大きな旅客需要が見込めなかったため、開業と同時に住宅地経営に乗り出した。私鉄初の分譲住宅地である池田室町（一九一〇年／大阪府池田市）

図7　阪神／西宮駅前の貸家経営
（出典：阪神電気鉄道『阪神電気鉄道百年史』2005年）

では月賦販売を取り入れ、これは今日の住宅ローンの先駆けであり、好評で完売したため沿線で住宅地経営を継続していく。阪神も御影（神戸市）を皮切りに分譲事業を開始し、甲子園開発では六地区の住宅地を整備するが、そのうちの一地区では購入者に大阪または神戸への一年間無賃乗車券を進呈した。このように各社が沿線での住宅・住宅地事業を付帯事業の大きな柱として位置付け、現在に至る沿線居住の素地を形成したのであった。

　また、これら月賦販売や割引運賃など住宅購入者の経済的負担を軽減するサービス提供とともに、新たな居住環境や生活様式を提案することで、各社は自社沿線での〝郊外生活〟〝郊外居住〟を人々に促している。阪急は池田室町を電灯付き住宅として売り出し、舗装道路に街路樹や街灯を並べ、下水施設や小公園、さらには生活用品の購買組合を設けた。阪神の浜甲子園健康住宅地（一九三一年）では経営受託した大林組が日用品店舗や居住者用クラブハウス、幼稚園を設置したが、後にクラブハウスと幼稚園を地域へ寄贈しており、両施設は現在も地域のなかで受け継がれている。五社のなかで住宅地経営において後発の南海でも初めて手掛けた初芝（一九三五年／堺市）ではテニスコートとクラブハウスを設けている。このように土地会社などを加え活況をみせる当時の不動産市場のなかで、差別化を図る商品開発をおこなったのであった。

　広範な利用者を想定した観光レクリエーション分野のスポーツ施設（海水浴場、ゴルフコース、観戦主体の野球場や競技場など）とは別に、余暇や健康増進のための身近なスポーツ施設も登場する。これらは自社開発住

図8　阪神／百面コートと呼ばれた「甲子園国際庭球場」
（出典：阪神電気鉄道『輸送奉仕の五十年』1955年）

宅地の居住者のみならず、広く沿線生活者の利用を想定しており、地域文化に貢献するものとなっていく。阪神は甲子園開発において甲子園浜海水浴場（一九二五年）や浜甲子園プール（一九二八年）を開設するが、そこでは現在のスイミングスクールにあたる甲子園水泳研究所を経営する。大阪朝日新聞が後援し、世界的選手の育成といった主旨もあり、最盛期には一五〇〇名の生徒が集まった。[*4] また、国際試合も想定した甲子園ローンテニス倶楽部（一九二六年）を改組した甲子園国際庭球倶楽部（一九三七年）は会員数が七〇〇名に達した（図8）。その系譜に連なる甲子園テニスクラブが今も甲子園球場の傍らで存続する。阪急は打ち放し練習場として神崎川ゴルフ場（一九三一年／後の神崎川ゴルフ練習場／豊中市）を神崎川駅前の河川敷で開設し、ミニコースやクラブハウスを順次建設し拡張していった。当時、六甲山上で阪神が不動産貸与する神戸ゴルフ倶楽部の他、鳴尾ゴルフ倶楽部（西宮市、兵庫県川西市）などコースを備えた施設は既にあったが、阪急は駅前で練習場提供をおこなったのである。

こういった郊外生活や郊外居住の宣伝には冊子やパンフレットなどの紙媒体が用いられ、沿線観光案内や郊外生活文化を発信するものも登場する。乗車案内や駅ごとの風物などをまとめたガイドブックとして南海は『南海鉄道案内』（一八九九年）を、阪神でも『沿線名所案内』（一九〇八年）を発行した（図9）。さらに阪神は『市外居住のすすめ』（同年）を、阪急は開業前年に『住宅地御案内』（一九〇九年）をそれぞれ発行する。両紙は劣悪な居住環境の都市から郊外の理想的、健康的な自社沿線への移住を都市居住者などへ発信し、郊外居住という目新しいスタイルを提案するものであった。さらに郊外居住を実践したその先にある

図9　南海／沿線の宣伝冊子『南海鉄道案内』
（出典：南海鉄道『南海鉄道案内上巻』1899年）

生活様式や趣味文化を紹介する定期刊行誌として、阪急は『山容水態』（一九一三年）や『阪急美術』（一九三七年／阪急百貨店発行）などを、阪神は『郊外生活』（一九一四年）を発行している。他社でも同様の情報発信をおこなっており、鉄道会社が自社沿線の生活文化を牽引した姿勢がみてとれる。

2 戦後から高度経済成長期、安定成長期の事業展開
——沿線価値の拡充

郊外の拡大とニュータウン居住、マンション居住

戦中の陸上交通事業調整法（一九三八年）により合併した南海と近鉄、阪急と京阪は戦後にそれぞれ分離する。[*5] 付帯事業のなかには大きな収益源ながら電力管理法（一九三八年）や配電統制令（一九四一年）により手放さざるを得なかった電気供給事業や、接収により廃止した諸施設の他、トラック輸送の台頭で優位性が低下した鉄道貨物事業など消失したものがあるものの、多くは戦後も継承した。

戦後の住宅不足は戦争被害の大きかった都市部がとくに深刻で、住宅需要に対して供給が追い付かない状況であった。そのようななか鉄道会社は自社沿線での住宅・住宅地事業によって沿線人口の増加を図り本業の経営を安定的にするという近代期同様のビジネスモデルを継承し、沿線間で居住者獲得競争を再開する。当初は沿線の社有地などを活用して極小規模の住宅分譲を開始するが、住宅金融公庫（一九五〇年）、公営住宅法（一九五一年）、日本住宅公団（一九五五年／以下、公団）といった国の住宅政策が動き出すと、鉄道会社もそれに呼応した事業に取り組み始めた。

住宅金融公庫の当初の融資対象は公的住宅建設が主であったが、計画建売住宅貸付制度（一九五四年）で

は民間に門戸を開いた。これは事業主体が公庫に建設事業計画の承認を受け、その住宅購入者に対して公庫が購入資金を直接貸し付けるものであった。当初この事業主体に公益性や組織体制、供給能力、信用度を鑑み鉄道会社が民間では唯一含まれたため、全国的に鉄道会社が住宅地開発に取り組むことになり、公庫融資付き物件として阪急が茨木三島公園住宅地（一九五四年／大阪府茨木市）を、近鉄が城山住宅地（一九五五年／大阪府羽曳野《はびきの》市）を販売する（図10）。また、国内でのテレビ放送開始（一九五三年）の折、特急電車でテレビカー（一九五四年）を運行した京阪は、沿線企業であるナショナル[*6]のテレビ付き御殿山住宅（一九五六年／枚方市）を、ひらかたパークで好評を得た大バラ園にちなみバラ園付き枚方鉄筋住宅（一九五七年／同市）をそれぞれ販売するなど、沿線ならではの差別化した商品提供をおこなっている。この時期の住宅地開発は数戸から数十戸の比較的小規模な単位がほとんどであった。

図10　近鉄／同社初の公庫住宅「城山住宅地」
（出典：近鉄不動産『近鉄不動産創業二十周年記念誌』1988年）

　近代期の住宅・住宅地事業は、造成の容易な沿線農地の転用などに始まるが、高度経済成長期以降の地価高騰やまとまった規模の建設適地の減少などにより開発地はより遠隔地へと広がり、市街地と連担する山麓の緩斜面やさらに分け入った丘陵地が新たな適地となった。そこでの建設は用地を取得しやすい一方、土地造成やインフラ整備などの費用が嵩むことになるが、鉄道会社は不動産市場の拡大を見越し都市の後背地で大規模なニュータウン開発を進め、それら新たな郊外に大量の沿線居住者を獲得していく。近鉄は他社に先行して戦後復興期に学園前（一九五〇年／奈良市）の開発を始め、それを皮切りに百楽園（一九五九年／同市）や登美ケ丘《とみがおか》（一九六〇年／同市）など奈良市から生駒市にかけた丘陵地帯で開発を展開する（図11）。高度経済成長期に入り公団香里団地（一九五八年／枚方市）や大阪府開発の千里ニュータウン（一九六二年／吹田市、豊中市）といった公的大規模事業が相次いで進められ、また、住宅地開発に関する法整備がされていくと、他社も積極的にニュータウン建設へ乗り出していった。

　このようなニュータウン開発は、鉄道会社グループとしての総合力を必要とした。開発当初の一過性の収益事業には土地造成や建物に関する建設事業、住宅・住宅地分譲に関する不動産事業があり、継続的な収益事業には鉄道事業はもちろん、自社駅と住宅地間の移動需要を賄うバス・タクシー事業、自社の小売店舗やショッピングセンターを設置した場合の流通事業やそれら土地建物の賃貸管理に関する不動産事業などがあった。企業グループの強みを活かして複数の事業部門で関与しグループとして収益を上げられるものにしたのである。一方、これらのニュータウンは世帯類型の近似する居住者層が同時期に一定数入居したことで生じるいわゆるオールドニュータウンの課題を後世に抱えることになった。

図11　近鉄／学園前開発の先鋒「学園前南住宅地」
（出典：近鉄不動産『近鉄不動産創業二十周年記念誌』1988年）

　さらに自社開発だけでなく、公営住宅や公団住宅、企業の社宅などを誘致して沿線居住者を獲得する戦略もみられる。例えば京阪は戦中、軍需工場労働者用の住宅供給を目的とした住宅営団が自社沿線で用地調達する意向に呼応してそのための土地取得に動き、また、利用が低迷する京阪グラウンドを閉鎖して営団に売却した経験をもっていた。これと同様に公営住宅法施行前後から京都府や大阪府に府営住宅用地として、公団発足後には公団住宅用地として沿線で取得した土地を売却するなど、各社が団地誘致に積極的な姿勢をみせるのであった。

区分所有法（一九六二年）によりマンションの位置付けが明確となり、高級マンションを中心とするマンションブーム（一九六三〜六四年）が起こるが、それが収束すると都市圏では一般を対象とした第二次マンションブーム（一九六八〜六九年）が続いた。阪神の六甲山における別荘型マンション分譲（一九六七〜七二年）は好評を得るが、国立公園である六甲山上が都市計画法の市街化調整区域に指定され新規建設ができなくなると沿線でのマンション建設にシフトする（図12）。阪急は沿線地域の急速な地価高騰により戸建住宅事業に代わるものとして公庫融資付きマンション供給を始め、大阪万博（一九七〇年）の輸送拠点として南茨木駅を新設（同年）した際には田園地帯であった駅予定地一帯で高層団地の南茨木ハイタウン（一九六九年／茨木市）を建設した。マンションが居住スタイルの選択肢のひとつとして一般に受け入れられていくとともに他社もこの新たな住宅供給手段に参入していき、その副産物として分譲後のマンション管理という付帯事業が加わることになったのである。

図12　阪神／六甲山上の分譲マンション
（出典：阪神不動産『阪神不動産のあゆみ』1992年）

住宅市場の拡大にあわせ鉄道会社は住宅に関する情報発信や拠点開設を進める。阪神は公庫発足年に住宅金融公庫融資住宅相談所（一九五〇年／大阪市、神戸市）を、阪急は住宅全般の情報拠点として阪急住宅センター（一九五九年／梅田駅）を開設する。開発地での住宅展示会として近鉄は「楽しい生活と住宅博覧会」（一九五六年／学園前住宅地他）や「近鉄モダン・ハウジング・フエア」（一九六〇年／登美ヶ丘住宅地）を開催し、展示場の常設施設として南海の中モズ総合住宅展示場（一九七二年／堺市）や京阪の京阪三条住宅展示場

（同年／京都市）が登場するなど、住宅市場の活況とともに鉄道会社それぞれが沿線居住者獲得のため消費者への直接的な訴求を強めていったのである。

こういった不動産事業の展開に際し、鉄道事業本社直営から専門会社経営への移行がみられる。近鉄は土地会社に資本参加（一九四六年）し、後に商号変更して近鉄不動産（一九五三年／初代）を誕生させた。阪急は戦後発生した社有地の不法占拠対策として不動産会社（一九四七年）を、これとは別に住宅事業やビル事業を賄う阪急不動産（一九五二年／初代）を設立した。阪神でも阪神ビルディング（一九五一年）と阪神不動産（一九六〇年／初代）を発足させている。ここに登場した会社はそれぞれ変遷を辿り、今日の近鉄不動産や阪急阪神不動産につながっていくのである。

公庫の計画建売住宅貸付（前述）は自社沿線に限られていたが、一九六〇年にその制限がなくなったことで各社は沿線外への進出を始める。とくに阪神の路線は臨海部の既成市街地を経路としていたことでそもそも開発余地が少なかったため、自社線西端の神戸市より以西へも進出し、京阪はびわ湖ローズタウン（一九七四年／大津市）といった大規模ニュータウンを沿線外に建設した。このように他社沿線の他、関東圏や地方都市でも住宅地や別荘地、マンション、オフィスビルの供給を始めていくが、これらはいずれも鉄道会社グループとしてのブランド性を活かす面はもちつつも必ずしも沿線居住者を増やすことには結び付かず、不動産会社としての自立性により展開した側面が強いものであった。

郊外駅の駅前経営・高架下経営

近代期、京阪が千里山や枚方といった郊外で京阪デパートを経営した事例はあるものの、当時の鉄道会社による流通事業は都心ターミナルが中心であった。

戦後になると鉄道会社では駅周辺に遊休地が発生し始める。その理由には変電所や小規模車庫の統廃合、鉄道貨物事業の廃止、駅施設の更新、立体交差化による高架下空間の発生などがあった。各社ともその活用策として駅ビルの建設などをおこない、その駅前空間を用いた沿線生活者向けの流通事業や不動産賃貸事業を始めている。すなわちこれは都心ターミナル経営の郊外駅版的展開であり、都心同様、郊外でも駅がその地域の都市構造をも変化させるものへと成長し駅の集客性が高まったことで、鉄道会社は郊外の駅前空間に着目していく。沿線の居住人口増大とともに、鉄道会社による付帯事業が沿線生活者により近い場所で展開し始めたのであった。その初期事例として、近鉄は公団と共同で商業施設と住宅施設との複合ビルである小阪近鉄ビル（一九六一～六二年／河内小阪駅／東大阪市）と西大寺近鉄ビル（一九六七～七一年／大和西大寺駅／奈良市）を建設する（図13）。これらは鉄道車庫跡地を転用したものであった。この後に大和西大寺駅では流通大手のグループ会社と共同で複合商業施設の奈良ファミリー（一九七二年／現・ならファミリー）を駅近傍地に建設し、阿部野橋駅、上本町駅（ともに大阪市）の都心型店舗に次ぐ直営三店舗目の近鉄百貨店奈良店を開業した。また、河内小阪駅では立体交差化に伴い高架下商業施設レッド小阪（一九七八年）を開設するなど、それぞれ駅前機能を拡充していった。

こうした商業施設展開の形態には、店舗区画単位の賃貸しの他、ショッピングセンターや飲食店街といった一体型施設の供給、自社のスーパーマーケットや郊外型百貨店の出店があった。さらにその経営手法は鉄道事業本社直営やグループ会社経営、他事業者との業務提携、業務委託、不動産

図13　近鉄／車庫跡地を活用した「小阪近鉄ビル」

図14　阪神／立体交差化に伴い整備した野田駅の高架下商業施設
（出典：阪神電気鉄道『阪神電気鉄道百年史』2005年）

貸与などひとつに留まるものではなかった。戦後の鉄道需要の高まりと駅周辺の急速な市街化に伴い、鉄道会社は保有する遊休地などを利用して郊外駅で生活サービス提供を始めたのであった。また、郊外の駅前一帯はこのような流通事業や外食事業、不動産賃貸事業の他、住宅・住宅地事業、鉄道とバスやタクシーとを乗り継ぐ旅客事業など、鉄道会社グループとしての幅広い事業展開の場となった。本業の鉄道事業や都心ターミナル関連事業、観光レクリエーション事業とは別の収益源として〝駅前経営〟ともいえる事業展開に尽力していったのである。

　また、鉄道会社ならではの駅前核形成の一形態として鉄道高架線の下部空間利用があり、それは〝高架下経営〟といえるものである。都市交通機能や都市基盤の改善のため、市街地の分断要素である鉄道線を立体交差化するために高架線は建設されるが、近代期は改善要求の高い都心で建設することがほとんどであった。当初の高架下空間は、柱梁といった高架構造物による利用上の制約や騒音、振動、雨漏りといった難点のため、その賃貸用途は工場や倉庫、事務所が多く商業施設には不向きとされ、高架下の一体的な商業利用は阪急の梅田駅や三宮駅（神戸市）、南海の難波駅といった都心ターミナルにほぼ限られていた。[*7] しかし戦後はモータリゼーションの到来などにより立体交差化の社会的要求が増して都心以外でも高架化するようになり、高架構造物の建設技術も向上すると、高架下利用の様相も変化をみせる。阪神は主要駅で高架化を進めるが野田駅（一九六二年高架化／大阪市）では自社スーパーマーケットのグリーンストアの他、銀行や証券会社の支店などを入居させ、機械金属工具関係の問屋街も開設している（図14）。当時、阪神本社直営の不動産賃貸事業はこれら高架下利用に重点を置いたという。[*8] 立体交差化推進に向けた建設省と運輸省（ともに当時）の協定締結（一九六九年）[*9]を機にそれまで以上に都市部で立体交差化が進み駅高架下の活用をおこなうが、このうち南海はショップ南海（一九七四年）[*10]、京阪はエル（一九七九年）の共通ブランド名をそれぞれ冠したショッピングセンターを複数駅で展開していった。立体交差化に伴う副産物であり新たな土地取得を要さない高架下空間において、鉄道会社はそれまでのガード下といった低劣な印象を払拭させ、駅前という立地上の優位性を活かした商業利用を積極的に展開するのであった。

沿線での流通事業参入は既存地元商業者の経営を圧迫し軋轢が生じるためにデリケートな対応を必要とし、なかには地元商業者との共同事業として始めたものもある。百貨店法の適用対象を拡大させた大規模小売店舗法（一九七三年）による大手資本への出店抑制もおこなわれるようになった。一方、郊外でのニュータウン開発は人家の少ない土地を種地とするため、新たな居住者集団を賄う購買環境がそもそも整っておらず地元商業者との調整の必要性も薄いことから、大規模ニュータウン開発では鉄道会社自ら商業施設を経営する事例がみられるようになる。近鉄は学園前駅一帯で分譲地を順次拡大していったが、この進捗にあわせ駅前に学園前ショッピングセンター（一九六〇年／現・パラディ）を開設する。同時にスーパーマーケットの近鉄ストア（後の近商ストア、現・スーパーマーケットＫＩＮＳＨＯ）を初出店し、その

図15　近鉄／学園前駅の駅前商業核「学園前ショッピングセンター」
（出典：近鉄不動産『近鉄不動産創業二十周年記念誌』1988年）

後はニュータウンの拡大とともに同施設の拡充と更新を繰り返していった（図15）。京阪はくずはローズタウン（一九六八年／公団と共同開発／枚方市、京都府八幡《やわた》市）の建設に際して移設高架化した樟葉《くずは》駅の駅前に、百貨店と二つのスーパーマーケット、六〇の専門店などで構成するくずはモール街（一九七二年／現・ＫＵＺＵＨＡ ＭＡＬＬ）を開設する。駅ビルや高架下では京阪くずは体育文化センター（一九七一年）や京阪デパートくずは店（同年）、飲食店街のふるさとの味のれん街（一九七五年）といった施設も経営するなど大規模な駅前核を形成していった。

図16　阪急／先進的にセルフ方式を導入した阪急百貨店「フードセンター」
（出典：阪急百貨店『株式会社阪急百貨店25年史』1976年）

郊外生活を豊かにするサービスの投入

米国で発達したセルフ販売方式のチェーンストアであるスーパーマーケットは大量生産、大量消費時代とともに国内に到来し、最寄り品の商業環境と消費者の購買行動に大変革をおよぼす。関西でもダイエーなど新興の流通事業者が登場する環境のなか、鉄道会社も沿線経営のメニューにこれを加えていった。その前段階として阪急百貨店は梅田駅の本店地階食料品売場の拡充に際してセルフ方式を試行（一九五〇年）し、それをフードセンター（同年）として新装する際に全国に先駆けセルフ方式を本格導入する（図16）。京阪は戦中の京阪デパート解散により途絶えた流通部門の再興を目指し、対面販売方式ながら国内で初めてスーパーマーケットを店名にした京阪スーパーマーケット（一九五二年／京橋駅／大阪市）を都心に開店し、郊外型の二号店（一九六一年／牧野駅／枚方市）はセルフ方式とした。当時の社内報で「スーパーマーケットは今後大きく成長して、ターミナルデパートにとっても脅威となろう」「電鉄会社の兼業部門に格好のものといえよう」と記している。[*11] この他、近鉄は近鉄ストアを、阪急は阪急百貨店のグループ会社としてオアシス（一九六一年）などを、阪神は本社と阪神百貨店との共同出資によりグリーンストア（一九六二年）を、南海は鉄道系百貨店のグループ会社と提携して南海西友（一九七五年）を展開したのであった[*12]（図17）。

　近代期の都心ターミナルでは食堂や喫茶、売店などの店舗経営が始まったが、戦後も飲食店や小売店を駅の付帯事業とする傾向は強まる。鉄道駅の定番施設としてキヨスクなどと呼ばれるホーム上の小型売店や駅そばが普及するのに伴い、五社でも駅売店の拡充や南海そば（一九六六年）、阪急そば（一九六七年）[*13]といった

図17　阪神／公団住宅にも出店した「グリーンストア」
（出典：阪神百貨店『成長へ向けて 阪神百貨店30年のあゆみ』1988年）

店舗を主要駅に設置していくが、これらは駅改札内を基本としており鉄道利用客へのサービスが主眼であった。一方、改札外では自社ビルや高架下での商業施設経営（前述）がおこなわれるが、それらを構成するテナントとして自社経営店舗を出店するようになる。これらの業種は小売、外食、サービス分野など幅広く、有名店のフランチャイジーもあらわれ、一部には沿線外での出店もおこなわれた。スーパーマーケット同様、沿線生活者の消費行動を直接収益化するものであり、景気の動向に左右されやすく事業の参入と退出、規模の拡縮、流行や消費者ニーズに合わせた業種業態の変遷を遂げつつ、駅前経営メニューを多彩にしていったのである。

　余暇や健康増進のための身近なスポーツ施設は近代期にも散見されたが、戦後、沿線人口やスポーツ人口の増加とともにそれらはさらに広がりをみせる。一九五〇年代にゴルフが一般化し始め全国でゴルフコース建設が進

められると、その練習場として南海は中百舌鳥総合運動場に中モズゴルフ練習場（一九五二年）や中モズミニゴルフ場（一九七三年）を、近鉄は花園ラグビー場の隣接地に花園ゴルフ練習場（一九五三年）を開設した（図18）。この他、テニスコートやスイミングスクール、スポーツクラブ、フィットネスなど、折々のブームやニーズに即した分野へも参画していくのであった。しかし老朽化や陳腐化する既存施設の更新に多額の投資が必要となる一方、生活様式の多様化や健康志向の高まりに伴って他事業者の参入が相次ぐ状況にあって、鉄道会社による経営は後の低成長期に縮小することになる。

図18　南海／「中モズゴルフ練習場」
（出典：南海電気鉄道『南海70年のあゆみ』1957年）

また、紙媒体による沿線の情報提供は戦後も引き継がれた。阪急に事例をみると、月刊の情報誌として阪急沿線（一九四九年）を、文化興行分野に強みをもつことから映画や演劇に特化した情報誌としてＨＯＴ《ホット》（一九五四年）をそれぞれ発行する。この二紙を統合させたものが、現在も続く沿線情報誌ＴＯＫＫ《トック》（一九七二年）である。人々の往来が集中する駅を利用して配布する沿線情報誌は、沿線生活者にダイレクトに情報提供するものであり、その掲載内容は沿線生活者により根差したものへと広がっていった。新たな情報発信手段としてインターネットが普及した現在も、そのタイトルや紙面構成に変遷を加えながら五社全てで発行を継続している。

既存事業の拡充、新興分野への進出

高度経済成長期に都市圏人口が増加の一途を辿ると鉄道事業の旅客需要も激増したため、輸送力の増強とそれを可能にする鉄道施設の機能強化が求められた。とくに要である都心ターミナル駅は近代期の設備のままでにはその要求に応えられず、抜本的な改良の必要性に迫られる。この状況にあわせ当時の景気拡大を付帯事業によって収益化したい鉄道会社は、都心ターミナルにおける既存の流通事業やオフィスビル事業などの増強、都市型ホテルといった新規事業への参入、さらにこれら付帯事業や駅改良に必要な不動産事業の拡充を実行し、都心ターミナル経営への注力を強めていった。京阪は都心延伸（天満橋駅～淀屋橋駅間／ともに大阪市）に際して移設した天満橋駅（一九六三年移設）に松坂屋百貨店を核店舗とする京阪ビルディング（一九六六年）を、旧駅舎跡にオフィスビルのOMMビル（一九六九年）を建設する。天満橋駅～野江駅間の高架新線化に伴い移設した京橋駅（一九六九年移設）では京阪ショッピングモール（一九七〇年／現・京阪モール）などの商業集積を形成した。阪急は梅田駅の拡張移転（一九六七～七三年）に伴って一帯の様相が変わるほど広範囲の用地買収をおこない、巨大な高架新駅舎の他、商業施設の阪急三番街（一九六九～七一年）や阪急ターミナルビル（一九七二年）などを建設し、周りの自社施設群を含めた広大な阪急経営エリアを誕生させている。同様に南海は難波駅の高架下商業施設としてなんばCITY（一九七八～八〇年）を建設し、近鉄は上本町駅や阿部野橋駅、阪神は梅田駅の強化を図るなど、五社は大型百貨店、専門店街、飲食店街、映画館、劇場、都市型ホテル、オフィスといった機能が複合的に集積する都心ターミナルを形成していくのであった。

高度経済成長期になると都市圏人口は拡大するが、増加したその多くは都市部で就労するサラリーマン層の核家族である。それら新興の居住者層は、日曜祝日が休暇日といった週を周期とする固定的な働き方が標準であり、定期的に訪れる休日における家族や個人の過ごし方が家庭生活で比重を高めていった。鉄道会社はそれら沿線生活者の余暇活動の受け皿として郊外レクリエーション事業の増強や新規開拓を進め、輸送力に余力のある休日の鉄道旅客や付帯事業収益の獲得を図っていく。近代期に始めた遊園地事業やプロ野球といったスポーツ興行は活況を呈する。遊園地ではジェットコースターなど当時最新鋭の遊戯施設を取り入れ、臨海部開発や水質汚濁により相次いだ海水浴場閉鎖の代替としてプールを設置し、ボウリング場、スケート場といった当時の流行に応える施設を拡充するなど競い合った。また、自社沿線の目玉となるような観光レクリエーション拠点を展開する動きもみられる。南海は堺市臨海部の工業化が進捗するのに伴い、それまでの大浜公園や浜寺公園といった都心近傍地から、みさき（岬町）、友ヶ島（和歌山県和歌山市）など大阪湾南端の景勝地へと事業をシフトさせていく（図19）。この他、阪神は甲子園や六甲山、阪急は宝塚、京阪は比叡山、近鉄は奈良や生駒山など、新たな開発地を含め観光レクリエーション拠点をさらに拡充していった。なかでも長大な沿線を従える近鉄は、三重県の志摩・賢島《かしこじま》、湯の山・御在《ござい》所《しょ》、鳥羽などで観光事業を展開していく。これらでは旅館やホテル、ゴルフコース、テニスコート、遊戯場など、自社ブランドの総合リゾートとして集中的な事業展開をおこなうのであった。

　戦後、時代の潮流のなかで新たな産業分野が国内に登場し始めると、多方面からの参入が繰り広げられた。多角化する鉄道会社でも、既存事業と親和性の高い分野を中心にそれら新興事業を自社の事業体系のなかに組み入れていった。グループカードやケーブルテレビ（以下、CATV）などはまさにそれであり、関東大手の東急グループでも〝三C戦略〟としてカード（Card）事業、CATV事業、文化（Culture）事業を一九八〇年代に事業化している。

　グループカード事業の端緒はクレジットカードである。一九六〇年に国内初のクレジットカード会社が登

図19　南海／高度経済成長期開園の遊園地「みさき公園」
（出典：南海電気鉄道『南海70年のあゆみ』1957年）

場したことで、米国で生まれたカード文化が到来する。所得水準が上がり新三種の神器[*14]といった耐久消費財の需要が増すなど、消費の多様化、商品単価の高額化によりクレジットカード普及の素地が整うと、銀行業界はカード会社を設立し、小売業界も決済手段として導入を進めていった。鉄道会社もカード発行に動くが、それらは百貨店事業やホテル事業を入口としており、それぞれの個別事業における顧客への新サービス提供や顧客情報の管理、固定客づくりが目的であった。阪急百貨店は外商顧客に対し従来のチケットによる掛売制度に代えて阪急クレジットカード（一九六六年）の発行を始める（図20）。決済では銀行主催カードなどの取り扱いを順次開始し、一般顧客向けの阪急すみれカード（一九七八年）も発行しており、同様に阪神百貨店や京阪百貨店、南海でもクレジットカード事業を展開した。近鉄もホテル部門、旅行部門、百貨店部門それぞれがカード事業に参入する状況になるが、顧客の囲い込みは各部門の域を超えず効率的なマーケティングにはつながらなかったため、グループ一四五社の共通カードとしてＫＩＰＳ《キップス》カード（一九八四年）を発行する。阪急でも同様にグループ内で個別カードが登場し始めたため、阪急東宝グループ（後述）八社の共同出資でカード会社を設立しペルソナカード（一九八六年）を発行した。このように消費者との接点が多い鉄道会社グループの強みを活かし、部門別のクレジットカード事業からグループカード事業へと進化させたのである。[*15]グループカードには、グループ各社の割引や優待が受けられるなど、グループを横断したサービスが盛り込まれたため、その鉄道会社グループの店舗やサービスの提供密度が濃いエリアを生活圏とするほど、消費者にとっては利用価値の高いアイテムとなった。鉄道会社グループと物理的に近しい距離関係にある沿線生活者を、グループ経営の範疇に囲

図20 阪急／百貨店発行の「阪急クレジットカード」
（出典：阪急百貨店『株式会社阪急百貨店50年史』1998年）

い込むツールとなったのである。

ＣＡＴＶ事業はテレビ放送開始の二年後（一九五五年）に難視聴地域対策として国内で始まる。黎明期は既存放送事業者の既得権や所管官庁の規制といった参入障壁の多い事業であったが、都市部で多チャンネルを提供する都市型ＣＡＴＶ事業を国が容認すると、一九八七年以降、鉄道会社を含む大手企業などが相次いで本放送を始めた。ＣＡＴＶ事業者がケーブル線を市中に敷設するには、電気事業者や電気通信事業者の電柱を利用する経費などを伴うが、鉄道会社は自社鉄道線にケーブル網の一部を敷設できるためコスト軽減を図れ、また、沿線には事業展開に効率的なまとまった単位の住宅地が存在し、さらに自社グループの広告を主力ターゲットである沿線生活者へダイレクトに情報発信する媒体としての有用性もあった。五社のなかで最も早くこの事業に着目したのは近鉄で、通産省（当時）のモデルタウンとして自社の東生駒ニュータウン（生駒市）が採用され実験放送を開始（一九七八年）したことに始まる。専門会社を設立して奈良市西部と生駒市をサービスエリアとした関西初の都市型ＣＡＴＶの本放送を開始（一九八八年）し、その後は放送エリアの拡大や通信サービスの付加をおこない、後に始める沿線生活支援サービス（後述）の通信媒体としても応用した。その他、阪神は阪神間や兵庫県姫路市で、京阪は自社沿線の枚方市や八幡市で事業参入している。[*16]

近代期、大阪から神戸にかけた一帯では後世に阪神間モダニズムと呼ばれることになる郊外生活文化が興るが、この地域文化形成に鉄道会社は大きな功績を果たしており、その役割を戦後も継承する。企業博物館には、関係者個人や当該企業による美術品などの収集物、受贈物の収蔵、公開、研究などを目的とするものと、企業活動の記録保全、営業、広報などを目的とするものとに大別される。前者として阪急にはグループ創設者小林一三《いちぞう》の旧邸に開設した逸翁《いつおう》美術館（一九五七年／池田市）がある。後に美術館は近傍地に新築移転するが、旧邸は国登録有形文化財となり小林一三記念館（二〇一〇年）として邸宅そのものも文化資源としている。同様に近鉄には大和文華館《やまとぶんか》（一九六〇年／奈良市）や、近鉄中興の祖である佐伯勇の旧邸跡地に建設した松伯《しょうはく》美術館（一九九四年／同市）がある。[*17] 両社とも創業路線沿線に施設を構え沿線文化に寄与しており、とくに近鉄は古都奈良がテリトリーのため奈良に関する文化活動に積極的であった。一方、後者として阪急には宝塚新温泉の図書室（一九一五年）を起源とし、鉄道事業本社や宝塚歌劇の資料を中心に収蔵する池田文庫（一九四九年／池田市）がある。また、阪神には近代建築である甲子園球場施設内に開設した自社プロ野球球団に関する阪神タイガース史料館（一九八五年）があり、その後、近代期創始の中等学校野球（現・高校野球）を含めた野球文化を集録する甲子園歴史館（二〇一〇年）へと発展させている。

沿線に囚われない展開

自社沿線テリトリーの獲得を目指して新線建設や他社線のグループ化に奔走した近代期に対し、戦後には収益性の見込める都市近郊の鉄道空白地は僅かとなっていた。都心延伸や公的ニュータウン開発関連を除けば新線建設は数えるほどで、中小私鉄のグループ参入[*18]が一段落すると各社の沿線テリトリーはほぼ固定化した。近代期に鉄道会社が付帯事業を始めた目的は、自社沿線における各種事業の展開によって本業である鉄道事業収益を補完するところにあった。一方、戦後は公共料金としての性質から運賃は国策により抑制され、この旅客収益の伸び悩みを補完し鉄道会社グループ全体として収益性を確保するため、付帯事業それぞれが経営の安定や成長を図ることが求められた。効率性、分業性、専門性、自立性を高めるため、事業の分社化、他資本事業者の吸収合併やグループ化といった手法を取りながら、鉄道会社グループとして事業分野の拡大をおこなっていく。このように付帯事業は、本業である鉄道事業を支えるための存在から、グループとしての安定的収益源の一角として位置付けられるように変化したのである。その結果、企業グループとしての強みを活かす部門間の横のつながりとともに、独立した事業としての縦の志向が強まるが、このことは企業活動のフィールドが鉄道事業収益に直結する自社沿線テリトリーであることの必要性を薄めることに結び付き、沿線外への進出が加速することになった。その進出先には他社沿線の他、関東圏や地方都市、さらには海外に至るものもみられた。とくに不動産事業（分譲マンション、オフィスビル）や流通事業、都市型ホテル事業などは施設単体として広域展開しやすい面をもち、貨物輸送（トラック、航空便など）や旅行業はそもそも沿線事業の範疇には収まりにくいものであった。

東京進出や全国展開への志向は、とくに近鉄と阪急に強くみられる。両社は関東大手の東急などと同様に経営規模が大きく[19]、企業としてのブランド力を伴って広範囲に展開していった。グループ会社のなかにはそれぞれの事業分野において国内有数の企業にまで成長したものも少なくない。近鉄は現有路線が大阪都市圏から名古屋都市圏に至る二府三県をまたぎ、ＪＲを除くと国内最長の路線距離を擁するほど広域で、グループ傘下には全国視野に事業展開する有力企業を多数抱える。このうち都ホテルは京都で経営する他資本事業者であったが、近鉄はこのグループ化（一九五一年）により都市型ホテル事業の全国展開に乗り出した。また、百貨店事業では京阪枚方市駅やＪＲ和歌山駅といった他社線の他、大分、山口、岐阜、東京などでそれぞれ個別の事業会社により近鉄百貨店ブランドを展開した。一方、阪急はそれぞれが企業グループを従える阪急電鉄、阪急百貨店、東宝の中核企業三社によって阪急東宝グループを形成する二重構造となっている[20]。このうち映画、演劇、不動産を事業の柱とする東宝（一九四三年）は、東京宝塚劇場（一九三二年）と東宝映画（一九三七年）を源流として近代期に東京で発祥した在京企業であり、グループとして映画館経営を全国展開するなど、鉄道業界の関連企業としては特異な存在である。また、阪急電鉄から戦後に分社化した阪急百貨店（一九四七年）は、阪急東宝グループの流通部門を担う傍ら独立直後から東京進出に動いて百貨店三店舗を開業し、さらにグループとして都市型ホテル経営もおこなうなど阪急ブランドの関東圏定着に尽力した（図21）。阪急はこの三グループが沿線においてシナジー効果を発揮するも、それぞれ連結決算の対象ではなく、阪急百貨店と東宝は鉄道事業収益を補完する立ち位置にないのが特徴的である。このような各々の背景のもと、市場規模の大きい東京や主要都市などで、各分野の専門会社としての自立性をもって事業進出をおこなったのであった。

高度経済成長期は所得も増進し、国鉄在来線の特急網や航空機、長距離バス、自家用車といった移動手段の選択肢が増え、さらに新幹線、高速道路、空港といった交通インフラの充実に伴い、人々の沿線に留まらない、より郊外へ、より地方へという観光熱が沸き起こった。鉄道会社はこれを収益源と捉えて地方を新たな経営地とし、当該地の観光事業者や交通事業者のグループ化といった進出策も取りつつ、投機ブームや別荘地ブームを背景に観光開発や別荘地経営に手を拡げていく。しかし、なかにはオイルショックに伴い縮小や頓挫した計画もあり、これら沿線外での観光事業は後に取り組まれる事業再編の過程でその多くを清算することになる。

こういった沿線外進出はその後のバブル期にもみられる。一九八〇年代後半に景気拡大局面を迎え、地価や株価は実体経済とかけ離れて高騰し、国内はこのバブル景気に沸いた。鉄道会社もこうした潮流のなか、住宅地、ビル、ホテル、ゴルフ場といった不動産開発など、積極投資を伴う事業を沿線内外でおこなうのであった。

図21　阪急／東京初進出の「阪急百貨店東京大井店」
（出典：阪急百貨店『株式会社阪急百貨店50年史』1998年）

3 低成長期の事業展開――沿線価値の再構築

経営環境の変貌と事業再編・グループ再編

一九九〇年代前半のバブル崩壊を潮目に国内経済が低成長局面に転換したことで鉄道会社も厳しい経営環境に直面し、鉄道事業本社における鉄軌道事業[*21]の輸送人員は一九九一年度を、同営業収益は一九九六年度をピークに減少に陥る。バブル期の過剰投資は負債として圧し掛かり、阪神・淡路大震災ではとくに阪神と阪急は甚大な被害を受け、さらにアジア通貨危機やＩＴバブルの崩壊、リーマン・ショックなど未曾有の事態が立て続けに起こった。デフレ経済は長引き、少子高齢化、総人口や都市圏人口の減少で沿線活力の低下もみられるようになる。また、国鉄の分割民営化で誕生したＪＲ西日本（一九八七年）は、五社と競合する京阪神エリアの在来線で劣勢だった旅客サービスの強化を図り、付帯事業でも私鉄同様に多角的に展開して企業グループを形成し、五社にとっても脅威の存在となった。近年、大阪市営地下鉄と同市バスも民営化で大阪メトログループ（二〇一八年）となり今後の動向が注目される。しかも五社の競合相手はこれら鉄道会社に留まらず、多角経営する分野それぞれの専門会社との経営競争は必至である。一方で好転の兆しも起こり、インバウンド需要の増大の他、都市再生特別措置法（後述）に伴う都心での大型プロジェクトや、都心、駅前でのタワーマンション建設など都市再生への期待も高まった。このように激変する社会経済情勢や経営環境のなか、五社は経営スタンスを変化させていく。数次におよび経営計画を策定し、経営体制やグループ構成の再編、事業の選択と経営資源の集中といった抜本的な改革を実行した。その過程で純粋持株会社体制への移行[*22]や、直接的競合関係にあった阪急と阪神のグループ化（二〇〇六年／阪急阪神ホールディングス（以下、阪急阪神ＨＤ）グループ）といった激変を起こすなど奔走するのであった。

事業再編では不採算事業からの撤退が進められ、赤字経営であった遊園地事業、プロ野球といったスポーツ興行やその会場となる競技場経営はその多くが廃止対象となる。これらに供していた保有不動産は大規模で、その跡地を沿線資源としてそれぞれの立地や規模を活かした事業転換を図っていった。都心ターミナルの事例として南海は難波駅前の大阪球場（一九五〇年）跡地を更新して〝未来都市なにわ新都〟をコンセプトとした大型複合施設なんばパークス（二〇〇三〜〇七年）とし、既存施設とあわせ自社経営エリアを充実させる。郊外では大規模小売店舗立地法（一九九八年）に伴い大型店の出店規制が緩和されると、都市辺縁部などでショッピングモールといった大型商業施設が次々と進出し、駅前を始めとする中心市街地の求心力低下が危惧されるようになる。この状況のなか郊外駅における新たな商業核形成の活用策として、阪急は西宮スタジアムと西宮球技場（一九三七年）の跡地を巨大ショッピングモールの阪急西宮ガーデンズ（二〇〇八年）などに転換した。また、総合的なまちづくりへの跡地活用もみられ、近鉄は風致地区であるあやめ池遊園地（一九二六年）跡地の環境を活かし、住宅や医療福祉施設、私立大学付属小学校・幼稚園などからなるあやめ池住宅地（二〇一〇年）とした（図22）。

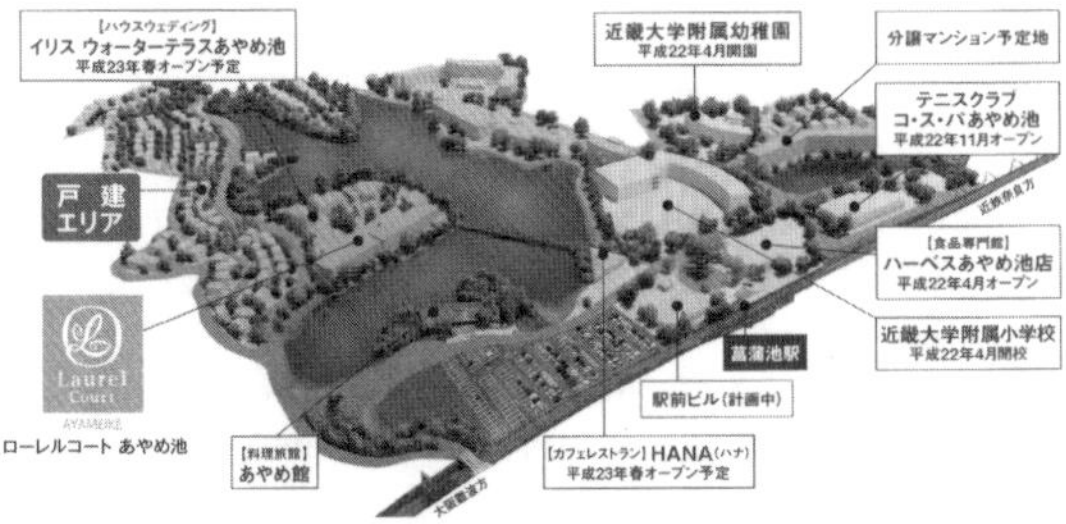

図22　近鉄／遊園地跡地の「あやめ池住宅地」（開発概要図）
（出典：近畿日本鉄道『近畿日本鉄道100年のあゆみ』2010年）

都心ターミナルの再構築とエリアマネジメント

低成長期に入っても都心ターミナルが沿線経営の要であることに違いはな

く、高度経済成長期に建設した諸施設が改修時期を迎えるようになると五社は都心ターミナルの再構築に注力する。しかし既に都心一帯はある程度の成熟に至っており、新たに不動産を取得して経営地を拡げるこれまでの開発姿勢は縮小し、既存ストックの活用や再生、他の主体との共同といった手法が大勢となっていく。

バブル崩壊など経済低迷の影響を受けつつも関東圏は成長基調に移り、東京一極集中の様相を呈する。その陰で関西経済はなかなか回復に向かわず、在阪企業の本社機能流出に象徴されるような経済基盤の低下とそれに伴うオフィス需要の低迷が起こるなか、都市再生特別措置法（二〇〇二年）が制定される。同法は社会経済情勢の急速な変化に対応する都市再生を目的とし、これに基づき容積率や高さといった建築制限を緩和する都市再生特別地区制度が創設されると、この適用を受けた再生事業が始まる。梅田一帯ではJR西日本による大阪ステーションシティ（二〇一一年／JR大阪駅）やUR都市再生機構などによるグランフロント大阪（二〇一三年／JR梅田貨物駅跡地／うめきた一期事業）の巨大プロジェクトが浮上するが、これらの計画には百貨店の新規出店や既存店の増床の他、商業施設、オフィス、都市型ホテルなどの建設が盛り込まれ、梅田のみならず大阪都心一帯の経営環境にインパクトを与えるものであった。このような情勢にあって鉄道会社でも老朽化や耐震性に課題のある保有ビルを同制度の適用による建て替えで大規模化、超高層化し、都心エリア間競争に向けた経営力強化に動くのであった。阪急はこれまで数次の増築を重ねてきた国内初のターミナル百貨店ビルである梅田阪急ビル（阪急百貨店うめだ本店）の全面建て替えを決行し、超高層の（新）梅田阪急ビル（二〇〇九～一二年）[*23]に再生する。近鉄は阿部野橋ターミナルビルの旧館部分（一九三七～三八年／近鉄百貨店阿部野本店）[*24]を超高層のあべのハルカス（二〇一三～一四年／既存部分を含む）に、南海は南海会館ビル（一九五七年／難波駅）をなんばスカイオ（二〇一八年／商業施設、オフィス、コンベンション施設）にそれぞれ更新した。阪急と阪神は統合の象徴として、大阪神ビル（一九四一年／旧称・梅田阪神ビル／阪神百貨店梅田本店）

と公道を挟んで隣接する新阪急ビル（一九六二年）との、道路上空を建築利用した一体建て替えとして大阪梅田ツインタワーズ・サウス（二〇一八～二二年竣工予定）の建設を進めている。京阪の淀屋橋駅や近鉄の上本町駅でも再整備を計画している。

また、従来の拡大ありきの成長社会から、開発から維持管理、運営までをトータルに考える成熟社会への転換が起こり、地域の環境や価値を維持向上させるエリアマネジメントの視点への要求が高まってきた。都心ターミナルの活力低下など、自社単独での課題解決が困難な状況に直面するにあたって、鉄道会社は施設単体に留まらず、経営エリア一帯の活性化やまちづくりに主体的に取り組む姿勢へ転換するようになるが、その際には共通の地域課題を抱える関係主体や行政などとの連携を強めており、その連携相手は鉄道事業や付帯事業における競合他社も含まれた。南海はなんばスカイオや駅間の高架下再整備事業なんばＥＫＩＫＡＮプロジェクト（二〇一六年）などを核として、難波駅ターミナルの圏域をより広い範囲で設定し賑わいの回遊空間を創出する〝グレーターなんば〟の創造を打ち出している。阪急と阪神はこれまで梅田においてＪＲ大阪駅を取り囲む三面を圏域としており、それは阪急による阪急大阪梅田駅・茶屋町エリア（ＪＲ大阪駅北東側）、阪神によるＪＲ大阪駅南エリア（同駅南東側）と西梅田エリア（同駅南西側）である。残る北西側の

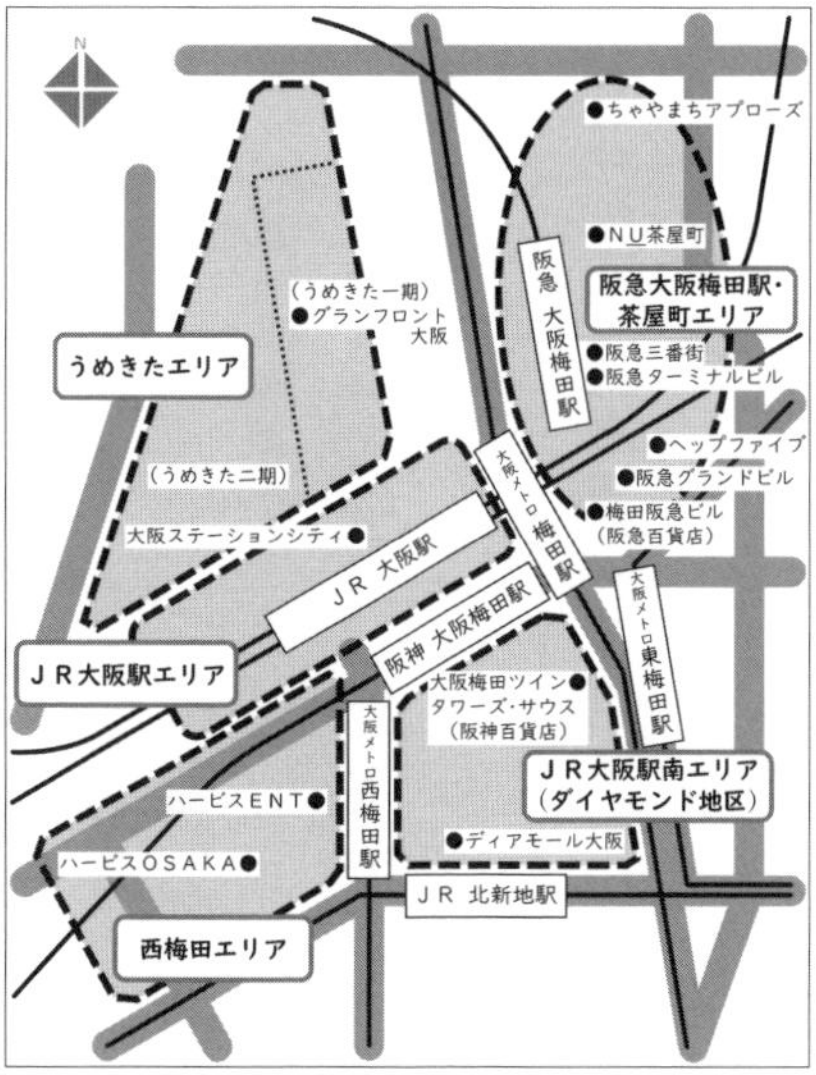

図23　阪神・阪急／両社が参画する「梅田地区エリアマネジメント実践連絡会」の活動エリア

うめきたエリアは広大なJR梅田貨物駅であったが、この跡地再整備に際して阪急は一期事業（グランフロント大阪）と二期事業（二〇二七年度竣工予定）それぞれで開発事業者の一社として参画している。また、阪急と阪神は中心のJR大阪駅エリアを含めた計五エリアを対象に、JR西日本、一般社団法人グランフロント大阪TMOとの四者で立ち上げた梅田地区エリアマネジメント実践連絡会（二〇〇九年）において先行的、実験的なエリアマネジメント活動を始めるなど、今般加わった大阪メトロ（二〇二一年）を含め、競合他社との協力関係の構築に努めている（図23）。京阪では大阪市役所といった官公署やオフィス、文化施設などが建ち並ぶ中之島エリア（淀川支流の中州）を、近鉄では大阪市との協定に基づき管理運営に携わる天王寺公園を含めた阿部野橋・天王寺エリア一帯を自社圏域として面的な活性化に取り組んでいる。

収益構造の転換、沿線外への注力

高度経済成長期のひとつの象徴であるニュータウン開発は低成長期も継続する。大規模開発のうち現在も分譲が続くものは、南海の林間田園都市（和歌山県橋本市）、近鉄の登美ヶ丘（奈良市）や花吉野ガーデンヒルズ（奈良県大淀町）、阪急の彩都《さいと》（茨木市、箕面市）や宝塚山手台（宝塚市）、京阪の京阪東ローズタウン（京都府京田辺市、八幡市）などで、これらはバブル崩壊前に構想や着手を始めた事業がほとんどで計画を縮小した地区もある。しかし地価の上昇局面において大きな利益をもたらす長期回収型の郊外開発によって沿線テリトリーを拡大させる開発志向モデルは、不動産事業の主流ではなくなった。バブル崩壊後の地価下落がとくに顕著であった関西圏では保有不動産の含み損で経営悪化を招いたため、鉄道会社は不動産部門のグループ再編とともに、小規模開発、分譲マンション、オフィスビル、都市型ホテルといった短期回収や継続的に収益が得られる分野へ事業再編を進め、インバウンド対応としてホテル経営の拡充などもおこなった。

こうした収益構造の転換に伴って沿線外への進出も加速することになる。自社沿線だけでは市場が限られるため、成長市場への経営資源投入を強め、また、投資の分散によるリスク回避を図ったのである。こういった方針は経営計画（新型コロナ禍以前の策定）にもあらわれ、阪急阪神（阪急阪神HD）は沿線事業が営業利益の約九割（二〇一六年度実績）を占めることから、〝首都圏・海外での安定的な収益基盤の構築〟[*25]を謳い、東京都心と東南アジアでの事業展開を図っている。京阪は〝「日本の京阪グループ」から「アジアの京阪グループ」に進化〟〝沿線外・海外成長市場への事業展開〟[*26]などと謳い、近鉄でも沿線事業が営業利益の約八割（二〇一八年度実績）であるため、非鉄道や沿線外の事業割合を高めることを目標に〝新規事業・事業分野の拡大〟〝事業エリアの拡大〟[*27]を謳い、海外（ベトナム、米国、台湾）、東京（都心三区）、沖縄での事業展開を図った。対照的に南海は〝沿線を主たる事業エリアとし、グループの総力を挙げて沿線価値向上に注力する〟[*28]とし、ターミナルである難波駅一帯と沿線に特化するスタンスを選択した。

駅前経営の再構築と駅ナカ

少子化、超高齢化、人口減少が国内問題として浮上したのと同時に、鉄道会社も沿線人口の減少に直面し、競合他社との沿線間競争はそのパイの縮小で激しさを増すようになった。自ら郊外で住宅地や駅前の開発を推し進め、かつ、沿線人口の減少などにより本業の旅客収益が減少局面に転じた鉄道会社にとっては、単なる住宅供給と生活利便施設整備というこれまでの事業モデルから転換し、居住者の定住と流動をともに促進することで沿線人口の維持増進と若返りを図るといった、沿線地域全体の再生への関与が欠かせないものとなる。現行の経営計画でも南海は〝沿線の「暮らす・働く・訪れる」価値を高め、沿線人口の社会増につなげる〟[*29]、近鉄は〝沿線の「磁力」強化〟〝新たな「暮らし」「働き」「遊び」のプラットフォームを創る〟[*30]、阪急

図24　南海・阪神・京阪／当初は三社共同事業として登場した「アンスリー」

阪神（阪急阪神ＨＤ）は〝深める沿線〟〝「えき」を中心とした「まちづくり」を推進[*31]〟、京阪は〝沿線再耕〟〝えきから始まるまちづくり[*32]〟と謳っている。沿線価値の再構築策は駅前機能の強化にあらわれ、鉄道会社は駅の優位性を収益源とするため商業利用への注力を高めていく。それまで改札内は売店や駅そばといった男性サラリーマンを想定したサービスが中心であったが、幅広い客層に対応したリテール事業の展開を始める。とくに固定資産評価基準が改正（二〇〇六年度）されるまでは鉄軌道用地を対象とした課税優遇措置が商業施設にも適用されたため経営効率が高かったこともあり、改札内外で駅ナカ事業を積極的に展開していくのであった。

小売業界でコンビニエンスストア業態の優位性が強まり、駅コンビニとしてＪＲ東日本のＪＣ（一九八八年）、ＪＲ西日本のハート・イン（同年）が登場する状況を迎えると、五社もこの新たな業態を駅前経営のメニューに加えていく。阪急は自社ブランドのアズナス（一九九五年）の、近鉄はコンビニチェーンのエリアフランチャイザーとしてａｍ／ｐｍ（同年）の、南海、阪神、京阪は三社共同ブランドとしてアンスリー（一九九七年）の経営を開始する[*33]（図24）。阪急のアズナス一号店は国内初の駅ホーム上のコンビニとして登場した。近年、各大手コンビニチェーンが全国の鉄道会社と提携強化を図り、駅コンビニが大手ブランド化する傾向にあるなか、近鉄を除く四社は自社ブランド経営を現在も継続している[*34]。

また、駅売店でも変化が始まる。南海は店名をナスコ（一九八七年）と称してイメージの刷新を図り、阪急は外部委託を直営に改めラガールショップ（一九九四年）とし、近鉄はＫ　ＰＬＡＴ《ケープラット》、阪神はアイビーショップ、京阪はセカンド・ポシェットいった新ブランドを登場させた。[35] 店舗形態においてもコンビニ型やウォークイン型を導入するなど、駅の規模や改札内外といった立地環境に合わせ、それまで利用を見込んでいなかった客層にも対応した店づくりを進めている。

ＪＲ東日本のエキュート（二〇〇五年）や東京メトロのエチカ（同年）など、公企業や特殊法人を前身とする鉄道会社はようやく駅ナカ商業施設の展開を強めるが、創業当初から駅前経営に腐心してきた私鉄でも、交通バリアフリー法（二〇〇〇年）[36]に伴う駅改修の社会的要求や駅ナカへの注目が集まる機運にあわせ商業施設の拡充を図る。近鉄にとって難波駅は都心ターミナルではあるが、大阪万博の機に延伸開業（一九七〇年／上本町駅〜難波駅間）した後発駅のため駅前商業施設経営には出遅れていた。近年、その適地を駅構内に見出し、駅ナカショッピングモールTime's Place（二〇〇八年）の経営を始め、以降、主要駅で同ブランドの展開を進める。ショップ南海を各駅に設置してきた南海でも、新ブランドN.CLASS（二〇一四年）を立ち上げ複数駅で展開した。また、他社線への進出もみられる。大阪市営地下鉄（当時）が駅ナカ事業強化に伴いその運営事業者を公募した際、受託した南海は駅ナカ商業施設エキモ（二〇一三年／東急のグループ会社と提携）を天王寺、難波、梅田の都心三駅で、同様に京阪も新なにわ大食堂（二〇一六年）を新大阪駅で整備しており、既得の経営ノウハウを応用した沿線外進出を始めている。

一方、既存の大型駅前商業施設が経年に伴い更新時期を迎えると、沿線価値を向上させ地域形成や地域再生に寄与する施設整備がおこなわれるようになる。京阪はくずはローズタウンの玄関口である樟葉駅一帯を再生すべく〝駅と一体化した次世代型の街づくり〟を掲げ、駅構内や駅前広場など全面的な再整備に取り掛かり、既存商業施設もＫＵＺＵＨＡ ＭＡＬＬ（二〇〇五年／旧・くずはモール街）として刷新した。南海は自社線と相互乗り入れしている泉北高速鉄道線を経営する第三セクターをグループ会社化（二〇一四年）[37]し、その沿線住宅地である大阪府開発の泉北ニュータウン（一九六七年／堺市、大阪府和泉《いずみ》市）では府の外郭団体から駅前商業施設を譲受して泉ヶ丘ひろば専門店街（二〇一六年／旧・ショップタウン泉ヶ丘）に再整備するなど、非自社開発のニュータウンにおいてその当事者として再生への関与を強めている（図25）。

駅前機能の再構築は店舗や施設の経営に留まらない。近年、ＩＣＴ技術が進化しスマートフォンなどの情報端末や電子決済の普及により国内では新たな生活サービスが誕生しており、これら新興サービスと駅前機能との融合により生活サービス拠点としての駅の可能性がいっそう高まってきた。鉄道会社側にとっても先行してサービス提供している事業者と提携することで、事業参入の省力化やリスク軽減を図っている。駅の交通結節機能に着目し既存の駐車場や駐輪場を活用する事例として、南海は駅前駐車場を利用し電車に乗り換えると駐車料金を割り引くパークアンドライド（二〇一一年／他事業者と提携）を展開し、後に京阪も参入する。その京阪は京都市が実施した社会実験を引き継ぎ、市内二駅でらくりんレンタサイクル（二〇一七年）の試行事業を始め、*38 阪神による自転車シェアリングサービス（同年）は阪急の駅などへも展開している。また、駅構内や駅前商業施設の通路空間活用として、京阪は個人宅配需要の増加に伴い据え置き型宅配ロッカー（二〇一六年／他事業者と提携）を設置し、それ以降、他社も追随する。南海は傘のシェアリングサービスであるチョイカサ（二〇一九年）を難波駅一帯から始め、阪神も神戸市などとの協定に基づき同様サービスのアイカサ（二〇二〇年）を駅や主要施設などに導入した（図26）。阪急阪神は新型コロナ禍でリモートワー

図25　南海／グループ会社線の駅前を再整備した「泉ヶ丘ひろば専門店街」

クに関心が高まる状況と時を同じくして、個室据え置き型ワークスペースのテレキューブ（二〇二〇年／他事業者と提携）を主要駅の自社ビルや大型商業施設に設置した。これらのサービスはＪＲや関東圏の鉄道会社などが先行して導入したものもあり、国内各社が駅での新たな事業展開やサービス提案を模索している渦中にある。

沿線居住者をつなぎとめるサービスの投入

　これまで郊外は豊かな自然環境や快適な生活環境に価値を感じることで居住地として選択されてきた側面がある。しかし高齢期の居住地としての妥当性や買物難民に象徴される日常生活の不便さが顕在化しその優位性は低下してきた。生活に不自由さを感じながらも転出が困難なため、高齢者が継続居住せざるを得ない状況もみられる。都心居住の拡大などにより居住地に対する価値観も変化し、郊外で生まれ育ち後に転出した子世代が故郷に戻るケースは多くはなく、住宅継承の不調などから空き家の増加も目立ち始めた。このため鉄道会社は自社沿線で既居住者が暮らし続けられるための、また、次世代に暮らしの場として選択されるための、生活者個々の需要に根差したサービスに傾倒することになるが、その多くはこれまで鉄道会社が取り組むことの稀な事業分野であった。

図26　阪神／傘のレンタルサービス「アイカサ」

　国の介護保険制度導入（二〇〇〇年）を機に、沿線で急増する高齢居住者に向けたサービスが始まる。京阪は制度施行に先立ち枚方市や京都府宇治市で介護サービスセンター（一九九九年）を開設し、その後、施設の新設や福祉用具の販売・レンタル、住宅改修、訪問看護などサービスを拡充した。*39近鉄も菖蒲池で開設したケアセンター（二〇〇〇年）を皮切りに在宅介護サービス事業に参入し、同様の事業は南海（二〇一二年）でも始まる。阪急阪神では、阪神本社直営で当初立ち上げたリハビリ特化型デイサービス（二〇一三年）や、アクティブシニア向け会員制サロン（二〇一五年／他事業者をグループ化）、在宅ケア情報を介護サービス事業所や医療機関などと共有しサポートする地域包括ケア支援サービス（二〇一九年／他事業者と提携）を始めている（図27）。また、既居住者向け限定の事業ではないが、高齢期居住の受け皿として有料老人ホームやサービス付き高齢者向け住宅などを供給する取り組みも南海や近鉄、京阪でみられた。

図27　阪急阪神／高架下利用もみられる「はんしんいきいきデイサービス」

高齢者に限らない居住者全般を対象とした総合的な沿線生活支援サービスも登場する。近鉄は〝楽・元気〟生活（二〇〇七年）を奈良市や生駒市の一部で始めるが、これは自社スーパーマーケットの商品宅配や家事代行、ホームセキュリティなど、近鉄グループ各部門がおこなう暮らしに関するサービスをワンストップで提供するプラットフォームであり、サービスエリアの拡大やメニューの充実、各種セミナーの開催を図るとともに、学園前駅に拠点施設として住まいと暮らしのぷらっとＨＯＭＥ（二〇一五年）を開設した。京阪でもくずはローズタウンや京阪東ローズタウンといった自社開発住宅地を手始めに、家事代行やハウスクリーニングなどをおこなう京阪の家事サービスカジスキー（二〇一六年）を開始する（図28）。また、樟葉駅では駅ビル内に訪問介護・看護、福祉用具レンタル、保育所といったテナントを揃え生活支援サービスの拠点とした。さらに自社分譲物件購入者やリフォーム発注者などに限定したオーナーズクラブを立ち上げ、優待特典の提供や物件のアフターサービスをおこなうなど、居住者との継続的な関係性の構築を図っている。

住宅そのものに対するサービス展開も始まる。居住者の流動が少ない分譲中心の郊外住宅地では、住宅ストックと居住ニーズとのミスマッチが大きな課題となった。住宅の老朽化、段差や階段といった高齢者にとって住みづらい設え、子世代の転出で親世代が持て余すようになった住宅の広さが経年とともに露呈し、一方で若年層や子育て層は経済的な理由などから希望する住宅が得にくい状況がみられ、また、空き家も増加した。近年、既存ストックの活用や更新の需要が増すのに伴い、住宅のリフォームやリノベーション、建て替えへの対応が不動産業界共通の課題となり、例えば近鉄がリフォームNEWing《ニューイング》（二〇〇五年）として展開を始めるなど、鉄道会社でもこの時期に注力を強めている。しかし鉄道会社では沿線地域全体の再生の必要性から、それらに留まらない総合的な既存ストックの再生に向け、グループの不動産会社を中心に取り組んでいく。

そのひとつとして中古住宅の流通や住み替え促進による、住宅ミスマッチの低減や空き家増加の抑制が図られる。南海と京阪は住み替え希望の高齢層から住宅を借り上げて子育て層へ貸す一般社団法人移住・住みかえ支援機構の住み替え支援事業に参画し、後に南海は退出するが、京阪はマイホーム活用応援隊の名称で事業を継続しており、近鉄や阪急でも中古住宅を買い取って自社でリノベーションを施す再販事業に取り組んでいる。国土交通省の住宅団地型既存住宅流通促進モデル事業では、二〇一四年度に南海が大阪府河内長野市内の自社開発を含む一五団地を、近鉄が自社開発

図28　京阪／「京阪の家事サービス カジスキー」
（出典：京阪電鉄不動産ウェブサイト）

の真弓・真弓南、白庭台《しらにわ》（ともに生駒市）を、翌年度に京阪がくずはローズタウンを対象に採択され、住宅診断と売却や賃貸化に伴うリフォームへの費用補助をおこなった（図29）。これに関連して南海は河内長野市と、近鉄は生駒市と、京阪は枚方市や地元の信用金庫と、協定をそれぞれこの前後に締結し地域活性化の連携を深めている。

各社の不動産会社では住宅の売買、賃貸、建て替え、改修、管理などをメニューとしてきたが、近鉄は〝楽・元気〟生活に住宅のメンテナンスサービスを加え、住宅診断、耐震診断、住み替え（売却、購入）といった住宅関連メニューを順次揃えており、このようなワンストップサービスの窓口を阪急阪神や京阪でも始めている。また、空家対策の推進に関する特別措置法（二〇一四年）によりその管理責任が取りざたされると、不動産事業のメニューに空き家管理が加わった。阪急は空き家専門相談窓口を開設し管理や有効活用、売却の支援をおこない、近鉄は〝楽・元気〟生活に空き家管理メニューを加えた。新築供給の分野では若年層、子育て層の沿線誘致強化の物件がみられ、近鉄は新婚夫婦、ＤＩＮＫｓ、子育て層向け仕様の賃貸マンション（二〇一六年）を郊外の駅前に供給し、単身社会人向け仕様の賃貸マンション（二〇一九年）では郊外の就労者にその郊外の駅前で暮らす職住近接スタイルを提案している（図30）。京阪が枚方市で分譲したマンション（二〇一八年／他事業者と提携）では送迎や託児などを居住者や周辺住民との共助でおこなう子育ての仕組みを取り入れ、子育てを介したコミュニティ形成を図る一歩踏み込んだ住宅供給をおこなった。阪急はニュータウンの彩都（二〇〇三年）で居住者会員組織を立ち上げ、自社マンション間における共用施設の相互利用による交流機会創出など、自立したコミュニティ形成の仕組みを提供し

図29　南海／自治体と連携した「住み替え応援事業」（既に事業は終了）
（出典：南海不動産ウェブサイト）

ている。

　また、少子化や共働き世帯の増加に伴い行政による子育て支援や女性の就労支援の施策が拡充される社会背景のなか、鉄道会社は次世代居住者を沿線に引き留め、あるいは誘引することによる、持続可能な沿線社会の構築に向けた関連サービスに尽力する。京阪は他社に先駆け育児関連事業に参入し、米国式の幼児教育施設（二〇〇二年／他事業者に運営委託）を複数の主要駅前で展開する。[*40] 淀駅（京都市）付近の高架下に自社で施設を整備して民間の認可保育所を誘致（二〇一五年）し、また、共助型子育て支援サービス付きのマンション分譲（前述）は先進的な取り組みであった。近鉄は〝楽・元気〟生活で子育てタクシーサービス（二〇〇八年）[*41]や子育て相談サービス（二〇〇九年）をおこない、百貨店内で保育所の運営も始めている。関西の交通事業者が共同提供するICカード乗車券PiTaPa《ピタパ》（二〇〇四年）[*42]には国内初の子どもの見守りを目的とした改札機通過情報配信サービス（二〇〇六年）があるが、阪神はさらにICタグやGPSなども活用した子どもの位置情報提供サービスとして登下校ミマモルメ（二〇一一年）を展開し、これを高齢者の見守りにも応用した。阪急は学童保育施設（二〇一五年）[*43]を主要駅前に開設し、また、子ども連れで働けるキッズスペース付きオフィスの運営会社に出資（二〇一六年）もしている。この他、子育て関連や親子向け、女性向けのイベントやセミナーの開催、情報提供といったソフト事業の他、駅前への関連施設の誘致もみられるなど、各社それぞれのアプローチで自社沿線の子育てや女性就労の環境を提案し居住世代の若返り策に腐心するのであった。

図30　近鉄／職住近接スタイルを提案する賃貸マンション「ソシャレ」

多様な沿線主体との連携、事業分野の開拓

沿線人口の減少や地域経済の停滞は関係する自治体や沿線事業者にとっても大きな課題である。また、社会連携や地域貢献、研究成果の還元が求められる大学も地域課題への関与を迫られるようになった。ここまで記した事業でも他者との共同が散見されたように、鉄道会社はまちづくりや地域課題への対応において沿線の各主体との連携に積極的になるが、これは都心でのエリアマネジメント（前述）と同様の構図であった。南海は〝アライアンスの積極的な活用〟[*44]を謳い各主体との協定締結を重ねている。締結相手は河内長野市（二〇一一年／市内の活性化）、和歌山大学（二〇一三年／和歌山県内などの活性化）、堺市（二〇一六年／泉北ニュータウンの活性化）、和歌山市（二〇一八年／南海加太《かだ》線、和歌山市駅周辺エリアの活性化）などで、このうち泉北ニュータウンでは締結前から駅前施設の再整備（前述）、周辺大学や堺市との産学官連携事業（二〇一六年）などを進めている。地場産業の泉州野菜を通じた活性化にも向き合い、生産、加工、販売までの六次産業経営の人材育成を目的とする会社と連携し、難波駅に生産野菜の直売所Vege Sta.《ベジステ》（二〇一五年）を設け、沿線の耕作放棄地を活用した貸農園のくらし菜園（二〇一七年）では、家庭菜園希望者から将来的な就農希望者までそれぞれに合わせた技術サポートも提供している（図31）。旅客輸送の一角であるタクシー事業で業績の低迷による退出が南海（二〇〇一年）と京阪（二〇一〇年）で起こる一方、バス事業では自治体などを運営主体とするコミュニティバスが国内で登場したのに伴って沿線自治体からの運行受託が増加する。同事業は自治体の施策や財政に左右されるものではあるが、交通不便の解消を図りたい自治体と、経営環境が決して明るくないバス事業者とによる、沿線社会を維持継続させる方策として

図31　南海／沿線の休耕地活用「くらし菜園」
（出典：南海電気鉄道資料）

5

多様化を続けた鉄道会社の事業と郊外

取り組まれている。このような沿線の活性化や地域再生にまつわる事業は、その重要度は増すものの直接的な収益性や成果の即効性がみえにくい分野のため、関係する各主体がそれぞれの役割において職能を持ち寄り連携協力関係を構築して課題や事業に対峙することが不可欠となっている。

都心同様、中心市街地の再生でもエリアマネジメントの手法がみられる。阪急は大阪府高槻市中心部の大規模工場跡地を再整備したＭＵＳＥ《ミューズ》たかつき（二〇一二年）において、関西大学、医療法人、既存の西武百貨店[*45]との四者でまちづくり協議会を組織して市や基盤整備を担った土地区画整理組合とともに事業を推進し、良質な都市環境維持のため本来は権利者ごとに管理される歩行者空間などを一元管理する協議会を立ち上げた。自社供給の分譲マンションではコミュニティ活動の場としてタウンマネジメント組織を発足させるなど、各主体の協力関係のもとに地域運営をおこなっている。また、京阪の沿線自治体である枚方市は、中心市街地の再生に向けて二〇一〇年代に枚方市駅周辺の再整備に動き出すが、京阪はこれに同調し、市や関係団体との間での協定締結や協議会結成の他、社有地での市街地再開発事業の着手を進めてきた。さらに市の他、地元の大学や企業、金融機関などとまちづくり団体として今般組織した枚方ＨＡＢ協議会（二〇二一年）が国土交通省の再生事業の採択を受けるなど、郊外拠点駅一帯の産学官連携によるまちづくりへ関与を強めている。

国内で新規事業分野を開拓するベンチャー企業が注目されるようになると、その起業支援も始まる。阪急は会員制のベンチャー用オフィス（二〇一四年／梅田）を開設し、さらに梅田エリアを事業対象とするベンチャー向けの起業支援ファンド（二〇一五年／他事業者と提携）を設立しており、キッズスペース付きオフィスの運営会社（前述）はその出資対象であった。また、南海と阪急および両社沿線を経営基盤とする地方銀行は共同でファンド（二〇一六年）を立ち上げており、南海のなんばＥＫＩＫＡＮプロジェクト（前述）の運営

図32　阪神／高架下野菜工場「阪神野菜栽培所」
（提供：阪神電気鉄道）

会社はその起業支援を受けている。近鉄でも出資会社として近鉄ベンチャーパートナーズ（二〇一八年）を発足させており、これらはシナジー効果が期待できる企業の発掘と育成により自社事業や沿線地域への還元を図るものであった。

時代のニーズやトレンドの変化、それに呼応した技術開発により新しい業態やサービスが生まれると、鉄道会社もそれら新興サービスを取り入れていく。ＪＲ東日本のSuica（二〇〇一年）といったＩＣカード乗車券の登場に伴い、五社もPiTaPa（前述）の提供を開始するが、同時にこれによる電子決済サービスを導入した。さらにこのＩＣカードと既存のグループカードとの融合を図り、京阪のe-kenet《イーケネット》カード（二〇〇三年）など、一体機能をもった新ブランドカードを投入する。また、商品購入やサービス利用に伴うポイント付加サービスが普及するのに伴い、既存サービスを再編するなど、各社がグループ共通ポイントを提供した。このように各社はクレジットカード決済やＩＣカード決済、グループ共通ポイント付加のサービスメニューを揃えることで消費者との距離を縮め、情報処理技術の向上に伴い得られるようになった交通利用や消費行動のビッグデータも活用して効果的なマーケティングにつなげており、交通、流通、ホテル、サービスといった各事業を展開する企業グループとしての強みを活かすのであった。さらに流通分野にとくに強みをもつ近鉄と阪急では独自電子マネーを導入し、さらに近鉄は仮想通貨の実証実験に取り組むなど、キャッシュレス社会に対応した決済サービスを拡充しようとしている。

また、農業関連分野への参入は南海（前述）以外でもみられる。ニュータウン用地利用の近鉄ふぁーむ花吉野（二〇一二年／大淀町）や阪神本社直営による高架下利用の阪神野菜試験栽培所（同年／現・阪神野菜栽培所／兵庫県尼崎市）、これとは別に阪急阪神としても参入しており、これらは工場施設やビニールハウスによる制御した栽培環境下での安全安心な野菜生産をおこなっている（図32）。一方、京阪は有機野菜会員制宅配サービスの運営会社をグループ化（二〇一四年）し、さらにこれを契機としてオーガニック志向の暮らし方〝ビオスタイル〟を提唱して食品や化粧品などの商品開発、販売を始めた。いずれも消費者の環境意識や健康意識の高まりを捉え、自社の企業イメージも高める事業展開となっている。

〝選ばれる沿線〟に向け

本章では付帯事業の動向を三期に分け俯瞰したが、それぞれの期間、鉄道事業者にとって付帯事業や自社沿線の郊外はどういう存在だったのであろうか。

まず〝近代期〟は鉄道事業存立を目的にそれを支えるために兼業を展開し、郊外の沿線価値そのものを創出した期間であった。鉄道事業資金の捻出や旅客収益の安定確保のため、本業に貢献する分野を中心に付帯事業へと進出し、例えば阪急では営業収益に占める付帯事業割合が一九三〇年代初頭には五〇パーセントを超えている。鉄道会社はそれら付帯事業のフィールドとして郊外に着目し、その過程で郊外生活、郊外居住という新たな生活様式を人々に提案し、現在に至る沿線居住の素地をなしたのである。しかしこのような多角経営はあくまで〝付帯〟〝兼業〟の側面が強く、鉄道会社は本業の収益を補完するビジネステリトリーとして郊外を捉えていた。

〝戦後から高度経済成長期、安定成長期〟は事業の多角化や広域化とグループ形成を進め、近代期に自ら創出した沿線価値を拡充した期間であった。国の運賃抑制政策により本業の収益が低迷したため付帯事業への期待は大きく、多方面の事業分野で規模拡大や新規参入を繰り広げ、鉄道会社は国内有数の企業グループに数えられるまでに成長する。近代期に開拓した郊外は既成市街地として成熟し、新たな郊外開発はより遠隔地へと推移するが、本業との相乗作用を引き起こすビジネステリトリーとして、それら新たな郊外でも多角経営をおこなった。その一方、それぞれの事業分野は業として確立し自立性の高い付帯事業も登場したことで、自社沿線に留まらない事業フィールドの広域化が始まる。これに反して表1では各社とも付帯事業割合が一九六〇年度に低下したようにみえるが、これは連結財務諸表の義務化（一九七七年）以前の鉄道事業本社単体の決算であり、大きな収益源であった電気供給事業の喪失と、付帯事業のグループ会社経営化が進展したことによる外見上の収益低下に起因する。例えば阪神では同年度のグループ会社一七社の営業収益を付帯事業として算入するとその割合は五二・〇％に上昇し、さらに安定成長期は九割弱の高い割合で推移した[*46]ことからも、付帯事業が増加の一途をたどったこと

付帯事業の営業収益　単位：百万円　［営業収益中の付帯事業割合］

	南海	近鉄	阪神	阪急	京阪
	1.9 ［23.5%］	0.5 ［17.9%］	4.3 ［46.7%］	1.2 ［31.6%］	1.6 ［26.7%］
	7.5 ［27.1%］	6.8 ［28.7%］	10.7 ［43.1%］	18.1 ［58.4%］	7.8 ［35.0%］
	988 ［15.9%］	3,368 ［25.0%］	824 ［18.9%］	1,443 ［18.6%］	352 ［10.2%］
	50,179 ［57.3%］	357,877 ［77.9%］	133,439 ［88.7%］	162,183 ［73.1%］	65,281 ［67.1%］
	101,362 ［58.1%］	741,127 ［78.0%］	268,369 ［89.5%］	308,647 ［72.7%］	196,756 ［74.5%］
	127,659 ［70.2%］	789,855 ［83.8%］	518,076 ［79.7%］		212,808 ［80.1%］
	166,185 ［73.1%］	1,080,461 ［87.4%］	652,098 ［82.4%］		270,314 ［82.9%］
	167,397 ［73.4%］	1,041,520 ［87.2%］	624,122 ［81.8%］		261,819 ［82.6%］
	151,299 ［79.3%］	597,969 ［85.8%］	468,195 ［82.3%］		214,669 ［84.7%］

がわかる。

〝低成長期〟は激変する時代に適合するために事業再編、グループ再編を断行し、活力低下の回避に向け沿線価値の再構築を今まさに推し進めている期間である。各社とも本社鉄軌道事業の営業収益は一九九六年度をピークに減少へ転じ、阪神なんば線開通（二〇〇九年）により新たに都心の難波へ延伸した阪神を除くと、その低下は二〇一一年度前後まで続いた。その後はインバウンド効果で盛り返したものの、新型コロナ禍の影響がまだ軽微であった二〇一九年度をみても、一九九六年度に比べ七～八割台と低迷していることに変わりない。それに対して付帯事業の営業収益は南海が約六割五分増、近鉄が四割増となるなど、グループの増収基調を付帯事業が支える構図となった。連結営業収益中の付帯事業割合（二〇一九年度）は、大手私鉄一六社[*47]のうち近鉄（八七・二％）は西日本鉄道（九四・五％）と相模鉄道（八七・三％）に次いで高く、南海（七三・四％）は民営化間もない東京メトロ（一二・二％）や京浜急行電鉄（七三・三

表1　営業収益中の付帯事業（本社鉄軌道事業以外の事業）割合

年度			営業収益（本社鉄軌道事業＋付帯事業）　単位：百万円				
			南海	近鉄	阪神	阪急	京阪
近代期	1920（T9）	本社営業収益	8.1	2.8	9.2	3.8	6.0
	1940（S15）		27.7	23.7	24.8	31.0	22.3
高度経済成長期	1960（S35）		6,196	13,459	4,353	7,749	3,462
安定成長期	1980（S55）	連結営業収益	87,581	459,537	150,516	221,897	97,325
低成長期	1996（H8）		174,552	949,691	299,742	424,731	264,178
	2011（H23）		181,869	942,790	649,703		265,629
	2018（H30）		227,424	1,236,905	791,427		326,159
	2019（R元）		228,015	1,194,244	762,650		317,103
	2020（R2）		190,813	697,203	568,900		253,419

連結財務諸表の義務化（1977年）以前は損益計算書（鉄道事業本社の営業収益）に、以降は連結損益計算書（連結営業収益）に基づく。掲載年度は1980年度までは20年間隔、以降は1996年度（本社鉄軌道事業営業収益の当時の上限期）、2011年度（同・当時の概ね下限期）および2018年度（連結営業収益の概ね上限期）以降とした。

1996年度以前の阪急は鉄道事業本社を、2011年度以降の阪神と阪急は阪急阪神HDを指す。

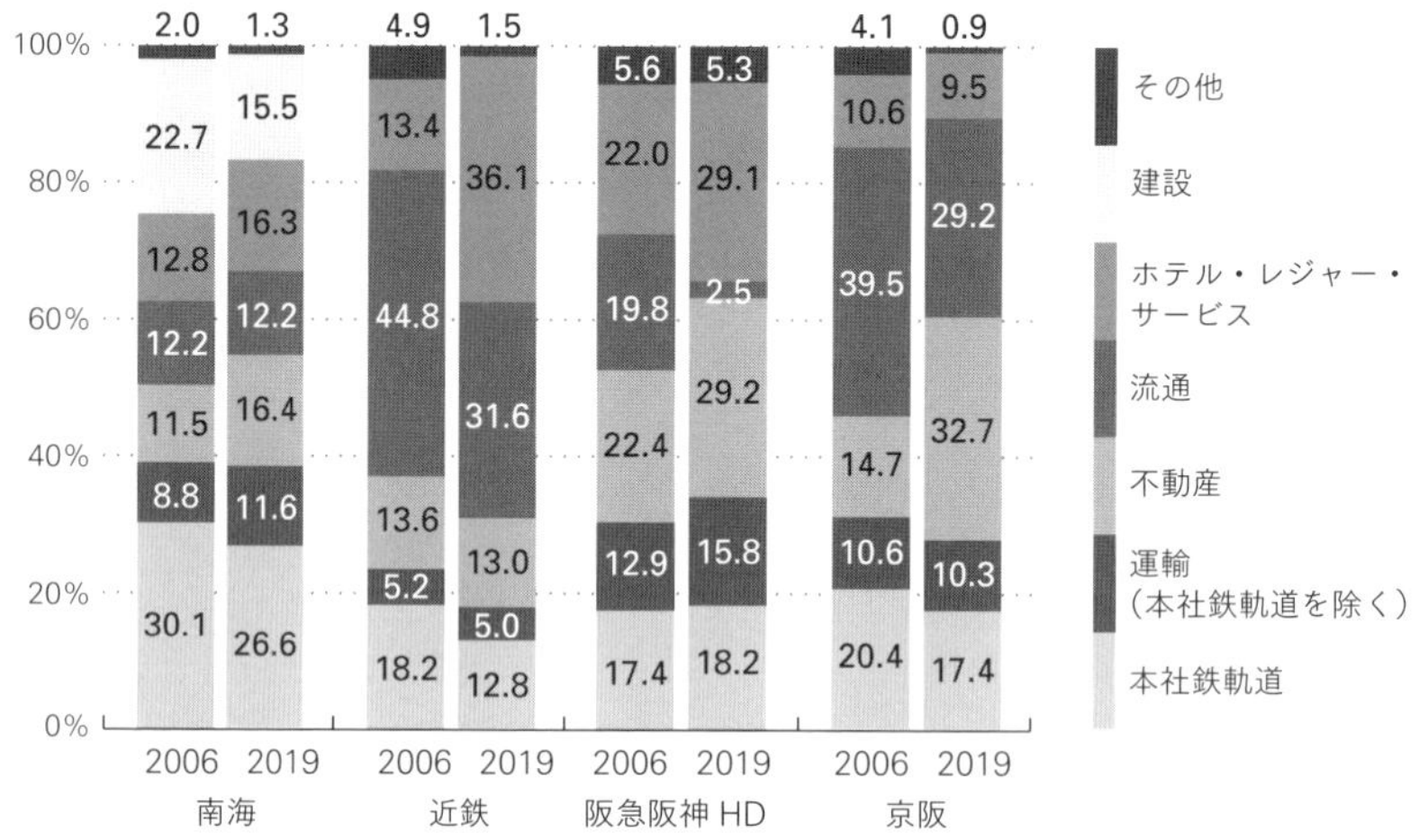

図33　連結営業収益中のセグメント別割合

有価証券報告書をもとに阪急と阪神がグループ化した2006年度と新型コロナ禍の影響がまだ軽微の2019年度とを比較した。ただし各セグメントに含まれる事業は各社間で相違がある点に留意を要する。比較を容易にするためセグメント区分を一部組み替えた

%）に次いで低いものの、いずれも七〜八割台と高水準である[48]（表1）。なお、表1における同年度の阪神・阪急欄は阪急阪神HDの数値だが、阪急阪神東宝グループとしてエイチ・ツー・オーリテイリング（以下、H2O）と東宝の連結営業収益[49]を付帯事業に見立てて算入してみるとその割合は九二・八%となり近鉄を超える。

鉄道会社はこれまで国内経済の成長鈍化や人口減少、東京一極集中など激変する経営環境のなか、付帯事業では沿線内外の不採算事業を清算し、それまでの長期回収型から短期回収型へ事業モデルの転換を図り、沿線外の成長市場へ進出するなど、グループ全体の経営基盤を抜本的に再建してきた。流通部門の縮小に対し近鉄ではホテル・レジャー・サービス部門が、京阪では不動産部門が拡大し、阪急阪神HDはコンビニや駅売店といった流通事業をH2Oグループに集約するなど、各社で収益構造の戦略に相違もあらわれる（図33）。このように変革を迫られる状況のなか、鉄道を中核事業とする鉄道会社グループとして、都心ターミ

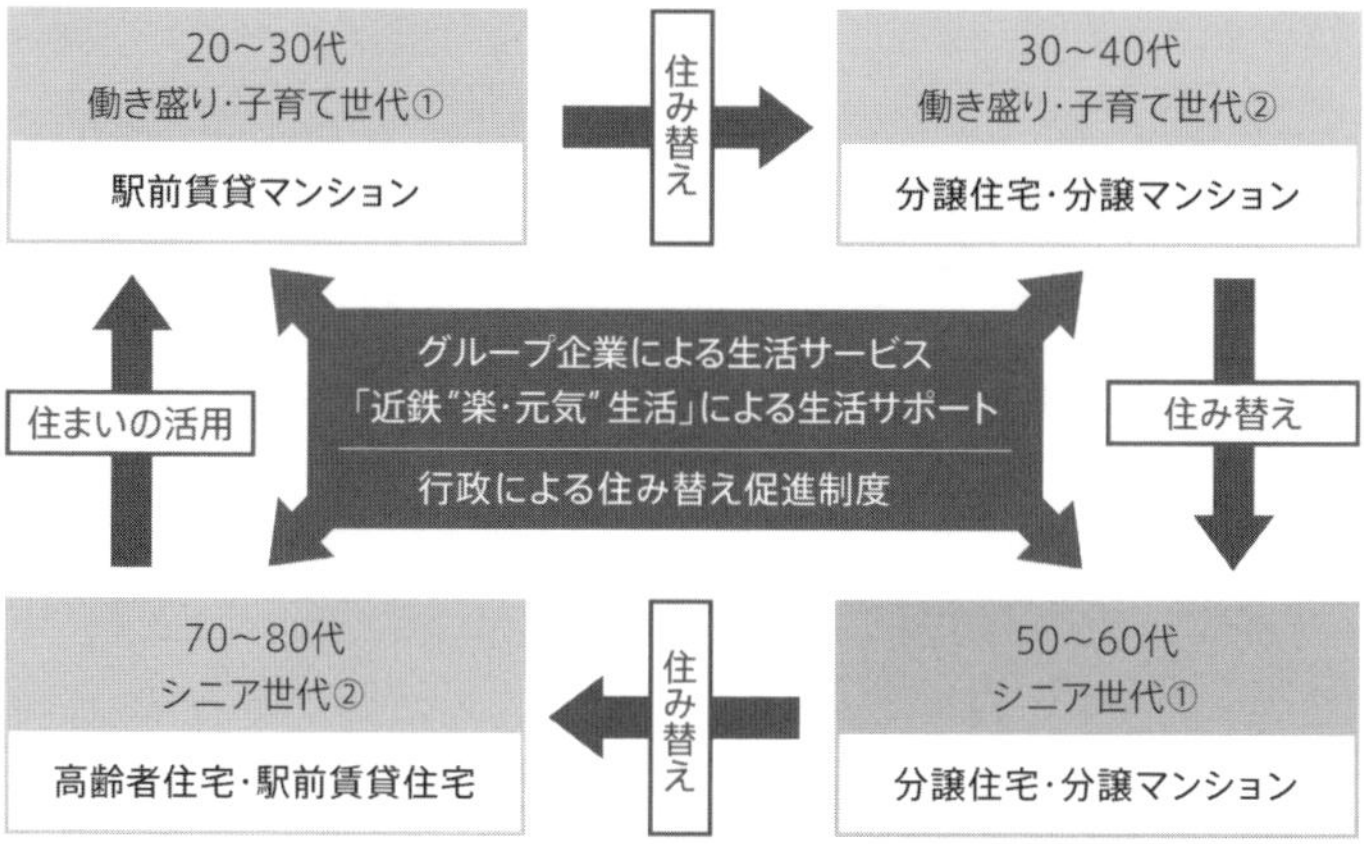

図34　近鉄／「住み替えサイクル構想」
（出典：近鉄不動産『CORPORATE PROFILE 近鉄不動産会社案内』2020年）

ナルや沿線のマネジメントへも注力を強めている。縮退する郊外の持続可能性を高めるため、沿線生活のニーズに応えたサービス提供を模索するなどグループの総力をあげた再生や活性化に向き合っており、自社沿線で暮らし続けたいと思われる〝選ばれる沿線〟に向けた取り組み姿勢がうかがえる。

〝選ばれる沿線〟に向け近鉄や京阪は関連部門の事業を体系化してグループの総力を注ぎ、自社沿線における居住者の定着と循環を図るスキームを打ち出している。近鉄は世帯のライフサイクルやライフスタイルの経年変化に応じて、特定の沿線地域内で容易に住み替え、また、沿線外の若年層が移り住みやすい環境を整える〝住み替えサイクル構想〟を掲げ、この仕組みを支えるためグループの総合力を活かし日常生活に必要なさまざまなサービスを連携させている（図34）。ここまで記した低成長期における沿線事業の多くはこの構想に基づく。同様に京阪でも〝沿線再耕〟を掲げ、世帯のライフステージに応じた、あるいは沿線回帰や新規流入を促すようなサービス展開による沿線内での

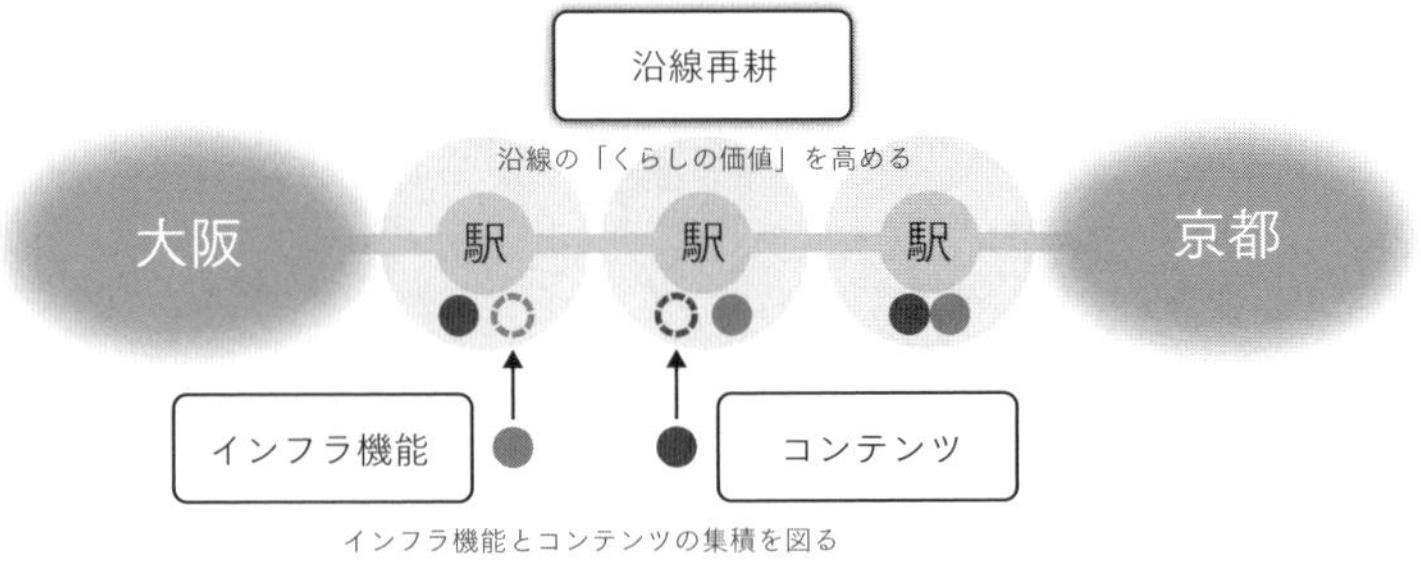

図35　京阪／「京阪沿線ライフスタイルモール」

世代循環を構想している。さらに沿線全体をひとつのモールに見立てた〃京阪沿線ライフスタイルモール〃として、各駅ではハード、ソフト両面の機能を集積させ、沿線生活者がそれぞれの駅を使い分けることで、全体として質の高いサービス提供を図る沿線のかたちを打ち出した（図35）。また、組織改正からも沿線への注力姿勢がみられる。阪神本社では沿線価値創造推進室（二〇二〇年）を新設し、沿線での不動産開発を阪急阪神不動産と協力して進める体制を整え、沿線活性化の関連業務も他部署からここへ移管した。南海本社ではまちづくり創造室（同年）を新設し、まちづくりや地域活性化に関連する業務全体を同部署に集約することで一元的に遂行する体制とし、翌年度、グループ全体の司令塔としてまち共生本部に改組し体制強化した。このように各社それぞれが新たな時代の到来と今後の動向を見据え、沿線価値を再構築する手立てに取り組んでいる。

　人口の減少局面や都市の縮退局面に転じた今、郊外は大きな岐路に立たされている。かつて理想の住み処として人々が憧れた場所は、急激な少子高齢化や空き家の増加に見舞われ、日常生活の支障も露呈し、このままではさらなる状況の悪化が推察される。このような現状を背景に行政や地域団体、ＮＰＯ、企業、大学といったさまざまな主体が、地域再生や活性化に向けた取り組みを各地で始めているが、課題は多岐にわたりその解決も容易ではなく試行錯誤の途上にある。一方で図らずも新型コロナ禍により

5

多様化を続けた鉄道会社の事業と郊外

通勤や通学など都心への移動の必然性が薄らぐなか、この状況を郊外回帰としてその再生にいかに結び付けていくかが、郊外地域にとっても、また、鉄道旅客やインバウンドの需要回復が見通せず収益や財務状況が悪化し、事業再編や収益構造の転換、さらにはグループや業界の枠を越えた再編といった事業の再構築が必至の鉄道会社にとっても急務の課題である。本章で示したとおり、近代期から現在に至るまで郊外は鉄道の発達とともに拡大してきた。鉄道会社は郊外生活を生み出した立役者であり、今日も事業を営む当事者であり、その課題に向き合う主体のひとつであることに違いない。そのため郊外の再生や活性化に向け、〝郊外との歴史的な深い関わり〟〝各主体をつなぐハブとしての役割を担うに足る公益性と信頼性〟〝課題解決に向けた取り組みを実行するに足る多角的な能力〟を兼ね備える鉄道会社への期待は大きい。

註

＊1　駅名、路線名、自治体名は特記するものを除き現時点の名称を表記する。ただし大阪梅田駅など大阪、神戸、近鉄を冠する駅名はそれを省略する。（　）内の年代は特記するものを除き施設の開設年（住宅・住宅地は入居開始年）を表記する

五社は商号変更や合併、純粋持株会社化などを経ているが、時制を問わず南海、近鉄、阪神、阪急、京阪の表記に統一する。ただし必要に応じ（　）内に該当する社名などを併記する。南海、近鉄、阪神、阪急、京阪および五社を指す場合の鉄道会社、各社、自社などの語句は特記するものを除き、鉄道事業本社と鉄道会社グループの双方を指す。なお、鉄道会社グループは特記するものを除き、阪神との合併以前の阪急は阪急東宝グループを、阪急阪神は阪急阪神東宝グループを指す。現・阪急京都線、千里線に関する事象のうち阪急と京阪の合併（一九四三年）以前については、その経営者であった京阪の事象として記載する。阪神と阪急のグループ化後の事象は、経緯や主体を考慮し区分できるものは阪神または阪急と、それ以外は阪急阪神と表記する。事象はその始動を中心に取り上げており、特記の有無に関わらず終結した事業が含まれる

＊2 ただし同社は京阪も資本参加した

＊3 前身の大阪鉄道（大鉄百貨店）、大阪電気軌道（大軌百貨店）それぞれが開校した

＊4 これ以前の事例に、南海と大阪毎日新聞とで開設した浜寺海水浴場（一九〇六年）における同新聞社主催の浜寺水練学校（同年）がある

＊5 阪急と京阪の場合、阪急（京阪神急行電鉄）から京阪が分離発足したが、旧京阪の新京阪線など（現・阪急京都線、千里線、嵐山線）は阪急に存置された

＊6 松下電器産業（現・パナソニック）

＊7 郊外での事例に阪神御影駅（神戸市）の高架下商店街（一九三五年／現・御影市場旨水館）がある

＊8 阪神電気鉄道『阪神電気鉄道百年史』二〇〇五年、三三七頁

＊9 都市における道路と鉄道との連続立体交差化に関する協定（建運協定）

＊10 ただし同施設は高架下以外に駅ビルなどへも設置した

＊11 京阪電気鉄道『京阪百年のあゆみ』二〇一一年、七四三頁

＊12 阪神と南海は後に事業から撤退した

＊13 二〇一九年に事業譲渡し経営から撤退した

＊14 カラーテレビ、クーラー、自動車を指す

＊15 南海、阪神、京阪は後の低成長期にグループカードの発行を始めた

＊16 京阪は二〇〇三年に事業から撤退した

＊17 現在はあべのハルカス美術館（二〇一四年／あべのハルカス内）も運営する

＊18 高度経済成長期、阪急は神戸電鉄、能勢電鉄と、京阪は京福電鉄と資本関係を強めた

＊19 二〇二〇年度の連結営業収益でも、一般社団法人日本民営鉄道協会加盟中、東急に次いで近鉄が二位、阪急阪神（阪急阪神ホールディングス）が三位である

＊20 純粋持株会社化や阪神のグループ化により、現在の中核企業三社は阪急阪神ホールディングス、エイチ・ツー・オーリテイリング、東宝となり、グループ全体は阪急阪神東宝グループに移行した

＊21 鉄道事業と軌道事業（路面電車など）を指す

＊22 南海を除く

＊23 二〇二二年に大阪梅田ツインタワーズ・ノースに改称予定

＊24 あべのハルカス開業に伴いあべのハルカス近鉄本店に改称した

＊25 阪急阪神ホールディングス『長期ビジョン２０２５』二〇一七年

＊26 京阪ホールディングス『経営ビジョン』『長期経営戦略』二〇一八年

＊27 近鉄グループホールディングス『経営計画（長期目標）』二〇一九年

＊28 南海電気鉄道『経営ビジョン２０２７』二〇一八年

＊29 南海電気鉄道『２０２１年度計画』二〇二一年

＊30 近鉄グループホールディングス『中期経営計画2024』二〇二一年

＊31 前掲『長期ビジョン2025』二〇一七年

＊32 前掲『長期経営戦略』二〇一八年

＊33 現在、阪神は阪急とのグループ化に伴いアズナスに、近鉄はam／pmブランドの消滅に伴いファミリーマートに転換した

＊34 ただしグループ傘下の鉄道会社には大手コンビニチェーンとの提携もみられる。また、阪急阪神のコンビニ事業を経営するエイチ・ツー・オーリテイリングは、二〇一六年にセブンイレブンを傘下とするセブン&アイ・ホールディングスと資本業務提携した

＊35 現在、近鉄はファミリーマート、阪急阪神ホールディングスグループの阪急、阪神、北大阪急行電鉄はアズナスexpに、京阪はアンスリーS∧M（サム）に転換した

＊36 現・バリアフリー法（二〇〇六年／高齢者、障害者等の移動等の円滑化の促進に関する法律）

＊37 その際、同社は大阪府都市開発から泉北高速鉄道に商号変更した

＊38 二〇二〇年に廃止し、現在は別のシェアサイクル事業を実施する

＊39 有料老人ホーム事業（後述）を含め、二〇一七年に事業から撤退した

＊40 二〇〇八年に事業から撤退した

＊41 二〇一八年に事業から撤退した

＊42 二〇〇四年に阪急、京阪、二〇〇六年に阪神、南海、二〇〇七年に近鉄が導入した

＊43 二〇二一年に事業から撤退した

＊44 前掲『経営ビジョン2027』二〇一八年

＊45 当時はそごう・西武の経営だが、二〇一七年にエイチ・ツー・オーリテイリンググループが事業譲受し二〇一九年に店名も高槻阪急に転換した

＊46 連結財務諸表の義務化（一九七七年）から阪急とのグループ化までの連結損益計算書に基づく

＊47 一般社団法人日本民営鉄道協会の区分による

＊48 ただし新型コロナ禍により各社とも二〇二〇年一～三月期以降影響を受けて連結営業収益は低調局面となり、翌二〇二〇年度の最終損益は全社が赤字となった

＊49 エイチ・ツー・オーリテイリング八九七二億八九〇〇万円、東宝二六二七億六六〇〇万円

関西大手私鉄五社 事業多様化の推移

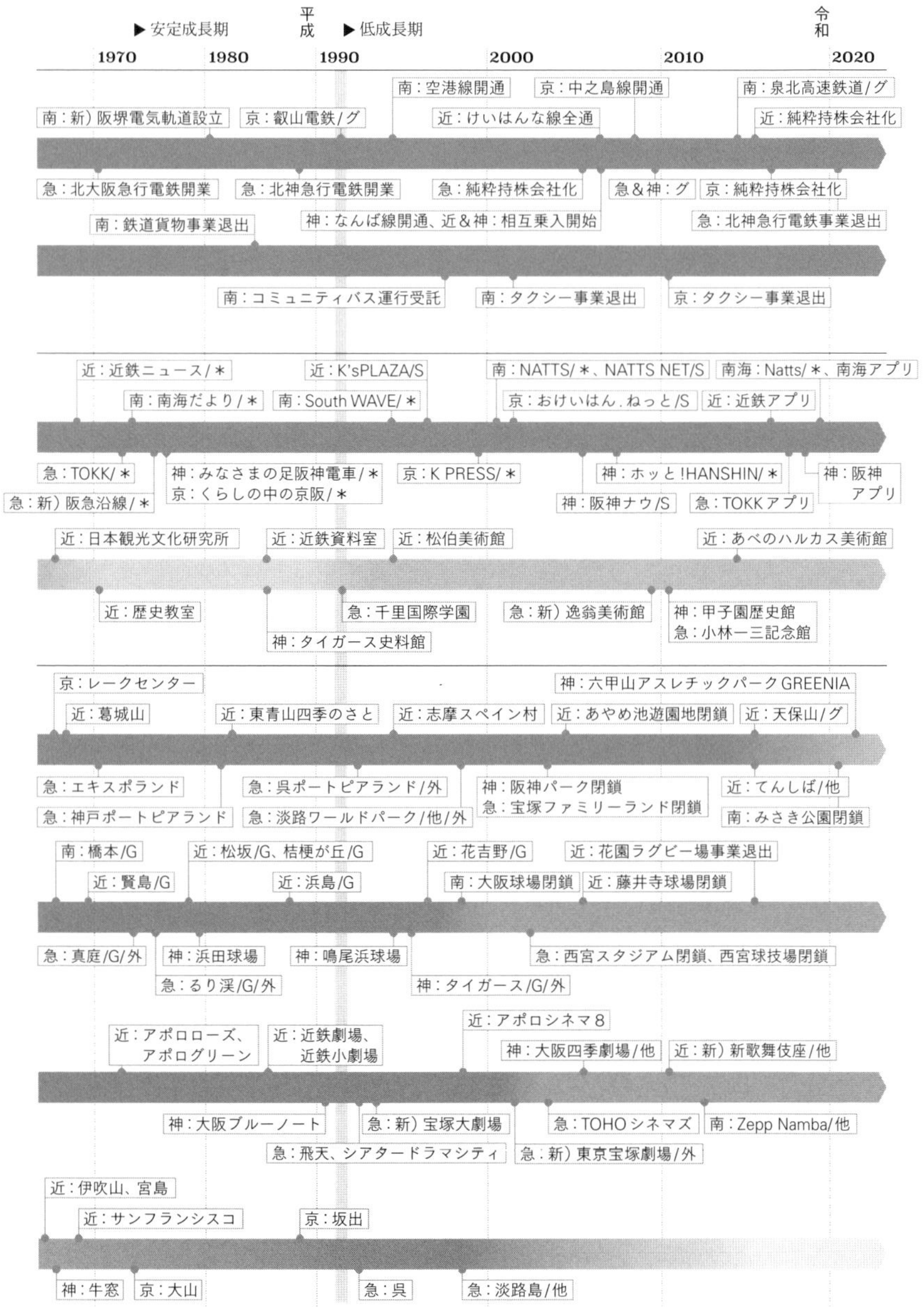
▶安定成長期
平成
▶低成長期
令和
1970
1980
1990
2000
2010
2020
南：新）阪堺電気軌道設立
京：叡山電鉄/グ
南：空港線開通
京：中之島線開通
近：けいはんな線全通
南：泉北高速鉄道/グ
近：純粋持株会社化
急：北大阪急行電鉄開業
急：北神急行電鉄開業
急：純粋持株会社化
急＆神：グ
京：純粋持株会社化
神：なんば線開通、近＆神：相互乗入開始
急：北神急行電鉄事業退出
南：鉄道貨物事業退出
南：コミュニティバス運行受託
南：タクシー事業退出
京：タクシー事業退出
近：近鉄ニュース/＊
近：K'sPLAZA/S
南：NATTS/＊、NATTS NET/S
南海：Natts/＊、南海アプリ
南：南海だより/＊
南：South WAVE/＊
京：おけいはん.ねっと/S
近：近鉄アプリ
急：TOKK/＊
急：新）阪急沿線/＊
神：みなさまの足阪神電車/＊
京：くらしの中の京阪/＊
京：K PRESS/＊
神：ホッと!HANSHIN/＊
神：阪神アプリ
神：阪神ナウ/S
急：TOKKアプリ
近：日本観光文化研究所
近：近鉄資料室
近：松伯美術館
近：あべのハルカス美術館
近：歴史教室
神：タイガース史料館
急：千里国際学園
急：新）逸翁美術館
神：甲子園歴史館
急：小林一三記念館
京：レークセンター
近：葛城山
近：東青山四季のさと
近：志摩スペイン村
近：あやめ池遊園地閉鎖
近：天保山/グ
神：六甲山アスレチックパークGREENIA
急：エキスポランド
急：神戸ポートピアランド
急：呉ポートピアランド/外
急：淡路ワールドパーク/他/外
神：阪神パーク閉鎖
急：宝塚ファミリーランド閉鎖
近：てんしば/他
南：みさき公園閉鎖
南：橋本/G
近：賢島/G
近：松坂/G、桔梗が丘/G
近：浜島/G
近：花吉野/G
南：大阪球場閉鎖
近：花園ラグビー場事業退出
近：藤井寺球場閉鎖
急：真庭/G/外
神：浜田球場
急：るり渓/G/外
神：鳴尾浜球場
神：タイガース/G/外
急：西宮スタジアム閉鎖、西宮球技場閉鎖
近：アポロローズ、アポログリーン
近：近鉄劇場、近鉄小劇場
近：アポロシネマ8
神：大阪四季劇場/他
近：新）新歌舞伎座/他
神：大阪ブルーノート
急：新）宝塚大劇場
急：飛天、シアタードラマシティ
急：TOHOシネマズ
急：新）東京宝塚劇場/外
南：Zepp Namba/他
近：伊吹山、宮島
近：サンフランシスコ
京：坂出
神：牛窓
京：大山
急：呉
急：淡路島/他

5

多様化を続けた鉄道会社の事業と郊外

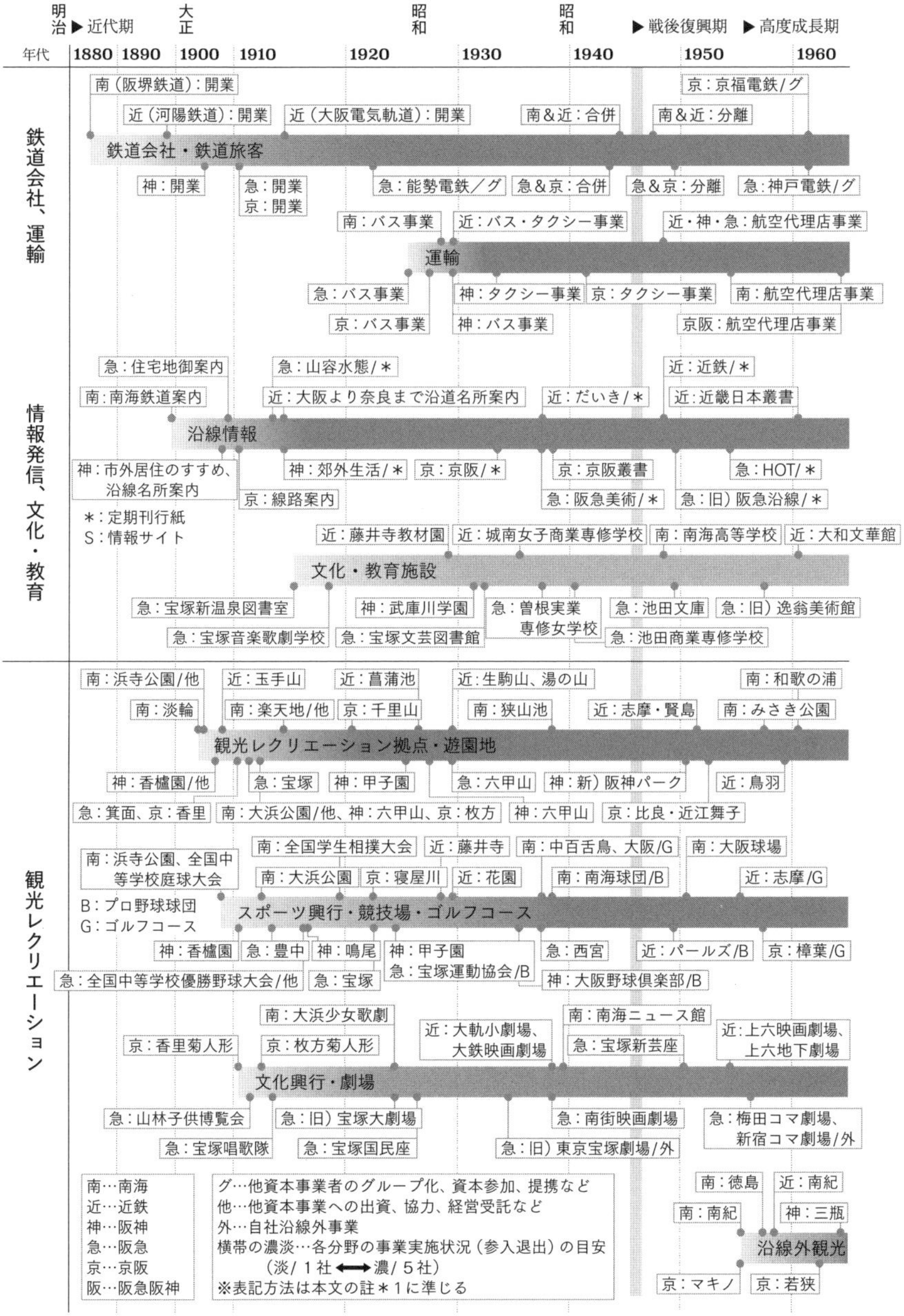

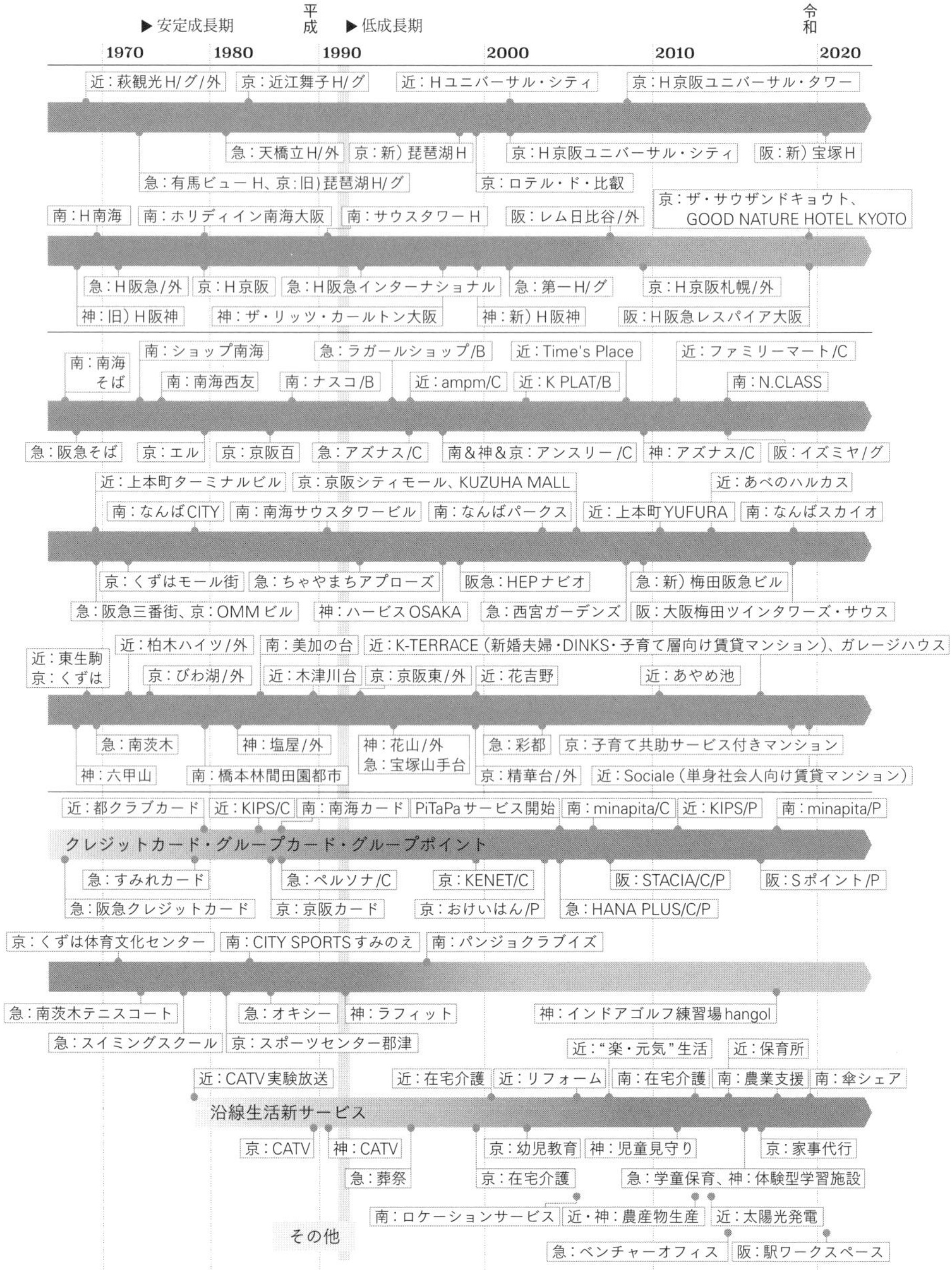
▶安定成長期
平成
▶低成長期
令和
1970
1980
1990
2000
2010
2020
近：萩観光H/グ/外
京：近江舞子H/グ
近：Hユニバーサル・シティ
京：H京阪ユニバーサル・タワー
急：天橋立H/外
京：新）琵琶湖H
京：H京阪ユニバーサル・シティ
阪：新）宝塚H
急：有馬ビューH、京：旧）琵琶湖H/グ
京：ロテル・ド・比叡
南：H南海
南：ホリディイン南海大阪
南：サウスタワーH
阪：レム日比谷/外
京：ザ・サウザンドキョウト、GOOD NATURE HOTEL KYOTO
急：H阪急/外
京：H京阪
急：H阪急インターナショナル
急：第一H/グ
京：H京阪札幌/外
神：旧）H阪神
神：ザ・リッツ・カールトン大阪
神：新）H阪神
阪：H阪急レスパイア大阪
南：南海そば
南：ショップ南海
急：ラガールショップ/B
近：Time's Place
近：ファミリーマート/C
南：南海西友
南：ナスコ/B
近：ampm/C
近：K PLAT/B
南：N.CLASS
急：阪急そば
京：エル
京：京阪百
急：アズナス/C
南＆神＆京：アンスリー/C
神：アズナス/C
阪：イズミヤ/グ
近：上本町ターミナルビル
京：京阪シティモール、KUZUHA MALL
近：あべのハルカス
南：なんばCITY
南：南海サウスタワービル
南：なんばパークス
近：上本町YUFURA
南：なんばスカイオ
京：くずはモール街
急：ちゃやまちアプローズ
阪急：HEPナビオ
急：新）梅田阪急ビル
急：阪急三番街、京：OMMビル
神：ハービスOSAKA
急：西宮ガーデンズ
阪：大阪梅田ツインタワーズ・サウス
近：東生駒
京：くずは
近：柏木ハイツ/外
南：美加の台
近：K-TERRACE（新婚夫婦・DINKS・子育て層向け賃貸マンション）、ガレージハウス
京：びわ湖/外
近：木津川台
京：京阪東/外
近：花吉野
近：あやめ池
急：南茨木
神：塩屋/外
神：花山/外
急：宝塚山手台
急：彩都
京：子育て共助サービス付きマンション
神：六甲山
南：橋本林間田園都市
京：精華台/外
近：Sociale（単身社会人向け賃貸マンション）
近：都クラブカード
近：KIPS/C
南：南海カード
PiTaPaサービス開始
南：minapita/C
近：KIPS/P
南：minapita/P
クレジットカード・グループカード・グループポイント
急：すみれカード
急：ペルソナ/C
京：KENET/C
阪：STACIA/C/P
阪：Sポイント/P
急：阪急クレジットカード
京：京阪カード
京：おけいはん/P
急：HANA PLUS/C/P
京：くずは体育文化センター
南：CITY SPORTSすみのえ
南：パンジョクラブイズ
急：南茨木テニスコート
急：オキシー
神：ラフィット
神：インドアゴルフ練習場hangol
急：スイミングスクール
京：スポーツセンター郡津
近：“楽・元気”生活
近：保育所
近：CATV実験放送
近：在宅介護
近：リフォーム
南：在宅介護
南：農業支援
南：傘シェア
沿線生活新サービス
京：CATV
神：CATV
京：幼児教育
神：児童見守り
京：家事代行
急：葬祭
京：在宅介護
急：学童保育、神：体験型学習施設
南：ロケーションサービス
近・神：農産物生産
近：太陽光発電
その他
急：ベンチャーオフィス
阪：駅ワークスペース

5

多様化を続けた鉄道会社の事業と郊外

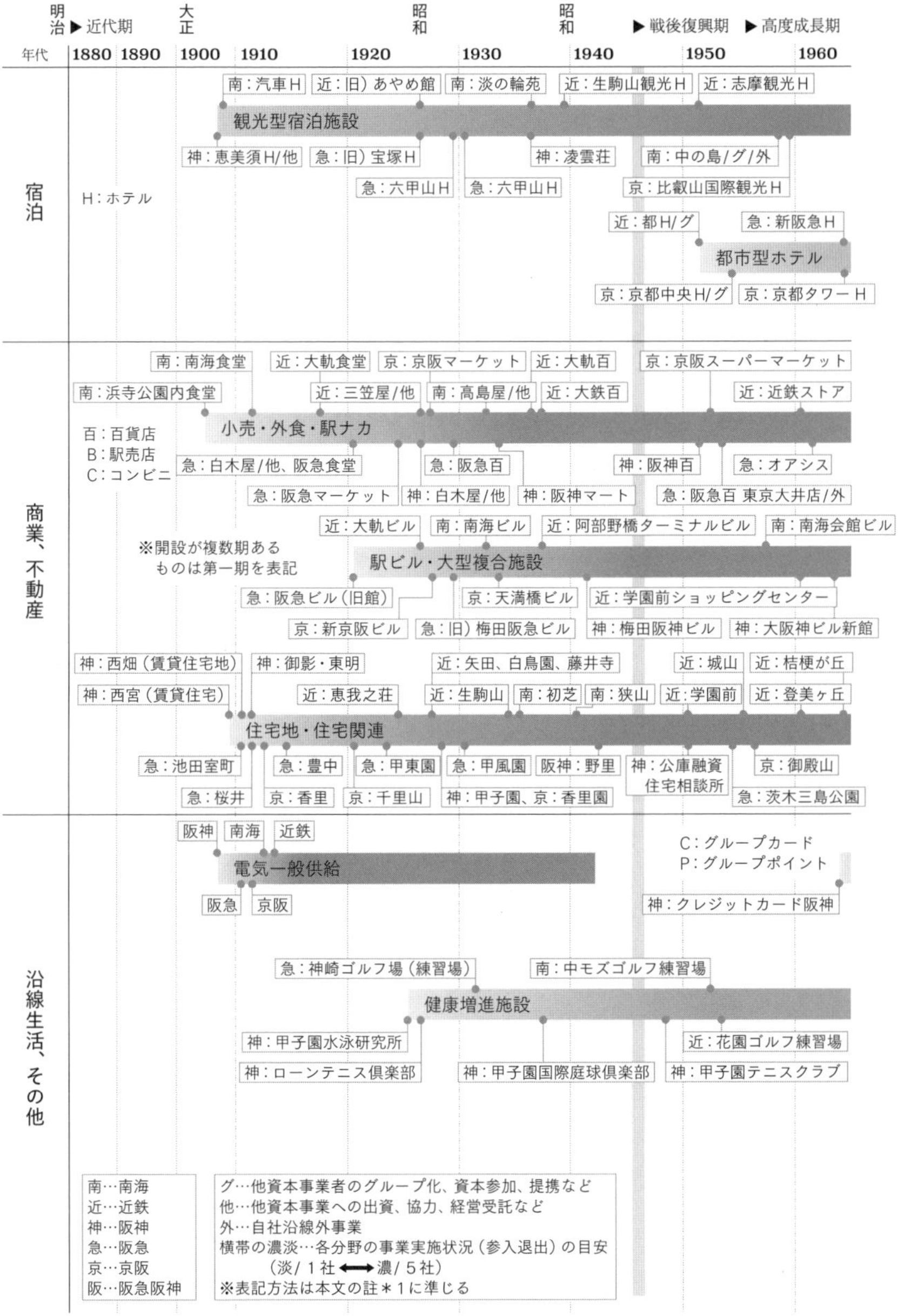

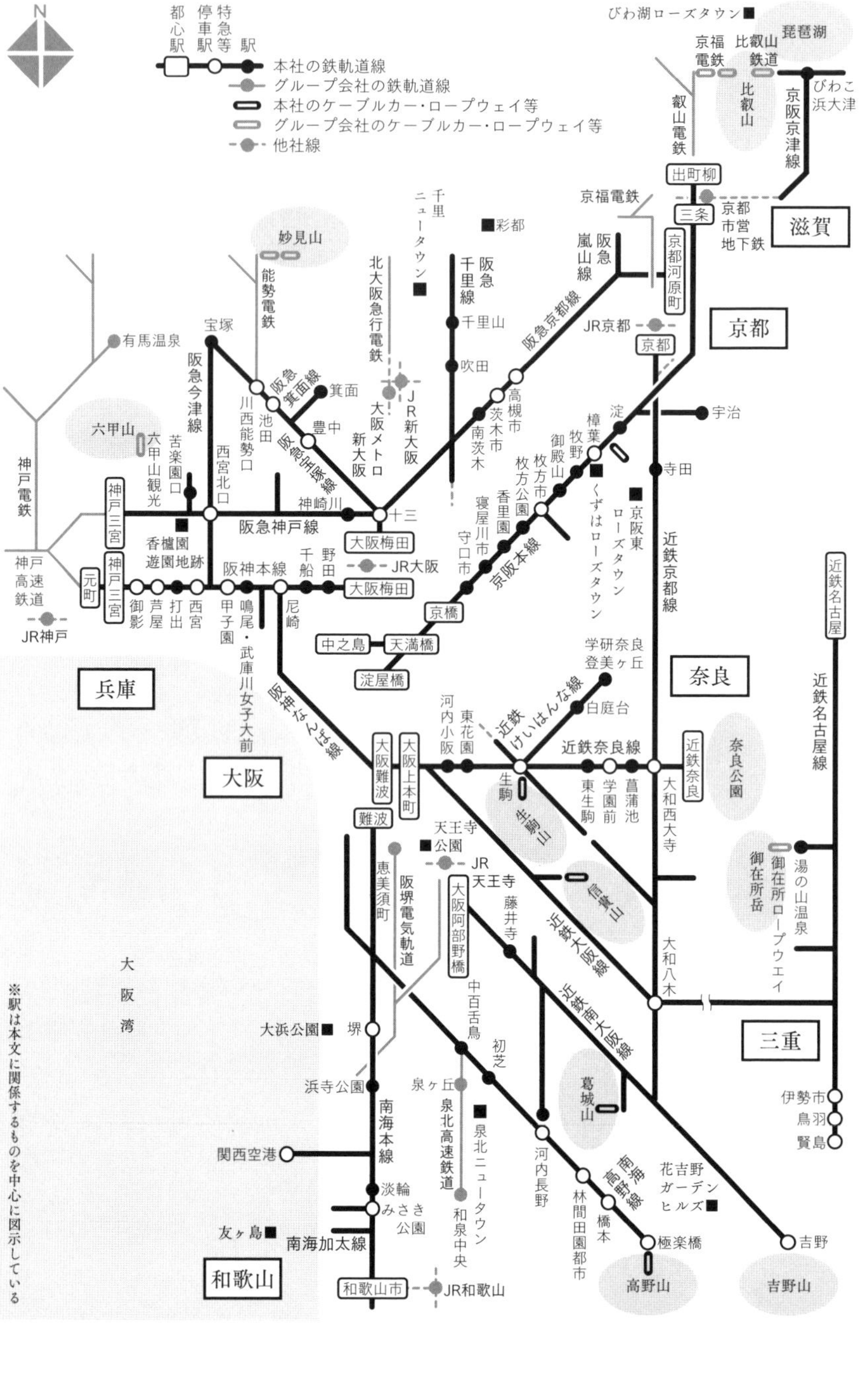

※駅は本文に関係するものを中心に図示している

第6章

沿線力強化による郊外再生

角野幸博
松根辰一

1　新たな論点

二〇二〇年代の郊外論

二〇世紀末に盛り上がった郊外論は、高度経済成長期に加速した郊外開発がバブル景気の膨張と終焉のなかでどのような生活空間をつくり出し、それがどのような社会現象と課題を生み出したのかに注目したものだった。また二〇一〇年頃からの郊外論は、高齢化と人口減少に伴って発生する空地や空き家の問題を指摘するものであった。そこからさらに一〇年が経過する今、郊外はそれらの課題を背負い続けながら、新たな局面を迎えている。

一番大きな変化は、居住単位である家族の高齢化と小規模化そして多様化が、今までの郊外住宅地の空間構成と住宅形式に不適合を起こしながら、新たな住宅地像と住宅像を探り始めているということである。憧れのモデルであった庭付き戸建て住宅は高齢世帯の手に余る一方、子育て世代や単身者が新たに入居するには価格が高すぎるし広すぎもする。また持ち家を取得することは今の中・若年層には人生の目標や生きがいにはならず、鉄道沿線へのこだわりも弱まっている。郊外住宅地の枠組みをこえて、親や子どもの世代との同居や近居のスタイルにも多様な選択肢が生まれている。ところが高齢化する郊外住宅地に住むリタイア層は、用途混在や敷地の細分化を受け入れることにためらいがある。家族のかたちが多様化するなかで、高齢者や単身者そして何よりも共稼ぎの子育て世帯を受け止められる住宅形式と居住環境が、用意されなければならない。

二番目は、ワークライフスタイルの再構築に合わせて、職、住、余暇（または自己実現）の新しい組み合わせ方が模索されていることである。都心・郊外を問わず仕事の場の多様化が一層進むなかで、サラリーマンはもとより、多様な自営スタイルにも対応できる住宅地と住宅が求められている。新型コロナウイルス禍に明け暮れた二〇二〇年は、ほどなくテレワーク元年と呼ばれるようになると予想するが、これをきっかけに仕事の面でも都心と郊外との関係が見直され、働く場としての住宅とその近隣の位置付けが変わるに違いない。すでにポストコロナウイルス禍の時代を見越して、ハウスメーカーはテレワークスペースをしつらえた住宅を提案している。テレワークが一定程度普及すると、郊外住宅地内でのワーカーの総滞在時間が増え、そのためのスペース需要だけでなく、生活全般の質への関心が高まる。必然的に買物や飲食などの消費行動と生活支援サービスの質が変わるとともに、散歩や気分転換など普段使いの屋外空間需要も高まるだろう。このようなワークライフスタイルの変化に合わせて、施設配置計画や生活環境のあり方を見直さなければならない。

三番目は、時代に即したコミュニティ意識の変革とコミュニティ活動の仕組みづくりが求められることである。初期の郊外住宅地では、主に専業主婦と元気な高齢者とが地域活動の主体であり続けてきたが、彼らだけに頼るのは限界に達しており、より多様な人びとが主体的に活動することが求められている。URや公社・公営の賃貸集合住宅団地では、すでにさまざまな住民活動や相互扶助活動が先行しているが、戸建て住宅団地でも同様のニーズが高まっている。集合住宅団地に比べてゆるやかなつきあいを良しとしていた戸建て住宅団地でも、高齢化が急速に進んで独居老人や空き家、空地が増加するなかで、住民同士の新たなコミュニケーションの仕組みをつくるとともに、より合理的で確実な住環境の管理システムが求められている。

ほとんどの郊外住宅団地は、自治会会員の減少やまちづくり協議会との関係のあり方をはじめ、コミュニティ活動について多くの課題を抱えている。分譲マンションの場合は、これに加えて管理組合と自治会との関係についての課題も大きい。持続可能な郊外住宅地の再生のためにコミュニティ活動への期待が高まり、担い手不足が指摘されるなかで、「担うこと」の意味と内容の変化をどう受け止めるかが問われている。一部の郊外住宅地ではＮＰＯ団体などが空き家などを活用して住民交流の場をつくっているが、まちづくりの仕組みとしてこのような活動をしっかりと位置付ける必要がある。

住宅のアフォーダビリティ

住宅のアフォーダビリティとは、「適切な負担で適切な住宅に居住できること」を意味する。日本では公営住宅政策としての議論が中心になっているが、低家賃の住宅が減少して若者や高齢世帯の居住費負担が増えるなかで、家賃補助などの民間賃貸住宅を活用した政策にも関心が高まっている。ここでは分譲か賃貸かを問わず、良質かつ適正なコストで入居できる住宅をアフォーダブル住宅と呼ぶことにするが、今後は郊外住宅のアフォーダビリティについても検討を進める必要があるのではないだろうか。マイク・リンドンとアンソニー・ガルシアは、住まいのトータルアフォーダビリティは、郊外住宅よりも徒歩ですべてをまかなうことができる都心居住の方が上だと主張しているが（Lydon & Garcia, 2015）、郊外居住の価値とそのコストを総合的かつ客観的に測ることが求められる。

都市圏人口の減少が続く限り、郊外に空き家や空地は必然的に発生する。これを避けるためには新しい居住者を呼び込む必要があるが、郊外住宅地の多くは若者にも高齢者にもアフォーダブルではない。一戸当たりの敷地面積が広くて良好な環境を維持している住宅地は、その価値の高さゆえに高価格となり、若い子育て層は購入しづらい。戸建て住宅地の場合、地区計画によって最低敷地面積を定めるところが増えているが、家族の少人数化や共稼ぎ世帯の増加などのために、広い戸建て住宅を求める層は今までほどには増えないだろう。戦前から続くごく一部の専用住宅地は、高級住宅地としての価値を維持して新たな転入者を受け入れ続けられるものの、郊外住宅地のすべてが高級住宅地として存続することは難しい。敷地の細分化や賃貸住宅化、集合住宅化、シェア居住や二地域居住さらには併用住宅化などの可能性を探りながら、郊外住宅地のアフォーダビリティを一歩踏み込んで検討する必要がある。

また同時に、住宅以外の用途や空地としての活用策を探ってみることも、選択肢のひとつとなる。管理が行き届いていない郊外住宅が増えると、住宅地全体の環境が悪化する。相続などによって不在地主が発生すると彼らに管理責任がのしかかる。今までのように「生活を支える住宅」をどう確保するかではなく、「すでに所有している住宅を支える生活」をどう実現するかが問われ始める。所有し続けることが難しくなれば、もっともうまい手放しの方法が求められることになる。近代から高度経済成長期にかけて多数派を占めてきた住居観すなわち、「所得の向上と家族の成長に見合った居住水準と資産価値を獲得して都市に根付くためには、戸建て持ち家がのぞましい」という考え方は、根本的に変わらざるを得ない。第2章では郊外のデグレードの傾向を指摘したが、多様な居住者を受け止められるアフォーダビリティが郊外住宅地にも求められている。

新しい「新しさ」

第3章で論じられたように、日本人が郊外に住まいを求めた理由のひとつに「新しさ」への期待があった。衣服や家具調度を「新調する」という言葉があるように、新しい住宅を買って住み替えることは、住様式や住宅設備が時代とともに進化してきたなかで、より快適で便利な暮らしを手に入れることと同義であった。新生や再生の儀礼を重視して新しいモノやコトに価値を置くという日本文化論や日本人論を引き合いに出すまでもなく、新しい住まいへの引っ越しは、豊かな暮らしへの階段を一歩上がることと理解されてきた。

二一世紀も初動期を過ぎた今、若い世代を中心にＤＩＹを積極的に導入した団地再生や長屋再生、オフィスや倉庫などのコンバージョンに魅力を感じる人が増えている。リノベーション建築が注目され支持されるのは、あながちコスト面の理由だけではなさそうだ。また地方都市へのＩターンやＵターンを決断する人たちは、古い農家や伝統的町家などを改修して住む事例が多いが、いくつもの自治体が開設している空き家バンクでは、農家や町家へのニーズはあっても、ニュータウンの戸建て住宅への関心は今ひとつである。

リノベーションも古い農家も伝統的町家も、今の世代はそれを新しいもの、初めて出会うものとして評価し、そこに「新しく生まれ変わる自分」を投影しようとしているのではないだろうか。それに比べてニュータウンの、とりわけハウスメーカーの中古住宅にそのような新しさを発見することは難しい。中若年層に郊外住宅地への転居を促すために、あるいはＩターン先として郊外住宅団地が選ばれるために、決定的に不足している魅力あるいは阻害する要因は何かを確認して、今後どのような新しい「新しさ」を提供できるのかを考える必要がある。ハウスメーカーの中古住宅に、どのような物語を付与するか、あるいは、郊外住宅地という均質なまちで、どのような新しいライフスタイルを実現するかが大きな課題となっている。

2　都市圏再編の必然性

郊外という区分の疑問

大都市圏の再編の難しさは、本書のなかでも繰り返し指摘されてきた。健全な市場経済のもとで、「足による投票」によって再編が起こるという議論もないことはない。しかしながら、住宅性能評価システムと中古住宅市場が未成熟な段階に留まっていては、一般消費者が郊外の中古住宅に目を向ける機会は限られている。また所有者の個別事情や、細分化されすぎた土地所有形態のなかでは、モザイク状に空地や空き家が放置されてスポンジ化現象がいっそう進むのではないかとも思われる。中古住宅の市場原理に合わせた予定調和的な「足による投票」では再編は進まず、適切な計画と誘導の力が求められている。

都市再生特別措置法に基づく都市再生特別地区の高容積開発など、都心への極度な集積の圧力をどう分散させるかも課題である。この制度は本来、商業業務などの都心機能の充足と都心のアメニティ向上を目指したものにもかかわらず、分譲タワーマンションなど居住床の大量供給に結びついている。こうした都心での大量住宅供給が間接的に郊外の衰退を加速させているのではないだろうか。しかも高級タワーマンションの一部は投資用やセカンドハウスとして購入されており、本質的な都心再生に結びついてはいない。

郊外か都心かという二者択一型の居住地選択も、郊外と都心とを二極対立的に捉える空間認識も、すでに現実的ではなくなっている。中世都市からの伝統を引き継いで都市の空間領域が明確であったヨーロッパ社会とは異なり、日本の都市空間はとくに近代以降、農地や丘陵地をむしばむようにして市街地を広げ、とくに都市間を結ぶ鉄道沿線に住宅系市街地を連担させてきた。このことをふまえたうえでの郊外再生の方策を、明確な計画制度として確立することが今求められている。

筆者は以前に、郊外住宅地を①まちなか居住の要素を加えてコンパクトシティ化できるところ、②疎住郊外としての魅力を確立できるところ、③優良住宅地としてブランド化できるところに区分して再編の方向性を検討した(角野、二〇一〇)。③の多くは戦前に開発された高級住宅地で、一部では宅地分割やマンション化を伴いながらも転入ニーズが続く市場性の高いところである。②は空地化や売れ残りがさらに進行する恐れのある住宅地で、より自然に近い田園的ライフスタイルの実現を目指すところをさす。①の住宅地こそが高度経済成長期に沿線の肥大化を伴いながら大量に供給された住宅地であり、ここについては、駅前とその徒歩圏および各住宅地のセンター地区周辺での「まちなか居住」の新展開を目指すべきだろう。多くの戸建て住宅地は、多様な住宅タイプや適度な用途混在がなければ、家族タイプの多様化と小規模化そしてワークライフスタイルの多様化に対応できなくなる。郊外の再生のためには、第一種低層住居専用地域でも均質な専用住宅が拡がるという空間像を改めて、用途や住宅タイプの混在をある程度認めるという、「混ぜて解く」というアプローチが必要ではないだろうか。拠点駅周辺や旧市街地のように、住宅タイプや商業施設などの選択多様性と界隈性を意味するまちなか性を実現し、そこに隣接する専用住宅地をふくめた「まちなか居住ゾーン」を設定する。こうした試みによって、都心か郊外かという単純な都市圏の図式ではなく、メリハリと多様性に富む大都市圏像を共有する。

多極ネットワークの空間像

郊外の持続可能性を議論する際には、個々の住宅地を都心との関係のみで捉えるのではなく、拠点駅や団地センター地区さらには旧市街地との新たな関係づくりに配慮し、生活拠点についても複数の住宅地間や鉄道沿線内での役割分担と機能補完の可能性を検討するべきである。ワークライフスタイルの多様化を受けて、都心に依存するだけではなく、仕事や消費を支えるさまざまなレベルの拠点どうしのネットワークを、鉄道を軸にして構築する。そして多様な拠点をもつ開いたネットワークのなかでの共生方策を探るのである。

多極ネットワークとはいうものの、郊外生活においてどのような極（拠点）とのどのような移動・連絡手段を想定すればよいのだろうか。実現すべき多極の構造について、より深く検討しなければならない。ニーアル・ファーガソンは、体系的なネットワーク分析における三つの重要な尺度として、「次数中心性」と「媒

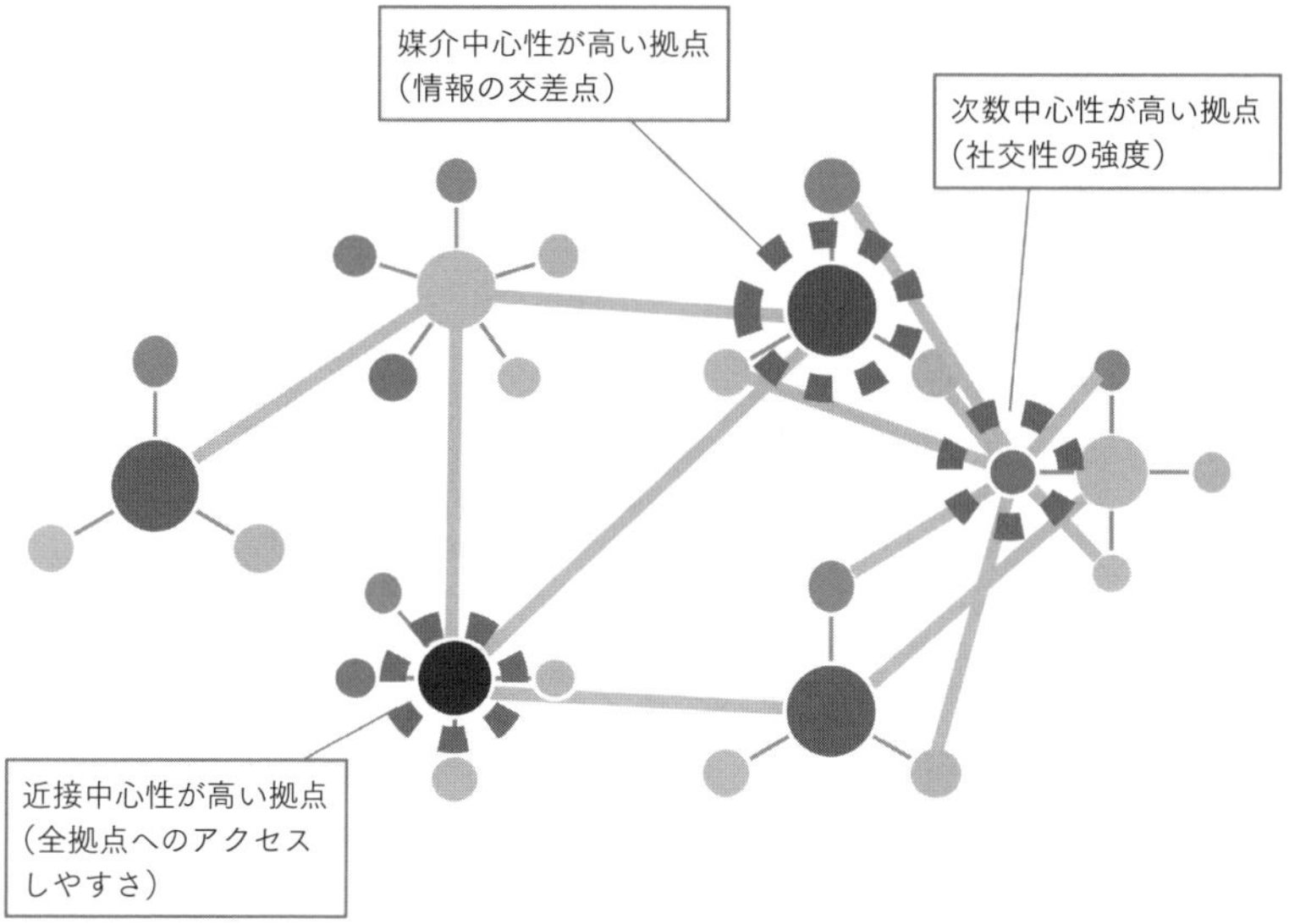

図1　ネットワークにおける3つの中心性

介中心性」と「近接中心性」を紹介する（ファーガソン、二〇一九）。次数中心性とは、それぞれのノード（点）から出ているエッジ（線）の数で決まり、それは一個人が他者と結んでいる関係の数で計測されるという。これは社交性の強度といい直すことができる。媒介中心性とは、一九七〇年代後期に社会学者のフリーマンによって定義されたもので、特定のノードをどれだけの情報が通過するかの尺度となる。例えば自動車で移動する人がそれぞれ目的地までの最短ルートを取ろうとするときに、交通が集中して混雑する交差点がいくつか発生する。人的ネットワークなどでもそれと同じように、異なる分野の人やグループをつなごうとしたときに要となる人やグループの存在に気が付くことがある。媒介中心性が高いノードは必ずしも多数のエッジ（線）でいくつものノードとつながっているとは限らないが、重要なリンクを握っているということである。そして近接中心性は、あるノードから他のすべてのノードに到達するまでに必要なステップの数の平均値によって測られる。どのノードがすべての情報にアクセスしやすいかを突き止めるのによく使われる。社会的ネットワークのなかで次数中心性や媒介中心性や近接中心性が高い人物は、それぞれ違った意味でのハブの役割を演じる（図1）。もちろん特定の人物が複数の中心性をもつことも少なくないだろう。

この考え方を鉄道沿線に分布する拠点駅や、ニュータウンのセンター地区あるいは旧市街地に当てはめてみることで、多極ネットワーク構造を具体的に構想することができないだろうか。多くの機能が集積する駅やセンター地区は確かに郊外を支える拠点となりうるが、他のノードとの近接性の程度やネットワークの強度にも着目する必要があるということだ。次数中心性の高い拠点とは、多様な機能をもって多くの拠点や住宅地とのネットワークを築いている駅やセンター地区が該当する。媒介中心性の高い拠点とは、特定の重要な機能を担っていて、ほかの機能をもつ拠点との連携によって沿線全体での郊外生活を支える駅またはセンター地区である。例えば本社機能や研究開発機能をもつオフィスや、高度医療施設、高等教育施設等があてはまる。そして近接中心性が高い拠点とは、沿線の多くの住宅地からアクセスしやすい駅またはセンター地区のことである。アクセシビリティの高さは物理的な距離と移動手段によって決まるが、情報ネットワークや物流ネットワークで補完される部分もあるだろう。今までのコンパクトシティ論におけるコンパクト・プラス・ネットワークという理念は、次数中心性と近接中心性にのみ着目する傾向が強い。拠点間の連携実現のための媒介中心性にも考慮したうえで、都市圏構造を考えるべきである。また調査結果からは、住まいからの最寄り駅でなくともバス交通の結節点である駅は、圏域居住者が「普段最もよく使う駅」として評価されやすいことが明らかになっている。これらの事実をふまえて、より実態に即した多極ネットワークの構築を目指す。また一部の郊外地域では都心までの交通手段として、鉄道とバスとの競合が発生している。健全な競争は望ましいものの、道路に対する鉄道の優位性を考慮しながら、総合的な交通体系としての見直しも必要だろう。

ただし、ジーバーツが指摘するような、「星座のように位置する、専門分化された空間の諸点と家が結ばれている領域になり、それが退屈な交通空間、それゆえ「死んだ」移動時間によってつながれることになる」(ジーバーツ、二〇一七)という状況は避けなければならない。専門分化された諸機能がそれぞれ違った拠点に分散配置されたとしても、これらをつなぐ公共交通の利便性と、周辺の土地利用や景観を含む移動環境の快適性を高める必要がある。また人の移動だけでなく、ウェブネットワークが急速に社会を変えている今、新しい郊外生活スタイルに情報や物流ネットワークがどう関わるかを意識すべきである。

沿線のスリム化と拠点性の再構築

初期の郊外住宅地が主に駅からの徒歩圏に開発されたのに対して、高度経済成長期以降は、バスなどのフィーダー交通やマイカーに依存する開発が増えた。駅からの徒歩圏を超えて農地のスプロール開発が進むとともに、巨大な擁壁や坂道をもつ住宅地が丘陵地や山麓を駆け上っていった。そしてこのことがロードサイドショップの隆盛にもつながった。

都市圏レベルでの人口減少が進むなかで、このように肥大化した郊外住宅地をどのようにスリム化するかが問われている。すでに丘陵地の戸建て住宅から駅前のマンションへの住み替えが進んだり、新駅を建設して駅前に住宅開発を誘導したりする例が多くみられる。共稼ぎ世帯や単身世帯の増加と高齢化の進展は、駅周辺への依存度を高める可能性がある。家族タイプが多様化するなかで、より駅への依存度が高い層を駅勢圏に呼び込むとともに、現在は駅への依存度が低い層を呼びよせるために、目的地としての駅や駅周辺の魅力化が求められる。とりわけ中若年層や子育て層に受け入れられることは、沿線全体の持続可能性を確保する上で不可欠である。沿線のスリム化とは、沿線全体の人口減少を許容することではない。駅などの拠点への集積を誘導するとともに、徒歩圏の外側では郊外固有の居住環境の魅力を再評価して、メリハリのある沿線に再生することである。

この場合、拠点駅への機能集積と拠点としての都会的魅力の実現について、いっそうの検討が求められる。都心の商業空間や盛り場空間は、都市におけるハレの場となると同時に、カウンターカルチャーが育つ場も生み出し続けてきた。都心にはオモテの繁華街があると同時に、そのすぐウラには猥雑なゾーンや若者たちが独自の文化を育むゾーンが自然発生してきた。ジョセフ・ヒースとアンドルー・ポターは、差異化を追求するカウンターカルチャーこそが消費主義の推進力となってきたと主張するが（ヒース&ポター、二〇一四）、均質な家族の生活の場として開発された郊外には、「明るくて健康的な消費空間」は計画できても、差異化へのベクトルは働きにくかった。サードプレイスといっても、家の延長にある日常的で保守的な場所しか生み出してはこなかった。その結果郊外に増殖しているのは、健康で明るい大型ショッピングセンターやロードサイドの大規模店舗ばかりである。拠点駅の駅前再開発も例外ではなかった。

もちろん開発者たちも、都心の魅力を郊外でどう実現するかに頭を悩ましてきた。彼らは大規模な複合商業ビルをつくるというユニバーサルな論理と、小さな店が並ぶ界隈空間をつくるというドメスティックな論理の狭間で揺れ続け、そして常に前者が勝ち続けてきた。一九八〇年代に尼崎市の工場跡地に建設された「つかしん」など、一部の開発では疑似的な界隈空間の創造を試みてきたが、その多くはテーマパークのような違和感を与え、あまり長続きしていない。その一方で、近年は若い起業家たちが中心市街地の古家や倉庫をリノベーションして商業施設化する動きがある。さらに点としてのリノベーション物件をネットワークさせてエリアリノベーションという視点でまちの再生が試みられる（馬場、二〇一六）。郊外でも駅周辺や旧集落などで、リノベーション型再開発と組み合わせることによって、多様性とカウンターカルチャー性をもつ小さな都心の形成につなげることができないだろうか。

都市が必然的につくり出す「中心と周縁」の構造を、郊外に移植することは容易ではない。ジーバーツは、明確な形態と境界線をもっていたヨーロッパの都市が近代化の過程で郊外に拡散し、都市の形態と市民組織を失いながら生活域が農村地域に切れ目なく拡がっていた状況を、「間にある都市」という概念で説明する。彼は都市を形成する重要な要件として、都会性、中心性、密度、用途混合、エコロジーという五つの概念を提示し、都市の中心性が解体する可能性と「間にある都市」におけるこれら五つの要件の導入可能性について、すでに二〇世紀末に議論を展開している（ジーバーツ、二〇一七）。郊外において今我々が直面している課題は、まさにこれらの五要件をどう実体化できるかなのである。

3　立地適正化計画と沿線型コンパクトシティの可能性

駅を核とした立地適正化計画

二〇一四年に都市再生特別措置法が改正され、都市機能施設を中心市街地等に誘導して都市のコンパクト化を推進するための法的な枠組みが追加された。これが「立地適正化計画」である。都市が成長・拡大する過程では、「線引き・色塗り」と呼ばれる区域区分[*1]や地域地区制[*2]が、秩序ある市街地の形成に寄与してきた。しかし、人口減少と土地利用のスポンジ化に対応するためには、さらなる誘導施策が必要だった。それまでにも都市計画マスタープランでコンパクトシティを提唱する自治体はあったが、具体的に施設立地を誘導する国の施策は立地適正化計画が初めてだった。立地適正化計画は、「コンパクト・プラス・ネットワーク」というスローガンのもとで、一定の人口密度を維持して生活サービスやコミュニティの機能を維持する「居住誘導区域」と、医療・福祉施設、商業施設などの都市機能増進施設の立地を誘導する「都市機能誘導区域」を定め、これらを公共交通ネットワークによってつなぐことを目指している。国からの働きかけもあって、二〇二一年三月末時点で、全国の地方自治体総数の約三分の一にあたる五八一の都市が計画作成の取り組みを行っており、三八三の都市が計画を公表している。

表1は、大阪府下の全自治体と、大阪府と関係が深い京都府山城地域および兵庫県阪神地域の自治体の立地適正化計画に示された拠点地区を示したものである。多くの都市で鉄道駅が拠点と位置付けられ、その周辺が都市機能誘導区域に設定されている。乗降客が多く拠点性が高い鉄道駅が中心的拠点、それ以外の鉄道駅が副次的拠点となっており、鉄道駅と路線、そして鉄道駅を起点とするフィーダー交通網が重視されている。しかしなかには、バスセンターやニュータウンの地区センター、その他特定施設整備を進める地区や、幹線道路の結節点を拠点と位置付ける都市もある。

戦後の復興期から高度経済成長期にかけて、駅とその周辺は都市の拠点としての性格を強めてきた。駅周辺に市街地が広がって利便性と賑わいが増し、買物など生活に必要な用件は駅周辺でほとんど充足できるようになった。またフィーダー交通によりハブの役割をもつ郊外の駅も生まれた。都市近郊の鉄道沿線で生活する住民は、自宅からさまざまな交通手段で最寄り駅まで移動し、ゲートである駅の改札を通過して鉄道で勤務先や学校などの目的地に向かった。そして夕刻には再び同じゲートを通過して自宅への帰途をたどった。ときには駅周辺で買物や飲食を楽しむこともあったかもしれない。こうした背景に支えられて駅の拠点化が進んだ一方で、ワークライフスタイルの変化は、ロードサイドショップや、自治体の境界を越えた新たな拠

表1　大阪都市圏主要都市の立地適正化計画

	拠点と位置付けられた鉄道駅		鉄道駅以外の拠点
	中心的拠点	その他の拠点	
豊中市	北部大阪都市拠点：千里中央	都市拠点：豊中、岡町、曽根、庄内 地域拠点：蛍池、服部天神、少路、柴原、緑地公園	広域連携都市拠点：大阪国際空港
池田市	都市核：池田、石橋		都市機能誘導区域：伏尾台、呉羽の里
吹田市	都市拠点：JR吹田、阪急吹田、江坂、岸辺	地域拠点：北千里、南千里、桃山台、山田、千里山、関大前、豊津、南吹田	万博記念公園
泉大津市	中心拠点：泉大津	地域拠点：北助松、松ノ浜、和泉府中（市外）	交流拠点：都市計画公園、緑地など12か所
高槻市	都市拠点：JR高槻、高槻市、JR富田、富田	生活拠点：上牧	生活拠点：松が丘、永楽荘、西町、栄町、玉川、柱本など10カ所
守口市◎	都市核：守口、大日	地域核：太子橋今市、土居、滝井、京阪守口	東部都市核
枚方市	広域中心拠点：枚方市	広域拠点：樟葉、枚方公園、長尾 地区拠点：牧野、御殿山、光善寺、宮之阪、津田 生活拠点：藤坂、星丘、村野	地区拠点：香里ケ丘 その他：北山
茨木市◎	都市拠点：JR茨木、茨木市	地域拠点：JR総持寺、総持寺、南茨木、阪大病院前、彩都西 生活拠点：宇野辺、沢良宜、豊川	生活拠点：真砂、藅川、中河原、山手台
八尾市	中心核：近鉄八尾	副次核：JR八尾、河内山本 新都市核：久宝寺、八尾南	コミュニティ核：各学校区のコミュニティセンター等
寝屋川市	中心拠点：香里園、寝屋川市、萱島、寝屋川公園		生活拠点：寝屋川団地・三井団地周辺、仁和寺周辺、緑町周辺
河内長野市	都市拠点：河内長野	地域拠点：千代田、三日市町	丘の生活拠点：南花台 行政拠点：市庁舎周辺　消防・防災拠点
大東市◎	中心商業・業務拠点：住道	地域商業・業務拠点：野崎、四条畷	学術・研究エリア 産業集積エリア
和泉市	都市拠点：和泉府中、和泉中央、光明池（市外）	北信太、信太山	
箕面市	都市拠点：箕面船場阪大前、箕面萱野（予定駅）	地域生活拠点：箕面、牧落、桜井、彩都西、豊川（市外）	粟生バスターミナル、小野原バスターミナル、森町バスターミナル

表1　大阪都市圏主要都市の立地適正化計画（続き）

	拠点と位置付けられた鉄道駅		鉄道駅以外の拠点
	中心的拠点	その他の拠点	
門真市◎	中心拠点：門真市、古川橋	地域生活拠点：門真南、西三荘、大和田、萱島	複合拠点あり
高石市	都市核：高石、羽衣、富木		シビックゾーン：市庁舎周辺
東大阪市	中心拠点：荒本・長田 地域拠点：瓜生堂（予定駅）、若江岩田	賑わい拠点：布施 地域拠点：鴻池新田、瓢箪山、高井田、JR長瀬、俊徳道、八戸ノ里	
阪南市	中心拠点：尾崎	地区拠点： 高取壮、箱作、和泉鳥取	地区拠点：2カ所
忠岡町◎	拠点：忠岡駅周辺		
京都市	広域拠点：京都、五条、烏丸、御池、市役所前、祇園四条、三条、梅小路丹波口、大宮、二条	地域中核拠点：北大路、丸太町、竹田、山科、西大路、桂川、太秦、円町、山科、桂、西京極、西院、椥辻、醍醐、六地蔵、丹波橋、桃山御陵前～伏見桃山、中書島、国際会館、出町柳、今出川、東山、七条、嵐山、北野白梅町、洛西口、淀	地域中核拠点：洛西バスターミナル
向日市◎	中心都市拠点：JR向日町、東向日	交流都市拠点：洛西口 地域生活拠点：西向日	交流都市拠点：桂川～洛西口新市街地周辺 市民生活拠点：市役所～向日町競輪場周辺 特定公共サービス拠点：府乙訓総合庁舎周辺
長岡京市	都心拠点：JR長岡京、長岡天神	広域交通拠点：西山天王山・高速長岡京（バスストップ）	
京田辺市	中心拠点：JR京田辺、新田辺	地域拠点：JR松井山手、JR三山木、三山木	
神戸市◎	都心核：三宮駅周辺 都心拠点：新神戸、元町、神戸周辺、住吉、御影、六甲道、湊川、新開地、板宿、新長田周辺	地域拠点：鈴蘭台、名谷、学園都市、垂水、舞子 連携拠点：西神中央、岡場 交通結節点：谷上	都心拠点：ポートアイランド、神戸空港島 地域拠点：六甲アイランド
尼崎市	広域拠点：JR尼崎、阪神尼崎、出屋敷、	地域拠点：阪急塚口、園田、武庫之荘、立花、杭瀬 生活拠点：上記以外の鉄道駅	旧聖トマス大学周辺、JR尼崎西側周辺産業集積地
西宮市	都市核：西宮北口、JR西宮・阪神西宮	地域核：甲子園口、夙川、苦楽園口、甲東園、今津、甲子園、西宮名塩 地区核：門戸厄神、甲陽園	地域核：山口センター

＊◎は、都市構造について都市計画マスタープランから読み取った自治体
＊取り上げた自治体　大阪府：全市町、京都府：京都市及び山城地域、兵庫県：神戸市及び阪神北、阪神南地域
＊大阪府堺市・島本町・熊取町、京都府八幡市、兵庫県宝塚市は取組中（2021年4月時点）

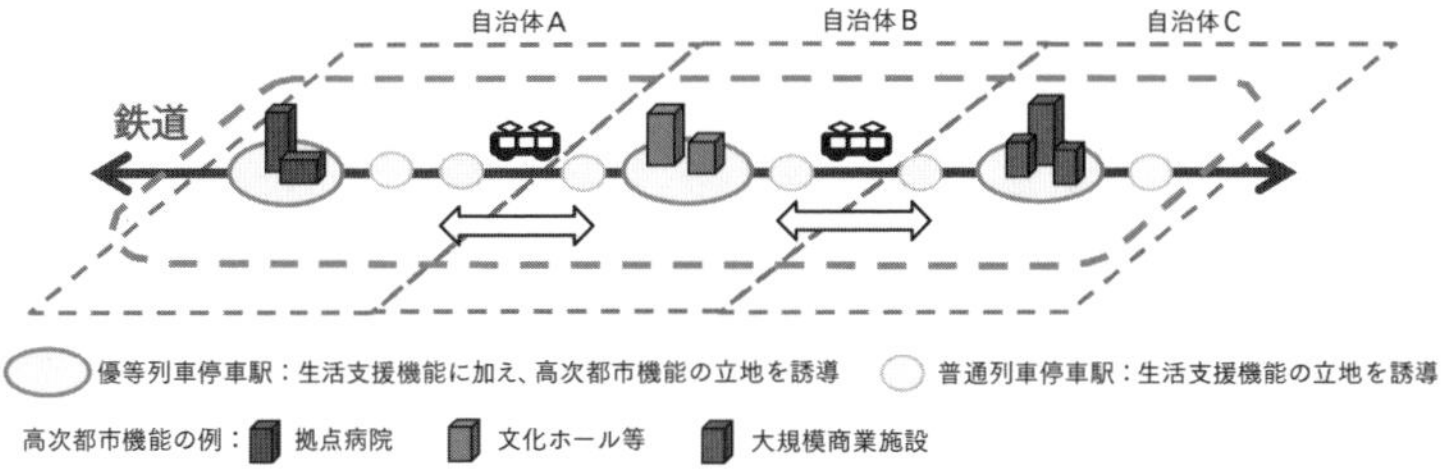

図2　都市機能の連携・分担イメージ
（出典：国土交通省ウェブサイト、https://www.mlit.go.jp/common/001112598.pdf）

点を生み出そうともしている。

本節では立地適正化計画と駅や沿線との関係についていくつかの具体例を紹介し、拠点としての駅の位置づけと周辺市街地との関係についての多様性と持続可能性を確認する。それをふまえて、自治体で区切るのではない、沿線型コンパクトシティ形成の可能性及び課題と、自治体の役割について考察を深める。

鉄道沿線まちづくり　泉北地域

鉄道は隣接する自治体を貫いて広域に延びており、沿線の居住者はこの軸に沿って移動しながら生活する。彼らの沿線への帰属意識や愛着は強く、居住地を尋ねられた際に路線名や駅名を答えることも多い。こうした沿線住民の生活行動や意識をふまえると、都市計画マスタープランや立地適正化計画などを策定する際に、自治体ごとに個別に線を引き用途を規定する従来の手法では、沿線居住者の行動や意識に寄り添うことは困難ではないだろうか。

このような懸念を受けてか、隣接する自治体同士が鉄道沿線に着目して連携し、整合を図る試みが始められている。二〇一五年に国土交通省がガイドラインを策定した「鉄道沿線まちづくり」は、立地適正化計画の発展形ともいえる施策である（図2）。鉄道沿線に着目してコンパクトかつシ

表2　泉北地域各市町のデータ（2020年）

	堺市	和泉市	泉大津市	高石市	忠岡町	泉北地域合計
総面積（㎢）	149.81	84.98	14.31	11.3	4.03	264.43
総人口（人）	826,500	185,800	74,400	56,100	17,000	1,159,800
人口密度（人/㎢）	5,517	2,186	5,199	4,965	4,218	4,386
市街化区域面積（㎢）	107.25	26.01	14.31	11.12	4.03	162.72
市街化区域人口（人）	781,100	174,000	74,400	56,100	17,000	1,102,600
市街化区域人口密度（人/㎢）	7,283	6,690	5,199	5,045	4,218	6,776

（出典：国土交通省都市計画現況調査、2020年3月）

ームレスな都市構造を実現して、拠点病院や文化ホール等の高次都市機能施設を沿線自治体間で共用する。鉄道沿線に都市機能が集中する大都市近郊エリアではきわめて当を得た施策で、関西圏では兵庫県播磨地域と大阪府泉北地域で取り組まれている。

大阪市の南側に位置する泉北地域は、堺市、和泉市、高石市、泉大津市、忠岡町の五つの自治体から成り、地域全体の人口は一一六万人と広島市に匹敵する規模の都市圏を形成している。自由都市として戦国時代の物語にも登場する堺市をはじめ、奈良時代に和泉の国府が置かれていた和泉市、古くから外港として栄え小津の名で知られていた泉大津市、江戸時代は幕府の直轄地であった高石市、そして忠岡町は国内最小面積の自治体である（表2）。それぞれに固有の歴史や個性を有する五つの自治体が連携して鉄道沿線まちづくりに取り組み、二〇一六年度に「泉北地域鉄道沿線まちづくり協議会」を設立して、全国で初めての「広域的な立地適正化の方針」を策定した。協議会のメンバーは泉北地域の五つの自治体に加えて、エリアを串刺しする南海電気鉄道、西日本旅客鉄道、泉北高速鉄道、フィーダー交通を司る南海バス、及び国土交通省近畿地方整備局と近畿運輸局、大阪府である。事務局を担当した高石市は、同時期に立地適正化計画を策定している。

協議会では泉北地域の特性について、人口推計、駅の乗降客数、都市機能施設の利用状況・収支などの客観的なデータに基づいて現状を分析し、課題を共有した。そして課題解決のために、「鉄道沿線を中心としたまちづくり」と「鉄道沿線自治体と公共交通事業者との連携」という二つの方向性を導き出した。少子高齢化の影響が深刻化する前に、沿線の自治体と公共交通事業者が連携することや、立地適正化計画の居住誘導区域、都市機能誘導区域の配置方針を共有した。これを受けて各自治体は、立地適正化計画の検討・作成のフェーズに移るとともに、具体的な連携の方法について検討を継続した。公共施設の相互利用から始めて、次に共同管理、最終的には再編統合を目指すために、実際の施設をモデルとして調査・分析を行い、そこでは泉北地域全体をひとつの地域と捉え、各自治体の都市計画マスタープランにおける将来土地利用（都市構造図）を結合するなど、興味深い試みもなされた。

二〇一九年三月に公表された「泉北地域における鉄道沿線まちづくり調査分析報告書」は、分担・連携が可能な高次都市機能施設として、公立病院や文化ホール、スポーツ施設などを抽出してケーススタディを行い、それぞれの相互利用、共同管理の可能性を模索しつつ、沿線における公共施設再編までのイメージを共有している。検討内容をふまえて、老朽化した施設の新設を保留しようとする自治体もあるようだが、実現までには大きな課題もある。既に実績のある図書館の相互利用に比べて、利用料金を徴収する施設では、料金や事務作業の分担など調整すべき課題が数多くあると思われる。施設再編の場合は新設時の費用負担や、廃止した施設の跡地活用などの課題もある。施設までのアクセスを低下させないために、鉄道やフィーダー交通であるバスなど公共交通事業者と連携し、料金やダイヤについての調整なども求められる。こうした課題は多いものの、鉄道を軸に複数の自治体と鉄道事業者が連携を試みる事例として期待して見守りたい。

表3　南花台の取り組み

2014（平成26）年	10月	「南花台スマートエイジング・シティ」団地再生モデル事業立ち上げ
2015（平成27）年	10月	「コノミヤテラス」オープン
2016（平成28）年	4月	南花台を「丘の生活拠点」と位置付け（河内長野市第５次総合計画）
2017（平成29）年	4月	錦秀会看護専門学校の設置（南花台西小跡地活用）
		『咲っく南花台事業者の会』発足・地域HP立ち上げ
		『南花台団地集約型団地再生事業』着手［UR都市機構］
2018（平成30）年	2月	『南花台地区「丘の生活拠点」に関するまちづくり連携協定』締結 ［河内長野市・関西大学・UR都市機構］
	8月	「大阪府・河内長野市 近未来技術等社会実装事業」採択 ［大阪府、河内長野市社会福祉協議会、南花台自治協議会、関西大学、株式会社コノミヤ、株式会社NTTドコモ、関西電力株式会社］
	12月	『南花台地区「丘の生活拠点」形成に向けたまちづくり連携協定』締結 ［河内長野市・株式会社コノミヤ・関西大学］

駅に頼らない立地適正化計画　河内長野市

大阪府南部の河内長野市は府下で三番目の面積を有するが、その市域の約七割を森林が占める。良好な自然環境に恵まれるとともに、多くの寺社仏閣や史跡もある歴史豊かな都市である。大阪ミナミの都心ターミナル難波駅から、南海高野線で約三〇分の比較的近距離に位置するため、高度経済成長期以降は大阪のベッドタウンとして数多くのニュータウンが建設されてきた。五ヘクタール以上の大規模な住宅地が市街化区域の約五二パーセントを占め、そこに市の人口の半分にあたる約五万一〇〇〇人が居住する。ここでも高齢化や空き家問題など郊外住宅地の典型的な課題が顕在化しており、河内長野市の重要な政策課題となっている。

南花台は一九七〇年から開発が始まった市内最大規模のニュータウンだが、現在の世帯数は約三三〇〇戸、人口は約七七〇〇人であり、ピーク時の三分の二程度まで減少した。二〇一四年に大阪府の「スマートエイジング・シティ」のモデル地区に選定され、健康寿命の延伸と持続的なまちづくりを目指している（表3）。市、大阪府、UR、関西大学が連携協定を締結し、住民とも連携して複数のプロジェクトが進められている。まちの情報発信サイトを市が構築して住民が運営する他、二〇一七年には人口減少により閉校した小学校跡地に看護専門学校が開校した。この専門学校はグラウンドを開放するなど地域貢献活動も行っている。公的住宅であるUR南花台団地では集約型団地再生事業が進み、環境省による事業採択を受けた電気自動車による実証実験などの取り組みも行われている。

河内長野市の都市計画マスタープラン及び立地適正化計画では、市の中心部に位置する河内長野駅を中心拠点とし、駅から一キロメートルの距離にある市庁舎周辺を行政拠点、河内長野駅の隣の千代田駅と三日市町駅をそれぞれ地域拠点としている。そして駅から距離のある南花台中心部を、地域拠点である「丘の生活拠点」と位置づけ、周辺に都市機能誘導区域を設定している。丘の生活拠点とされた南花台の地区センターには、大型商業施設「コノミヤ南花台店」をはじめ診療所、保育所、介護施設などが立地し、団地の生活の中心的機能を担う。河内長野駅から三日市町駅を経由するバス路線は、この拠点を通って他の郊外住宅地に運行しており、南花台はこれらの地域にとっての拠点でもある。鉄道駅と離れたエリアをバス路線が支えており、郊外の活性化に密度の濃いフィーダー交通網が機能している。

河内長野市の立地適正化計画では、都市の拠点である鉄道駅の他に、駅から離れてはいるがバス路線に支えられたニュータウンの中心部を主要な拠点と位置付けている。ニュータウンでは地区センター機能を維持しながら、幹線道路沿いに商業施設、交流施設、まちなか広場など、賑わいやゆとりの創出に寄与する空間の立地を誘導し、フィーダー交通網によって他のニュータウンをも支える拠点形成を目指している。

並行する軸上にある異なる拠点　茨木市

並行する鉄道路線の駅同士が、比較的近い距離でそれぞれに拠点を形成しているケースがある。京都市と大阪市との間に位置する大阪府茨木市は、旧西国街道沿いのまちとしての歴史もあり、京都、大阪という大都市の衛星都市である。高度成長期までは工場の誘致が進められ、大規模な生産施設が集積してきた。その一方で住宅の乱開発を抑制する方針を維持してきたため、市街地は現在もある程度コンパクトにまとまっている。近年は工場跡地の住宅などへの用途転用が進むとともに、ＪＲ茨木駅近くに立命館大学が進出するなど、多様な特性をもつ市街地が形成されてきている。

中心市街地を貫いてＪＲ東海道線と阪急京都線が並行して運行しており、それぞれＪＲ茨木駅と阪急茨木市駅という二つの拠点駅がある。これら二つの駅間をメインストリートが結んではいるが、その距離はおよそ一三〇〇メートルあって、徒歩で移動するにはやや遠い。しかし両駅からのほぼ中間点に市役所などのシビックゾーンが位置し、立地適正化計画では二つの拠点駅とシビックゾーンを結ぶかたちで都市機能誘導区域が設定されている。区域内では市民会館跡地のリノベーションや都市機能誘導区域に沿った緑地のリデザインなどのプロジェクトが進められており、これらをトリガーとして二つの駅前を連携させながら活性化させる市民を巻き込んだ取り組みが進みつつある。

隣接する高槻市では、同様にＪＲ東海道線と阪急京都線が並行しているが、ＪＲ高槻駅と阪急高槻市駅とが賑わいのある商店街で結ばれて一体化した拠点ゾーンを形成している。異なる沿線上の拠点駅同士の連携は本来簡単なことではない。並行する鉄道沿線は競合関係にあり、固有の沿線文化を育んできた。それぞれの鉄道事業者は隣人であるとともにライバルでもある。また阪神間の諸都市でも、ＪＲ、阪急、阪神の三路線が並行して東西に走っている。駅間距離は様々だが、尼崎市や西宮市、芦屋市では、どの駅周辺がそれぞれの都市の一番の拠点なのか認識しづらい側面もある。

こうした他の都市の状況を見ると茨木市にとっては、一キロメートル以上離れて別々の拠点を形成していた二つの駅の中間点に、これらを一体化させ中心市街地活性化のトリガーとなるプロジェクトを展開できるシビックゾーンが位置していたことは、僥倖であった。異なる沿線上で近接する二拠点が、競合するのではなく役割を分担して連携する可能性が期待できる。公開されているこのエリアのプロジェクトは市民にとっても魅力的と思われる（図3）。

時を超える拠点　宝塚

周知のとおり小林一三は明治末期、梅田ターミナルと対になる郊外の拠点宝塚に斬新な集客施設をつくることで、都市の住民に夢と娯楽を提供して沿線内外から乗客を引き寄せる戦略をとった。以来宝塚は私鉄経営モデルにおける郊外拠点駅として象徴的な存在となった。一九一二年五月、日本新聞の記者秋皐生は小林一三によるこれらの取組みを取り上げて、「都市の遠心力」という連載記事を掲載している（秋、一九一二）。農村から都市への人口集中は経済的原理による当然の事象としたうえで、その「都市の求心力」に反発して郊外に散開する「都市の遠心力」が働くと記す。当時日本に紹介されて間もないハワードの「田園都市論」を念頭において、日本の田園都市は東京ではなく大阪の箕面有馬電気軌

図3　新しい茨木市民会館

道（現阪急宝塚線）が実現させたと指摘する。電車という都市装置が沿線に人々を弾き出し、そこに独自の文化が創造されるという。求心力で国内の各地から人々を集めた都市はその後、遠心力の作用によって都市の郊外に多くの住宅地と行楽地を生み出した。高度経済成長期の終焉から時を経て、再び求心力が作用しているのだろうか、現在の都心ターミナルの多くにタワーマンションはじめとする高容積の開発が進むとともに、郊外の拠点駅でも様々な再開発事業が進む。

今の宝塚はどうか。宝塚新温泉の流れをくむ宝塚ファミリーランドは、少子化と娯楽の多様化などで徐々に集客に翳りが現れ、二〇〇三年に閉園して跡地は沿道型商業施設などに変わった。しかし宝塚駅が拠点性を失うことはなかった。蓄積されてきた良好な住環境イメージを受けて、一九八〇年代頃から駅北側に広がる斜面地エリアや、それに続いて南側の武庫川両岸などにマンションを中心とした住宅開発が続く。宝塚大劇場には年間約一二〇万人の熱心なファンが訪れる。一九九四年に開館した手塚治虫記念館を発信源として、鉄腕アトムや、宝塚歌劇のイメージから生まれたリボンの騎士などの手塚キャラクターを、駅周辺で見ることができる。電車で温泉に来た家族のための少女歌劇や人気漫画のキャラクターは、時を超えて厚みや重みを増し、宝塚のイメージを支えるアイコンとなりいまやキラーコンテンツへと昇華した。

ソリオ宝塚は、駅前の市街地再開発事業により生まれた複合施設である。一九八六年〜一九九五年の間に四棟の施設建築物が完成し、併せて阪急宝塚駅も更新された。ソリオ1は百貨店を含む商業施設に加えて、集合住宅、ホールと公的施設を含む複合施設、ソリオ2、3は業務施設を中心とした建物である。ソリオ3に隣接するホテルは従前に宿泊業を営んでいた事業者が運営する。一九九五年の阪神・淡路大震災によって、宝塚大劇場につながる花のみちエリアが大きな被害を被ったが、震災復興事業により「花のみちセルカ」として二〇〇一年に新しい住宅と商業施設に生まれ変わった。[*3]

駅と線路は高架となり、改札口を出ると阪急百貨店の入り口が正面にある。想像するしかないことだが、大正時代の梅田駅につくられた初代阪急百貨店は、乗客からの目線ではこのような様子だったのかとも思う。駅から続くソリオ宝塚のモールでは、宝塚音楽学校の生徒たちがきちんと整列して背筋を伸ばして歩く姿を見ることがある。清く、正しく、美しく。彼女たちの制服姿は爽やかで凛々しく、そして誇らしげに見える。宝塚駅と西宮北口駅を結ぶ今津線は片道一四分の支線だが、沿線に多くの有名私学が連なる好感度の高いエリアであり「阪急電車」という映画の舞台にもなった。阪急宝塚駅のホームでは、宝塚線で「すみれの花咲く頃」、今津線で「鉄腕アトム」が発車メロディとして流れる。

図4　ソリオ宝塚

再開発事業施行中のバブル崩壊と、事業後の阪神・淡路大震災による影響は施設の運営に大きな影響を及ぼした。しかし宝塚駅が拠点性を維持できた理由のひとつが、駅と周辺再開発の成功なのではないだろうか。拠点駅が高架化されて商業施設と繋がり、まちの姿が大きく変わった。周辺の動線は円滑になり、百貨店は買物客を引き寄せた。施設内のソリオホールでは今でも様々なイベントが開催され、多目的室などのスペースは習い事などで多くの市民に利用されている。駅周辺は、住まいと文化との距離が近い拠点として、戦前からの娯楽機能を受け継ぎながら、良好な居住環境イメージと宝塚歌劇と手塚キャラクターによる親しみのある文化が融合する、ハイブリッドな拠点イメージをもつ。なお宝塚市では、二〇二一年度に計画期間を満了する都市計画マスタープランを見直し、これを推進するために立地適正化計画も併せて策定する予定であり、すでにその骨子が公開されている。

コンパクト・プラス・ネットワーク

コンパクト・プラス・ネットワークは、立地適正化計画によるコンパクトシティ形成の基本理念である。しかしながら大都市圏域では、コンパクトにまとまった中心市街地が自治体ごとに独立し、閉じた系に収まるとは考えにくい。第2章でも示したように、沿線居住者は目的によってそれぞれの自治体を超えて行動し、複数の拠点を使い分ける。またいくつかの事例で紹介したように、拠点やネットワークの形成にはさまざまなタイプがある。大阪府の泉北地域は、自治体の境界を越えて施設の相互利用を前提とした沿線としてのコンパクトシティ形成を目指している（図5―①）。河内長野市（大阪府）などでは特定の郊外住宅地の地区センターがエリアを越えた生活拠点になっている（図5―②）。茨木市（大阪府）のように、ひとつの市域に複数の鉄道が運行しそれぞれの駅が拠点を形成する場合には、それらをつなぐことでさらに拠点性を高める可能性がある（図5―③）。また宝塚駅周辺のように、娯楽施設が拠点を形成したうえでそのイメージを引き継いで広域ネットワークを維持しながら、郊外居住者の新しい生活拠点として発展する事例もある。いずれにせよ拠点には一定以上の人口や施設の集積が求められるが、拠点どうしが相乗効果を発揮するには、それぞれの拠点が均質のものではなく異なる特徴や魅力をもつ必要がある。そして、これら規模と性格の異なる拠点が公共交通や高度情報システムで結ばれて、複数の拠点間のネットワークを形成することが求められる。

フランシス・ケアンクロスはその著書のなかで「距離は死に、位置が重要になる」と述べている（ケアンクロス、一九九八）。情報ネットワークの発達により物理的な距離は重要でなくなり、特有の個性や優位性を有する場所を意味する「位置」が重要と指摘する。この一節が国土交通省の「国土のグランドデザイン二〇

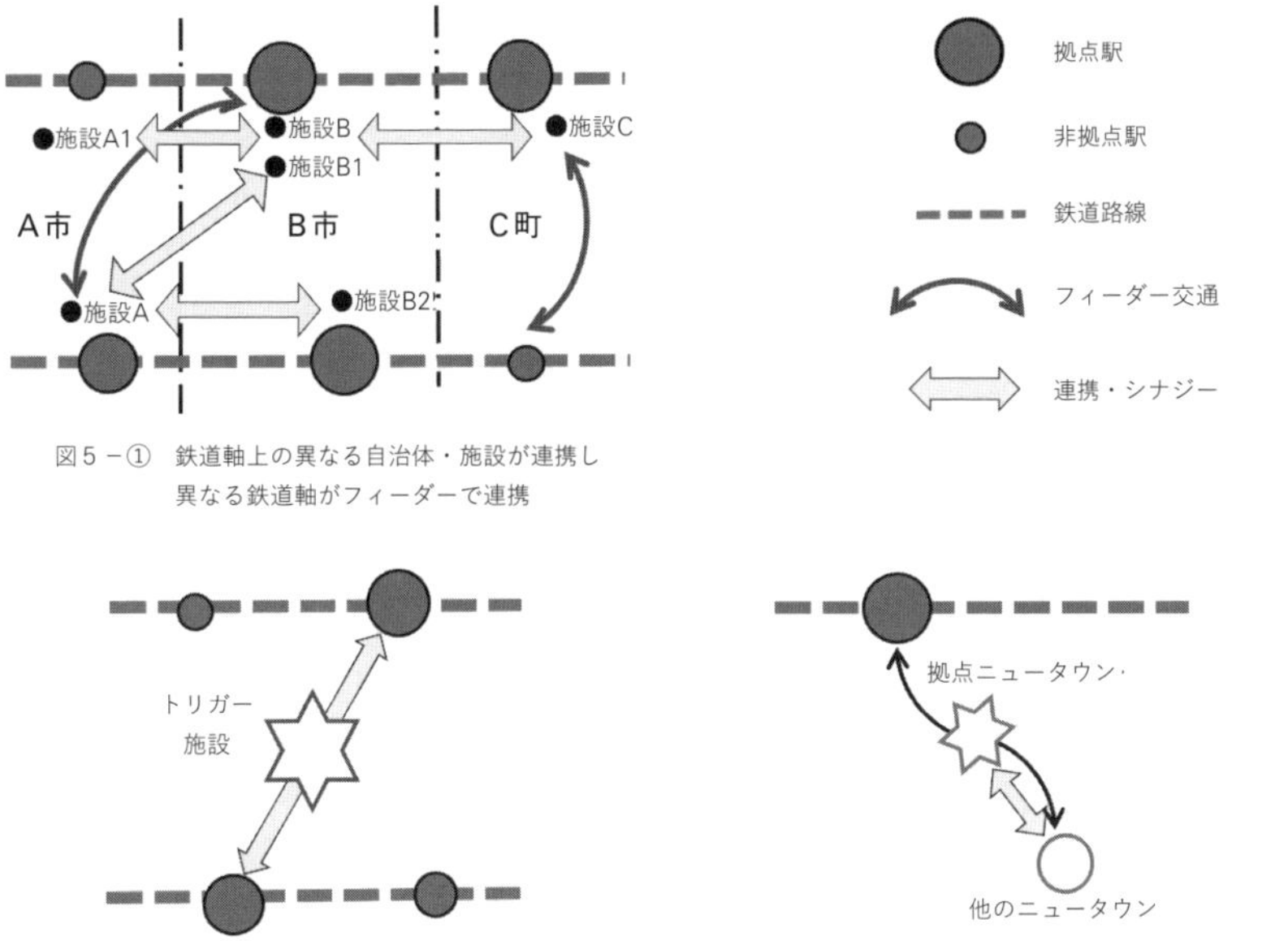

図5－①　鉄道軸上の異なる自治体・施設が連携し
異なる鉄道軸がフィーダーで連携

図5－③　並行する鉄道軸の対立する拠点が
トリガー施設を媒介に連携

図5－②　拠点駅から離れたニュータウンが拠点となり
フィーダー軸上の他のニュータウンと連携

図5　拠点連携イメージ

五〇」のなかで、コンパクト・プラス・ネットワークの説明のために引用されている。ケアンクロスのいうとおり一九九〇年代後半から急速に進化しつつ普及したインターネットとモバイル端末によって、あたかも距離は意味をなさなくなったかのように言われる。

しかし、本当に「距離」は「死んだ」のだろうか。距離はいまだに大きな壁として私たちの前に立ちはだってはいないだろうか。郊外で起きている社会的課題の多くが都心や拠点までの距離に起因していると思われる。ニュータウンにおいては、駅からの物理的距離がその再生の大きな足かせとなっているのではないか。高齢者には商業施設や医療機関までの移動が日常生活の大きな悩みであり、二次元の距離に加えて高低差という三次元の距離もスムーズな移動を妨げる。郊外住宅地における課題の多くは距離との闘いがその本質といえるかもしれない。ＭａａＳや自動運転などの普及によりこの課題は解決されるという意見はあるが、これらは距離のハードルを緩和させる手段と理解したほうがよいだろう。

コミュニケーションの点からも課題が残される。ＳＮＳの普及などにより、私たちは既存のマスコミシステムを介さない自由なコミュニケーションのツールを獲得したかに思われた。しかし、ＳＮＳによって特定の意見や個人を標的にした、暴力的とさえ言える同調圧力や集団的な疎外により人を傷つける事例が多く発生している。コミュニケーションのための優れたツールが、人と人とを結び付け相互理解を促すのとは逆に人間関係を絶ち、人の心を蝕んでいるかもしれない。私たちや私たちの社会は、多様性を許容する認識にはいまだ乏しく、高性能で利便性の高いツールを使いこなして、距離を殺し位置を語り豊かな生活を得るには、未成熟に過ぎるのではないだろうか。

自治体のガバナンス

近年の自治体の政策には、人口を維持するために都市間競争に勝とうとする方向性が見られる。子育てや医療・福祉分野でのインセンティブによって住民を呼び込もうとする自治体が少なくない。しかし短期的に特定の自治体の人口が増加したとしても、都市間で人口を奪い合うのは単なるゼロサムゲームに過ぎず、こうした施策のみでは都市の再生についての構造的な問題の解決には程遠い。コンパクトシティ政策の成果のひとつは、自治体の意識を人口の奪い合いゲームから退場させて、都市および都市圏の構造を変えることの重要性を示したことである。多様性のある複数の拠点が互いに刺激しあい補完し、さらにテクノロジーによって物理的・心理的な距離感を減少させつつ、場所ごとの固有性を強化することこそが、コンパクト・プラス・ネットワークが本来目指す方向であるはずだ。「立地適正化計画」は、人口減少に対応する都市に新しい道程を示した初めての制度であり、そのメッセージは端的で力強いが、法的規制力は極めて弱い。この制度だけでコンパクトシティを形成するには膨大な時間を要する。

自治体は将来のまち・都市の姿についての明確なヴィジョンを持ち、それを住民に示さなければならない。抽象的な表現による方向性だけでなく、その実現のための具体的施策を明確に示すことが求められる。自治体はまちを遺漏なく管理する義務があるが、それで十分というわけではない。自らがどんなまちになりたいのかを発信し、居住者とのコンタクトを継続しながら、まちが目指す方向性を示し続ける責務がある。それこそが自治体のガバナンスであり、まちや居住者が自治体に求めていることではないだろうか。

「都市計画マスタープラン」がまちづくりの総論であるとするならば、「立地適正化計画」はその各論である。求められるのは拠点ごとの個性と多様性である。多様な都市核・拠点が刺激しあってシナジー効果が生まれることを期待したい。都市には歴史があり、固有の物語があり、そして人々の日常生活がある。拠点を多様化させる要素と兆しは都市のいたるところに存在している。それらをわかりやすい形で導き出して活性化させることは簡単ではないが、実は多くのヒントがまちには既に顕在化しており、各論のための材料には事欠かない。自治体が居住者と横並びで試行錯誤すれば新しい発想や方向性も生まれる。居住者の想いと行政の施策にはいまだ開きがあるかもしれないが、産官学民が連携して、このための方法論や各論を作り上げる機会が、立地適正化計画を契機として用意されつつあるのではないだろうか。

4 駅の力

駅の拠点性

第4章で詳しく述べたように、郊外にはさまざまなタイプの駅がある。既成市街地に隣接してつくられ、当初から拠点性を有していた駅や、ニュータウン建設に伴って設置された駅、最小限の機能と敷地のみで構成され乗降機能に特化した駅もある。駅には郊外生活の拠点や、人と情報の交差点としての役割が求められてきた。都市機能が集積すると電車に乗ることが目的でなくとも、人々は駅前を訪れることもある。ワークライフスタイルの変化とともに、子育て支援機能やコワーキングスペースのニーズも生まれている。

住宅地がバスなどのフィーダー交通でのアクセス圏に広がるとともに、駅の生活拠点性はさらに高まった。第2章では沿線生活者たちが住まいの最寄りの店舗とロードサイド店舗と駅周辺の店舗をさまざまに使い分ける実態を示した。飲食や趣味の集まりなどでは、最寄りの拠点駅や都心のターミナル駅だけでなく、沿線上の他の駅を使い分けることも示された。

第4章では駅の象徴的機能も指摘された。駅や駅前のたたずまいが周辺住民の心のよりどころになったり、まちのシンボルになったりすることもある。鉄道の高架化や地下化にともなって、ランドマークとしての駅舎の存在感が損なわれてしまうことも少なくないが、地上やデッキ上に広場を設置することによって、新しい魅力と役割をつくり出すこともできる。駅を降りて改札口を出たときの街並み景観は、仕事帰りの郊外居住者にとっては安らぎと安心感を与えてくれる大切な要素でもある。駅がもつこのような役割は、大規模な拠点駅でも各駅停車しか止まらない駅でも変わりはない。それは駅が、日常の住まいから外の世界へ出入りするためのゲートだからなのかもしれない。

もちろん沿線上のすべての駅が、同じように利用され愛着をもたれるというわけにはいかない。具体的な機能の集積度合い、乗降客数の程度、後背圏の広さなどによって、使われ方は異なる。筆者らは以前に駅のタイプを、フルスペック型、テーマ型、トランジット型に分けてみたことがある（郊外・住まいと鉄道研究委員会、二〇一五）。

フルスペック型は生活拠点としての構成要素をほぼすべて備えた駅である。敷地の高度利用を伴い、周辺市街地と連担して中心市街地を形成する。沿線住民にとっては、いくつもの店が集積して選択性が高まり、シティホテル等の施設にはハレの場としての役割も期待できる。後背圏の人口規模によって施設の集積度は異なるので、フルスペック型の拠点が郊外にいくつも成立するとはいえない。複合機能をもつ小規模な駅ビルしか成立しないという場合もある。

テーマ型は、総合的な生活拠点機能の集積ではなく、教育や広域医療など特定機能の拠点施設が立地することで、テーマに即した関連機能が集積する。時には拠点施設の誘致に合わせて新駅がつくられることもある。第2章で指摘したように、きわめて個性的な機能を誘導することで沿線上の他地域からも集客するという可能性もある。

テーマについてはさまざまな可能性がある。第一は特定のビジネスの拠点となること。東急二子玉川駅前（東京都世田谷区）に楽天が本社を移転させたり、ＪＲ・小田急海老名駅前（神奈川県海老名市）に研究開発拠点をもつリコーが市民向けの施設であるフューチャーハウスを設けたりするなど、オフィスの進出は拠点駅の魅力形成に大きな効果をもつ。地元中堅企業の本社や大企業営業所などの業務拠点を立地させ、加えて関連企業などの事業所を誘致することも考えられる。第二は消費生活の拠点とすること。ららぽーとが出店した海老名駅前や阪神甲子園駅前、イオンの大型店が出店するＪＲ越谷レイクタウン駅前（埼玉県越谷市）やＪＲ伊丹駅前（兵庫県伊丹市）など、ロードサイド型の大型店があえて駅前に進出する例が増えている。駅前に十分な広さの駐車場用地と渋滞を避けられる道路用地が求められるが、車と鉄道双方の利用者を見込める。周辺ではマンション開発が誘発されることが多く、比較的短期間で生活拠点が形成されるが、既存商店街との共存や相乗効果の創出に配慮しなければならない。第三は医療・福祉、研究・教育、娯楽・スポーツなどの施設が駅前に立地し、これに関連する諸機能と利用者を対象とする飲食物販施設などで構成される拠点である。公共公益施設が駅前に統合・移転してくる場合もこれに該当する。地元自治体の開発意思が明確にあれば、図書館や公立病院などと組み合わせた拠点形成の可能性が広がる。また広域公園やレクリエーション施設、社寺仏閣などが駅の徒歩圏にある場合、乗降客数の多寡に関わらず駅の存在感が高まる。

乗降客数が少ない駅でも成立する拠点がある。第２章でも触れたように、こだわりの雑貨店や飲食店など、特定のファン層をつくりやすい店舗が、広域からの集客力を持つ場合もある。一九八〇年代に一部の広告業関係者の間で「一つ目小町」という造語が広まった。ターミナル駅や急行停車駅のひとつ隣の駅は相対的に賃料が安く、経営者の思い入れが強い個性的な店舗が集まる可能性があることに注目した命名である。個性的な店舗などが複数集まって界隈化することによって、若者やアーティスト等特定の階層向けの拠点となる可能性がある。

トランジット型はバスやマイカーからの乗り換え機能に特化した駅である。南海高野線林間田園都市駅（和歌山県橋本市）のように、駐車場のみが集積しパーク・アンド・ライドの拠点となる。月極駐車場の方が商業開発よりも地価負担力が高い場合は、商業集積の可能性は低い。駐車場と最小限の飲食物販施設程度しか成立せず、業務施設はほとんど立地しない。ただし、周辺の複数の住宅団地や農村地域も含む後背圏への生活支援サービスを行うための業務機能が立地する駅前空間が成立するかもしれない。住民の直接の来訪は少なく、業務用の駐車スペースや宅配便のステーションなど物流施設あるいは倉庫等で構成される。

後背圏との新たな関係

駅が郊外再生の拠点として機能するためには、後背圏との関係性および後背圏自体の魅力向上についての、より深い検討が必要である。後背圏に立地しているのは専用住宅地ばかりではない。土地利用の現状と将来像を見据えた検討を行わなければならない。飲食や物販についてはロードサイドショップなどとの競合がすすむなかで、それらとの競争優位あるいは共存の可能性を図る必要がある。後背圏を見据えた拠点性を獲得するには、次のような視点が求められる。

第一は、業務、文化、教育、医療など専用住宅以外のさまざまな機能を、駅周辺にどの程度誘致できるかである。例えば、都心に依存しないワークライフスタイルを確立するために、サテライトオフィスなどの就業施設や住民の社会活動を支える公共施設など、新たな機能立地についてその可能性を検討する必要がある。

家族の多様化に合わせたさまざまなタイプの住宅建設も必要だろう。駅周辺は住宅流通が比較的活発であり、駅周辺の魅力を高めることで、後背住宅地の価値を高めたり周辺にさまざまな用途をにじみ出させたりして、流動性の高い駅前ゾーンを拡大させることが可能になる。駅前居住のニーズが高まるなかで、多様な家族およびワークライフスタイルに対応した住宅供給を行うことは、駅の拠点性を支える最も基本的な戦略だと考える。これに関連して、子育て支援の強化を駅前で進めることも必要である。保育に限らず、教育、医療、買物、食事、相談などを、総合的・一体的に提供できる施設群とテレワーク施設をセットで駅前に導入することで、後背圏全域で次の世代の定着が促進されるのではないだろうか。

第二は、必然的に取り残される後背圏のスポンジゾーンへの対応である。スポンジゾーンとして取り残される後背圏では生活利便性の低下が懸念されるため、こうしたゾーンへの対策も含めた沿線ブランドの構築に目を向ける必要がある。駅までの交通手段は確保しながら、ゆたかなオープンスペースや広めの住宅に恵まれた生活を、本来の郊外生活として積極的に位置づける。明治後半から大正時代にかけて鉄道会社が取り組んだ郊外生活キャンペーンは、郊外生活を経験したことのない都市住民への総合的な生活提案であった。もう一度新たな郊外生活の魅力を、駅との関係を基本としながらアピールすることが必要ではないだろうか。

そして第三は、今後一部で発生すると考えられる郊外の工場などの移転跡地の活用を、駅との関連のなかで検討することである。こうした用地ではマンション建設など、分譲住宅系の開発になりがちだか、駅周辺整備とリンクした何らかの中心性あるいは拠点性をもつ開発ビジョンを描くことが沿線力の強化につながる。

市街地への滲み出し

駅前の魅力の本質は駅自体にあるのではなく、周辺の土地利用や人々の活動による。拠点性が高い駅の場合でも、駅ビルに収益性を求めすぎて駅ビルだけの高度利用に執着すると、駅周辺の賑わい形成が難しくなる。また過剰な駅ナカビジネスの追求はかえって駅前の衰退を招く。周辺への賑わいの滲み出しを誘導し、心理的にも駅の近くと感じさせることによって、駅の拠点性を高めたり駅前居住の圏域を拡大させたりすることが重要ではないだろうか。具体的には、徒歩圏に何らかの拠点となる施設を誘致して駅からの賑わい感が連続する歩行者軸を設定したり、適度な広さの広場や公園を駅前につくりこれを取り囲むように商業系の施設を配置したりするなどの方法が考えられる。駅前圏を拡大させる手法としては、西洋的な広場の導入に加えて、日本の都市に根付いてきた「道の文化」の伝統を活かし、道によって駅前空間を引き延ばすことも考えられる。

ずいぶん古い事例になるが、渋谷パルコの戦略は駅からの通りを積極的に演出して、駅と坂の上をつなぐことであった。また川崎市の小田急新百合ヶ丘駅では駅から南東方向の住宅街に向かって遊歩道沿いに店舗を配置している。駅から住宅街に向かって線形に賑わいゾーンをつくりこむことによって、駅前空間の広がりを演出するとともに、我が家までの心理的な距離を短縮する効果があったのではないか。駅前公園型の事例としては、ガーデンシティとして名高いウェルウィン（イギリス）を挙げることができる。ウェルウィンの駅前には手入れの行き届いた矩形の公園が整備され、その両側には瀟洒な店舗が軒を連ねて、ガーデンシティのイメージ形成に寄与している。また駅の個性化と魅力化を図るためには、水路や公園、文化財や歴史的建造物など周辺に存在する様々な環境資源を発掘してこれを駅前空間の演出に活用することや、ランドマークやアイストップとして景観デザインに取り込んでいくことも、効果的ではないかと考える。

駅ビルと高架下空間の連続的活用

第4章で詳しく述べたように、駅ビルの有効活用を進めて駅の拠点性を高めるためには、駅舎としての象徴性を確保するとともに、高架下との一体的、連続的な活用方策を検討することがのぞましい。また駅の隣接地との連続性についても配慮すべきである。広場などの公共空間を一体化させたり、歩行者動線に連続性を確保したりして、魅力的な拠点駅の整備が周辺の魅力の増大に資するための仕組みを、近隣の地権者とともに検討する。駅は強い公共的性格をもつために、駅ビルや高架下の活用についても、常に公共公益的視点と民間企業的視点の両面から検討する必要がある。

一般的にいうと、急行停車駅よりも各駅停車駅の方が、また駅から遠ざかるほど不動産の収益力は逓減傾向にあるため、急行停車駅周辺の方が各駅停車駅周辺よりも高度利用がなされる。高架下利用についても、駅に近いエリアでは比較的高賃料の商業床が成立するが、駅から離れると低賃料あるいは低密度な利用にとどまりやすい。収益性の高い土地利用を目指すために、駅の近辺では商業床や飲食床の誘致をはかり、それらの需要が見込めない距離の高架下は公園的利用や駐車場利用など低投資低収益の利用が主体となる。なお連続立体交差事業では、高架下面積の一五パーセントは公租公課同額の地代で利用できるというルールがあり、行政または地元の駐輪場利用などが多い。しかしながらこれらの論理のみで土地利用を決定していくと、どの駅や高架下の活用方法も個性を欠いたものになりがちである。そこで、必ずしも収益性が高くなくとも、子育て支援施設など公共性、公益性が高いものを駅近辺に立地させることによって、後背圏に居住する子育て層の支持を集め、結果として沿線価値の増進を図るというエリアマネジメント的アプローチも必要である。

また公共公益的な利用を優先するだけでなく、目的性の強い施設を誘致するなど新たな活用法を検討する余地もある。活用方法を検討する場合、「周縁」としての高架下空間のメリットとデメリットを十分理解する必要がある。高架下空間は、多様な活動を可能にする準公共的な自由空間としても位置づけることができる。騒音や振動の発生を逆手にとって、その影響を受けにくい音楽スタジオや作業場、工房、スポーツ施設、植物工場などの可能性もある。安い賃料を前提とした起業家のためのスタートアップオフィスや、「子ども食堂」や福祉作業場など地域社会の福祉的機能を支える施設の可能性もある。

クルマとの共存の可能性

郊外住宅地を語る際に常に課題となるのがマイカー問題である。通勤通学は公共交通に頼ることが多くても、第2章で指摘したように、日常の買物などにマイカーを使う層はきわめて多い。ロードサイド店舗はもとより駅前の商業施設であっても、マイカーが使われる。第3章では戸建て住宅地の街並み景観がマイカーの駐車スペース確保のために大きく変わってしまったことが指摘された。ところが高齢化が進んで自分で車を運転できなくなると、買物難民が発生する。具体的なデータを示すことはできないが、これを避けるために坂道の上の戸建て住宅地から駅前の高層マンションに転居する高齢世帯が増えている。駅前居住の需要が高まり、人口減少とともに後背圏の住宅地のスリム化が今後進むと考えられるが、子育て層を中心にマイカーを手放さない層は存在し続ける。若者の車離れが進んでいるともいわれ、マイカーの総量は減少するとしても、現実にはマイカーにまったく配慮しない郊外住宅地は持続が難しく、また駅前商業施設についても、一定数のマイカー需要を受け入れる施設が引き続き求められている。マイカーの完全自動運転が実用化すると話しは変わるが、完全実用化を待てずに衰退する郊外が発生する。バス自動運転の社会実験が繰り返される状況をみると、こちらの実用化が早いかもしれない。

5　沿線再編における鉄道事業者への期待

沿線観と沿線力

一〇〇年を超える歴史のなかで、多くの鉄道沿線がそれぞれ固有のイメージを育んできた。同一方面であっても鉄道会社によって沿線イメージが異なったり、同一会社であっても方面によって微妙な違いがあったりする。またそのことが不動産価格にも反映し、都市圏住民が居住地を選ぶ際には「どの鉄道沿線か」が選択基準のひとつになってきた。転居の際にも同じ鉄道沿線で新しい住まいを探すことが多く、とくに遠隔地からの転居の場合は、どの鉄道沿線を選ぶかが最初の判断項目となりやすい。序章で述べたように、これが居住者の「沿線観」を形成する。沿線の生活利便性や文化的価値を含む総合的評価が、住民の沿線観につながる。そして沿線観は事業者側にも存在する。事業者側の沿線観とは、それぞれの鉄道沿線を経営資源としてどのように評価するかというものであり、住民側の沿線観と事業者側の沿線観が常に一致するとは限らない。

鉄道事業者は創立以来沿線でさまざまな事業を展開してきた。第5章で紹介したように各鉄道事業者は現在も「沿線価値の向上」を共通の経営課題として、とくに二〇一〇年頃からさまざまな取り組みを始めている（田中、高見沢、二〇一〇他）。「沿線再耕」（京阪電鉄）や「選ばれる沿線」（小田急電鉄）「沿線価値向上」（京王電鉄）など表現はさまざまだが、どこも総合的な沿線魅力の増進を重要課題としている。沿線価値の向上のための具体的な事業展開は、関西よりも関東の私鉄が先んじているように感じられる。例えば小田急電鉄では、沿線の価値向上による収益向上を目指した「小田急統合戦略情報システム」を構築し、グループ各社・各部門の営業データを一元化して沿線顧客の現状分析・将来予測を行っている。ただし多くの鉄道会社では、それが実際の輸送収入の増加や沿線人口の増加に資するかどうか不明な部分があって、いまだ抽象的な努力目標やイメージ形成ための広告戦略に留まりがちである。またその内容の多くは、消費者としての沿線居住者の視点をもとにしており、いわば郊外居住者という限られたパイの確保のための取り組みという感が強い。一般的に言って沿線住民は長期に住み続けるなかで、それぞれの鉄道事業に親近感や信頼感を、またあるときにはプライドを育んできた。鉄道事業者は住民が持つこのような感情を意識しながら沿線価値の向上を図ることは理解でき、その競争は今後さらに激化するだろう。

しかしながらいくら一定の需要が見込めるからといって、どこの駅前にもある全国展開のチェーン店型の店舗誘致だけでは、沿線価値の向上にはつながらない。いわゆる「漏れバケツ理論」のように収益が沿線外や地域外の本社所在地に流出してしまう。個性的あるいは挑戦的な拠点の再生整備を進めなければ、沿線価値の増進にはつながらない。そこで筆者らは、沿線価値の向上を超えて、「沿線力の強化」を訴える。序章でも述べたように、沿線力とは、「移動の利便性に加えて沿線に立地する都市機能と娯楽機能、自然環境および生活支援サービス等で構成される、沿線の総合的な魅力」と定義する。その基本になるのは、いうまでもなく後背圏の夜間人口と、昼間人口を呼び込む就業施設や集客施設などである。基礎的な需要を支える夜間人口と、駅およびその周辺に人を引き寄せるための業務機能や教育、医療施設などの集積が沿線力の基礎となる。都市圏人口が減少過程に入って定期旅客収入の伸びが見込めないなかで、沿線住民へのサービス向上だけに留まらず、沿線やそのノードとなる拠点駅に経営資源を投入し、地元自治体との連携のもとに経済力や情報発信力を強化する。その結果としての沿線力の強弱が、都市圏住民の住み替え行動や沿線での消費行動に影響し、不動産価格に反映される。鉄道の相互乗り入れは、利便性の強化が第一の目的ではあるが、総合的な沿線力強化にもつながる。

沿線エリアマネジメント

良好な住環境の維持のために、住民によるエリアマネジメント組織をつくるべきという意見がある。その効果を高めるためにも、鉄道事業者が中心となって沿線エリアマネジメントの組織づくりに着手してはどうだろうか。エリアマネジメントについては大都市の都心部で多くの実績が積み重ねられてきており（小林、二〇〇五他）、郊外住宅地においても個別に取り組むところが現れてきた。また開発当初からエリアマネジメントの実現を前提とした郊外住宅地も少数ではあるが存在する。すでに国土交通省は都心や住宅地を想定した、エリアマネジメントの進め方についての「エリアマネジメント推進マニュアル」を作成している。都心型のエリアマネジメントは、目標、利害関係者、組織などが比較的明快であり、結果も見えやすい。一方住宅地型のエリアマネジメントは、居住者が中心になって活動組織をつくることが目指されるが、目標、財源、活動主体などについて課題が多い。

住宅地ごとのエリアマネジメントでは、良好な住環境の維持や持続可能なコミュニティの形成、高齢者の見守り支援などが期待される。ただし専用住宅地としての環境保全や資産価値維持への関心が中心となり、新しい居住者の呼び込みや住宅以外の機能の受け入れにはつながりにくい。とくに戸建て分譲住宅地はURなどの賃貸住宅団地に比べると、住民活動の組織化が遅れ気味で、関心の高い一部居住者のリーダーシップに依存することが多い。その結果、リーダーの高齢化とともに活動を継続することが難しくなる。

住宅地の環境管理とともに、前節までに述べてきたような様々な拠点機能の運営にも関わるエリアマネジメントも求められる。住民によるコミュニティビジネスの活性化にもつながる可能性がある。民間企業がビジネスとして関わる収益事業と、住民が自らの生活を支えるコミュニティビジネスとでは、さまざまな調整が不可欠だが、第2章で紹介した兵庫県三木市緑が丘では、産官学の約二〇者で「郊外型住宅団地ライフスタイル研究会」を組織し、民間企業のビジネスチャンスを発掘するとともに、住宅地内の拠点施設を住民がどのように運営できるかの検討を進めてきた。様々なエリアマネジメント事業を継続するためには、ビジネスとして成立させることが必要であり、そのコーディネート役としての鉄道事業者の役割が期待される。なお、兵庫県が作成した「ニュータウン再生ガイドライン」では、住民が自らの団地の課題や特徴を診断するとともに、拠点施設の整備およびそれに対する支援措置についても言及している。住民が自ら関わることの可能性を指摘している点は興味深いが、再生事業を継続的に実施するにはやはり民間企業との連携が不可欠である。

個々の住宅地をつなぐ沿線型のエリアマネジメントは、沿線力の強化という広域的な目標設定のもとで、

6

沿線力強化による郊外再生

鉄道事業者が主体となり沿線自治体による立地適正化計画との両輪によって実現することが可能である。沿線住民は多様な生活支援サービスの受益者であるとともにさまざまな活動に主体的に参画するプレイヤーでもあり、結果として不動産価値の維持につながるというモチベーションのもとで支持を集められるのではないだろうか。生活支援サービスの多くは有料で提供され、その一部がマネジメント組織の運営費に充てられる。今の鉄道事業者は、都心ターミナルに経営資源を集中させる傾向にあるが、都心開発と郊外開発、駅前開発のバランス感覚を保ちながら、不動産だけに依存しない沿線事業を多角的に進められるのではないかと期待する。また地元自治体が進める空き家対策、高齢者福祉、子育て支援などの公的施策との連携や、一部の公共施設の廃止と民間への運営委託などを含む公共施設のファシリティマネジメントなど、公共政策との連携のもとでの展開が可能となり、沿線の民間施設の稼働率向上にもつながるのではないだろうか。

都市圏レベルで人口が減少すると、すべての住宅地で郊外生活に必要十分な高水準の施設とサービスを個別に整備することは経営上も難しい。複数の住宅団地間で共用したり、同一鉄道沿線上で相互利用したりすることによって、複数の拠点を使い分けながらエリアとしての居住価値を高める戦略を検討せざるをえない。第5章でも論じたように、私鉄各社は沿線価値向上すなわち沿線力強化への取り組みのために、専門の部局を置くところもある。具体的な事業として物販飲食はもとより、駅近辺での高齢者マンション開発や若者向けシェアハウスなどの多様な住宅供給、子育て支援施設の経営、住み替え・リフォーム相談などその他さまざまな生活支援サービス事業を展開しつつある。もちろんすべての事業を内部化するというよりも、異業種との提携によるものが多い。沿線力の向上がどのような事業によって達成されるのか不明確な点も多いが、鉄道経営とともに形成されてきた鉄道事業者への信頼感を経営資源化しようとしている。

新しい生活様式と沿線文化の構築

本書では郊外の再編と再生について、とくに鉄道事業者の役割と駅および駅前の可能性を中心に、具体的な調査結果に基づいた考察を重ねてきた。鉄道の敷設とともに一二〇年以上の歴史を持つ日本の郊外開発は、今、二度目の大きな転機を迎えている。一度目はブルジョアユートピアであった戦前の郊外開発から大都市流民の定着先としての郊外開発への転換、そして二度目は人口減少・高齢化に伴う郊外のデグレードの恐れをはらむなかでの、アフォーダブルな郊外再生に向けての構造転換である。

すでにワークライフスタイルの変化が進んでいたところに、新型コロナウイルス禍が、その変化を加速させた。ＩｏＴ、ＩｏＥの進展に伴って、郊外生活はさらに変化し多様化するだろう。テレワークはその課題と限界を確認しながらも、さらに普及するだろう。買物や消費行動にも変化をもたらし、都心の魅力に対する考え方やサードプレイスの多様化も進むに違いない。マイカー等の自動運転技術の実用化や商品流通システムの進化は、今までの郊外論を大きく変えてしまう予感がある。郊外住宅地に住む高齢者が自動運転のマイカーや住宅地内のモビリティシステムで自由に移動できる日は近い。人手だけに頼らない宅配システムが段階的かつ急速に実用化する過程で、駅と駅前に求められる機能が今後どのように変化するかを見極めなければならない。実用化までの時間をどう読むかが課題ではあるが、郊外のスマートシティ化も進むだろう。これらは郊外住宅地にとって不確定ではあるが、存続のための追い風になるのではないかと期待する。

最後にもう一度、郊外の再生における鉄道会社の強みと可能性を指摘しておきたい。最大の強みはなんといっても、拠点駅同士や拠点駅と住宅地とを物理的に「つなぐ」インフラとノウハウをもっていることである。生活のネットワーク化を沿線全体で広域的に検討し戦略的に実現できる主体は、駅舎や線路敷など不動産とインフラを所有する鉄道事業者をおいてほかにはない。鉄道事業者は、さまざまな社会的ネットワークを、鉄道という装置によって物理的に支えることができる。しかも長年にわたって地域社会と共存し続けてきており、沿線住民から厚い信頼を得てきている。良くも悪くも変化の激しい流通資本とは一線を画しながら、都心・郊外をつなぐ生活ネットワークの運営者としての可能性を有する。

また、新しい公共の担い手としての電鉄会社の使命と役割も意識する必要がある。駅はきわめて公共的な場所である。こうした場所の活用については、収益性を意識はするものの、不特定多数の人の利用や地域コミュニティのよりどころとなることを忘れるわけにはいかない。買物の場所だけではなく、働く場所あるいは生きる場所を提供する覚悟が鉄道会社には求められる。鉄道と住宅プラス充実した生活の仕方を売ることが、これからの鉄道会社の役割なのである。

生活文化が未成熟の地域に均質な住宅地を開発してきたのだから、均質な空間が生まれたのは当然の帰結であった。郊外開発が一二〇年の歴史を積み重ねてきた今、そこに培われてきた生活文化をどう受け継ぎ、次の再生戦略にどう生かすかを考えるとともに、均質から多様へと変わる郊外住宅地における生活拠点のあり方を根本から見直す必要がある。目指すべきは、都心ターミナルとの関係は維持しながらも、多様性と文化性をもつ拠点を「間にある都市」に構築することである。単なる駅の再生工事ではなく、鉄道会社、行政、地元の連携のうえで、駅と周辺市街地とが一体化した拠点形成を目指す必要があり、そのためには駅の特性に合わせたエリアマネジメントの体制を築くことが求められる。

註

＊1 区域区分とは、都市計画区域を市街化区域と市街化調整区域に区分すること。前者は既に市街地を形成しているところと、おおむね一〇年以内に優先的に市街化を進めるところ。後者は市街化を速成すべきところ。

＊2 地域地区制とは、指定される地域地区ごとに、建築物の用途、形態、規模、構造などを限定する制度。用途地域制、容積地域制、高度地区、美観地区、風致地区などがある。

＊3 それぞれの建築概要は以下の通り。［ソリオ1］SRC及びRC造、地下三階、地上一四階、建築面積七、〇九一・一三㎡、延べ面積四九、五三一・七三㎡［ソリオ2］SRC造、地下一階、地上八階、建築面積一、六四四・二五㎡、延べ面積一一、九三一・九八㎡［ソリオ三］SRC造、地下一階、地上六階、建築面積六七二、一三㎡、延べ面積四、三七七・二三㎡［花のみちセルカ一番館］SRC及びRC造、地下二階、地上一三階、建築面積一、六七一・五二㎡、延べ面積一四、八〇五・六七㎡［同二番館］SRC及びRC造、地下一階、地上一三階、建築面積一、四三四・八八㎡、延べ面積一〇、四〇六・八三㎡

補論

大手私鉄の東西比較

坂田清三

営業路線の特徴と収益構造

関東の大手私鉄は東武、西武、京成、京王、小田急、東急、京急、相鉄の八社、関西の大手私鉄は近鉄、南海、京阪、阪急、阪神の五社である（表1）。旅客営業キロが最も長いのは近鉄で五〇一・一キロメートル、ついで東武の四六三・三キロメートル、第三位は中部圏の名鉄の四四二・二キロメートルである。近鉄は奈良、京都、伊勢志摩と路線網が広く、大阪と名古屋の大都市圏間路線でもある。東武は埼玉・千葉・群馬・栃木に路線を広げており、都心ターミナルも池袋と浅草の二ヶ所にある。一方、旅客営業距離が短いのは相鉄の三八・〇キロメートル、阪神の四八・九キロメートルで、他は概ね一〇〇～一五〇キロメートル程度である。

一日当たりの輸送人員は東急の三二五万人が最も多く、関東では五社が一八〇～二五〇万人である。これに対して関西では阪急が一七九万人、近鉄が一五六万人と、関東の上位五社よりも少ない。一日一キロ平均の輸送人員をみると各社の路線の性格がよくわかる。近鉄、東武は営業路線が長く沿線人口が少ない地域にも路線を延ばしているため、比較的低い値に留まっている。ちなみに過疎地の鉄道では数人程度にまで減少する。一方、郊外住宅地の路線や大都市間を結ぶ路線では通勤・通学、買物などの利用、さらには東京～横浜、大阪～神戸など双方向利用があるため、輸送人員は多くなる。東急の二九・三万人が最も多く、関東では二〇万人以上が四社、路線の短い相鉄でも一九・二万人となっている。関西では阪急が一七・四万人、阪神が一二・九万人、京阪が一二・四万人であり、これも関東の私鉄よりも少ない。

沿線の観光地としては東武の日光、小田急の箱根、京王の高尾山、近鉄の伊勢・志摩、南海の高野山などが有名である。また大規模な集客施設としては京成の東京ディズニーリゾート（沿線外だが筆頭株主であり連結子会社）、東武の東京スカイツリーなどがあげられる。関西では近鉄の海遊館と志摩スペイン村、阪急の宝

表1　私鉄各社の営業キロ、輸送人員等（2019年度）

首都圏　　（2019年度）

	旅客営業キロ　km	輸送人員　千人	1日平均　人	1日1キロ平均　人	鉄道営業収益　億円	連結決算売上高　億円	鉄道／連結　%
東武	463.3	920,975	2,523,219	73,249	1,613	6,538	24.7
西武	176.6	661,988	1,813,666	137,806	1,036	5,545	18.7
京成	152.3	292,822	802,252	74,899	684	2,747	24.9
京王	84.7	672,565	1,842,644	254,519	848	4,336	19.6
小田急	120.5	765,327	2,096,786	267,416	1,211	5,341	22.7
東急	104.9	1,187,263	3,252,775	293,839	1,567	11,642	13.5
京急	87.0	482,187	1,321,060	204,944	835	3,127	26.7
相鉄	35.9	233,651	640,140	192,867	336	2,651	12.7

関西圏

	旅客営業キロ　km	輸送人員　千人	1日平均　人	1日1キロ平均　人	鉄道営業収益　億円	連結決算売上高　億円	鉄道／連結　%
近鉄	501.1	571,971	1,567,044	57,743	1,527	11,942	12.8
南海	154.8	239,453	656,036	69,232	606	2,280	26.6
京阪	91.1	293,104	803,025	124,319	552	3,171	17.4
阪急	143.6	655,130	1,794,877	174,450	1,019	7,626	18.1
阪神	48.9	246,212	674,553	129,807	365	－	－

（出典：一般社団法人日本民営鉄道協会「大手民鉄の素顔 大手民鉄鉄道事業データブック2020」）

塚歌劇、京阪の枚方パークなどがあるが、いずれも関東に比べると規模はあまり大きくない。空港へのアクセスについては、京成が成田空港、京急が羽田空港に、南海が関西空港にそれぞれ直接乗り入れている。

連結決算売上高に占める鉄道営業収益の割合は各社とも一〇～二五パーセントに留まっており、全事業に占める割合は低い。ただし、鉄道事業の利益率は一〇～二〇パーセントと高く、例えば流通の利益率が一～三パーセントに過ぎないことと比べると、利益ベースでのグループへの貢献度は大きい。バス・タクシー、百貨店・スーパー、不動産、ホテル、観光・旅行、レジャーなどグループ内に全ての分野を擁する私鉄もあるが、グループ構成は各社で微妙に異なる。例えば現在の西武は百貨店とスーパーが別の資本系列に属し、東急は全国大手の東急不動産が連結対象外となっている。阪急と阪神は阪急阪神ＨＤグループで、不動産とホテルは同グループ内だが、百貨店・スーパーはエイチ・ツー・オー リテイリング（以下、Ｈ２Ｏ）グループ、映画・劇場は東宝グループというように別グループを形成している。

相互乗り入れ

関東の私鉄各社はＪＲ山手線の各駅から、関西の私鉄各社はＪＲ環状線の各駅から郊外に伸びている。戦前から東京の山手線内の都心部は都電、大阪の環状線内の都心部は市電というように「市営モンロー主義」と言われる棲み分けがなされていた。戦後、都電と市電は地下鉄とバスに変わっていったが、東京と大阪で大きく異なるのは地下鉄と私鉄各社の相互乗り入れの状況である。

東京の地下鉄はまず一九二七年に株式会社が銀座線の一部を開業し、その後、一九四一年に複数の株式会社が帝都高速度交通公団（営団）に統合された。戦後になって都営地下鉄も整備され、営団地下鉄（九路線）は株式会社化して東京メトロとなったが、都営地下鉄（四路線）との統合はまだ実現していない。一九五六年に運輸省（当時）の都市交通審議会第一号答申で東京都の地下鉄参入と郊外路線と地下鉄の相互乗り入れが決められた。最初の相互乗り入れは一九六〇年の都営地下鉄一号線（浅草線）～京成である。営団地下鉄も日比谷線～東武、東急～日比谷線、小田急～千代田線～常磐線など次々と相互乗り入れを進めていった。近年はさらに多くの地下鉄新線が整備されＪＲも含めた相互乗り入れが進んだ結果、いまや縦横無尽のネットワークが形成されている。例えば埼玉県の所沢から都心を通って横浜中華街までつながり、千葉県の柏か

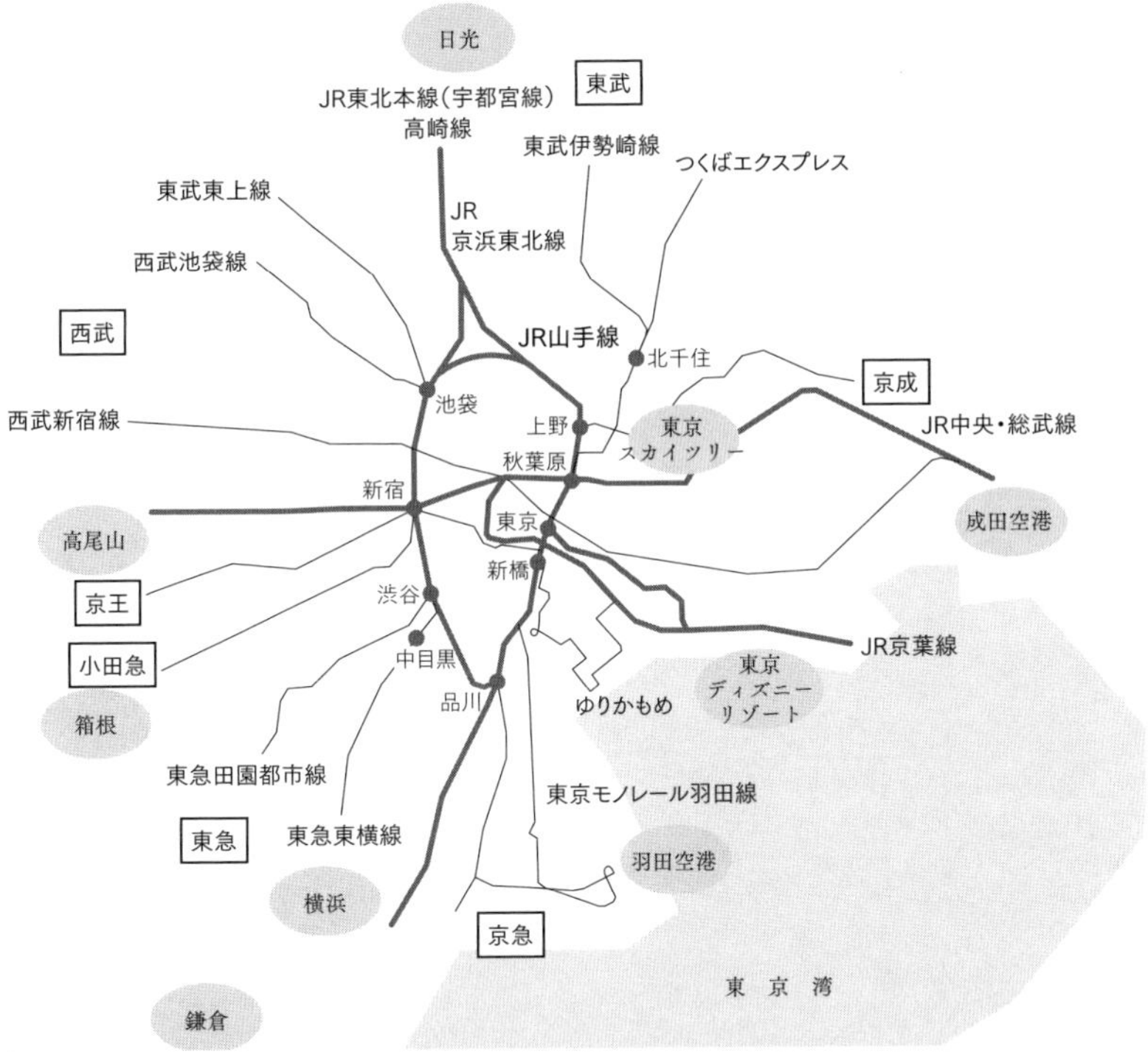

図1　関東鉄道路線概略図

ら都心を通って神奈川県の伊勢原まで行くこともできる。ただし、いったん事故が発生するとダイヤが広範囲にわたって大きく乱れることになるため、これ以上の相互乗り入れはそろそろ限界と言われている。

大阪では一九三三年の御堂筋線から市営地下鉄の整備が始まり、戦後の整備により八路線となったが二〇一八年に株式会社化されて大阪メトロとなった。大阪の都心は格子状の市街地が形成されており、地下鉄も南北、東西の格子状の路線網となっている。大阪の都市軸は御堂筋で、キタ（梅田）とミナミ（難波）が南北の拠点となっており、阪急、阪神は梅田、南海は難波に都心ターミナルがある。高度経済成長期、通勤人口の急増を背景に、京阪は天満橋から淀屋橋へ、近鉄は阿倍野から難波へと西に延伸して南北軸である御堂筋へのアプローチを果たした。また地下鉄御堂筋線が南北に延伸し、阪急の連結子会社でもある第三セクターの北大阪急行が千里ニュータウン、泉北高速鉄道（第三セクター、二〇一四年から南海のグループ会社）が泉北ニュータウンとそれぞれ大阪都心を結んだ。これにより基本形が形成され、大きな需要、効果が見込める本格的な相互乗り入れの必要性がなくなったといえる。

なお、この他には阪急千里線が地下鉄堺筋線へ、近鉄けいはんな線が地下鉄中央線へ乗り入れている。近鉄と阪神の相互乗り入れは、阪神南大阪線の西九条から難波への延伸により二〇〇九年に実現した。また今後、大阪・関西万博に向けた地下鉄中央線の夢洲《ゆめしま》延伸と近鉄の乗り入れや、なにわ筋新線の建設によって南海が梅田まで延伸する計画があるが、現状では大阪は東京のような縦横無尽の相互乗り入れネットワークが形成されるには至っていない。

都心開発

東京と大阪では都心開発でも大きく異なる面がある。東京の千代田区、中央区、港区などの都心開発は三菱地所、三井不動産、森ビルという大手の専業デベロッパーがその主体となっている。丸の内ビルディング（丸ビル）建て替え（二〇〇二年）、六本木ヒルズ（二〇〇三年）、コレド日本橋（二〇〇四年）などに始まり、大規模なオフィス、商業などの開発が次々と行われ、現在も止まるところを知らない。これにより人口の社会増加が続いており、私鉄は相互乗り入れのネットワークで都心にアクセスできるため、都心の就業人口の確保に不自由するわけではない。ただし、山手線の各駅のターミナルは素通りとなってしまう。ターミナルの商業エリアは沿線の利便性、魅力、個性を形成する役割を担うものであり、近年、西武の池袋、小田急、京王の新宿など各社はあらためてターミナル開発に取り組み始めている。その中でも東急が渋谷で大規模な再開発を行い、生活文化産業・IT産業の分野で独自の都心形成を図ろうとしているのは注目に値する。

一方、大阪の伝統的な中心業務地区は御堂筋の淀屋橋～本町～心斎橋のエリアだが、企業本社の自社ビルが多く大手の専業デベロッパーによる開発は少ない。大阪の都心は主に東西の通り方向に証券取引、繊維、製薬など特定の業種が集積し、御堂筋には商社、銀行などの本社が建ち並び中心業務地区を形成していた。OBP（大阪ビジネスパーク）や湾岸部の咲洲《さきしま》（南港）など新たなオフィスエリアの開発も行われたが、バブルの崩壊以降は大阪から東京への本社流出が続き、さらに銀行の合併や総合商社の地位低下もあり、御堂筋の衰退が危惧されている。心斎橋周辺の御堂筋沿道ではブランドショップの出店が進んできた。一部では都市再生特別地区の制度を使った建て替えが行われ、ビル低層部には「上質な賑わい」の創出を目指して商業施設の誘致も行われている。しかしながら大手の専業デベロッパーがいないため、船場島之内地区などの老朽化、陳腐化したビルの建て替えはなかなか進まない。

大阪ではバブル期以降の都市開発は臨海部（WTC（大阪ワールドトレードセンター、現在は大阪府咲洲庁舎）、ATC（アジア太平洋トレードセンター）、海遊館、USJ）、弁天町（ORC二〇〇〇）、OAP（大阪アメニティパーク）、中之島西部（大阪府立国際会議場）など拡散的な傾向があったが、近年は都心部で鉄道会社による都心ターミナルエリアの開発が主役となっている。梅田地区では、阪神などによる西梅田再開発（一九九七～二〇〇四年）、JR西日本による大阪ステーションシティ（二〇一一年）、阪急による梅田阪急ビル（二〇一二年）、三菱地所、オリックス、阪急などによるグランフロント大阪（二〇一三年）をはじめ、大規模な複合開発が行われオフィス集積が進んでいる。梅田はJR、阪急、阪神、地下鉄の結節点であり、新大阪にも近く神戸、京都へのアクセスも容易であるなどオフィス立地の潜在的な優位性があり、そこに新しくて高スペックのオ

図2　あべのハルカスとてんしば
（提供：近鉄不動産）

フィス床が供給されたことによるものであり、かつては御堂筋にあった大手商社も梅田に移転している。今後も梅田ツインタワーズ・サウス（阪神百貨店、新阪急ビルの一体建て替え）、大阪中央郵便局跡地開発、うめきた二期と開発が続く。ミナミでも近鉄によるあべのハルカス（二〇一四年、図2）、南海によるなんばスカイオ（二〇一八年）の開発が行われ、京阪は淀屋橋でタワービルの開発計画を発表している。また、ソフト面でも大阪では鉄道各社が東京の大手デベロッパーと同じように、都心のエリアマネジメントや新産業の育成、創出にも取り組んでいる。

拠点駅と駅近マンション

都心ターミナルと同様に、鉄道各社の郊外拠点駅でも有休地などを活用した大規模開発が行われている。関東では、小田急は郊外拠点駅を「集客フック駅」として位置づけ、下北沢駅、向ヶ丘遊園駅（向ヶ丘遊園跡地）、海老名駅の開発を進めるとともに、それ以外の駅を「くらしの拠点駅」と位置づけ、生活やオフィスの機能を充実しようとしている。とくに海老名駅ではＪＲの駅との駅間約三・五ヘクタールで、商業施設、タワーマンション、オフィス棟（二〇二〇年着工）などからなる大規模複合開発を進めている。周辺には図書館、病院、大規模ショッピングセンター、大手企業の研究所などがあり、新宿から快速急行で四五分である。また、東急は、たまプラーザ駅（横浜市）で駅舎、商業施設のリニューアルとともに高齢者向け住宅、コミュニティ施設などを整備し次世代まちづくりの拠点としている。二子玉川駅（世田谷区）では二子玉川園跡地の大規模再開発でタワーマンション、商業施設とともに大型オフィスビルの開発を行い大手ＩＴ系企業を誘致した。南町田駅（町田市）では新しいタイプの大型ショッピングセンター、グランベリーパークを開業した（約二二ヘクタール、二〇一九年）。他の私鉄では西武は所沢駅（埼玉県所沢市）、東武は和光市駅、京王は府中駅（東京都府中市）、相鉄は二俣川駅（横浜市）などで開発を進めている。このように関東では関西に比べると、都心からより遠い駅を郊外拠点駅として位置付ける傾向にある。

関西の鉄道各社が郊外拠点駅として位置付けているのは、近鉄の大和西大寺駅、阪急の西宮北口駅、京阪の枚方市駅などである。大和西大寺駅では駅舎の改修とともに奈良市が副都心を目指して南口区画整理を進めており、マンション開発も始まっている。阪急は西宮北口に兵庫県の芸術文化センターを誘致し、さらに駅南東部の西宮球場跡地に大規模ショッピングセンター「阪急西宮ガーデンズ」を開業した（二〇〇八年）。こうしたことから西宮北口は阪神間で最も住みたいまちのひとつとなり、多くのマンション開発が行われている。また南海は泉北高速鉄道を子会社化し、泉北ニュータウン再生の拠点として泉ヶ丘駅（堺市）の活性化に取り組んでいる。さらに南海はさほど大規模とはいえないが、和歌山市と共同して和歌山市駅の活性化計画を進め、オフィス棟（駅ビル）、商業棟（キーノ和歌山）、ホテル棟、市民図書館等で構成される複合開発が二〇二〇年六月にグランドオープンした。このなかで図書館は民間に運営を委託し、一階には書店とカフェ、屋上には「まちなか公園」も整備され、衰退が著しい和歌山市の中心市街地の再生に積極的に取り組んでいる。千里ニュータウンの千里中央駅では中央地区再整備（コンソーシアムに阪急も参画）では大型専門店、病院（リハビリ、療養病床）、タワーマンション（二〇〇九年）などが整備され、その後の読売文化センターの再開発でもタワーマンションが建ち、現在はＨ２Ｏが商業施設（阪急百貨店、セルシー）の再開発を進めている。

二〇〇〇年頃からは、多くの駅近マンションが郊外の拠点駅周辺などで供給されている。主要な購入者は、共働きで子育て支援や教育環境を重視する団塊ジュニア以降の世代である。交通利便性に加えて駅近で買物

図3　宝塚歌劇大劇場とタワーマンション

などの生活利便性が高いことが人気の理由となっている。とくに近年は関東、関西を問わず、マンション・デベロッパーは駅から遠い土地を敬遠し、駅近の土地を探してマンション開発を行うようになった。関東でも関西でも歴史の古いブランド住宅地はもはや憧れの対象とはならず、都心のタワーマンションが、起業家、タレント、パワーカップルなど都市的成功者の住まいとしてステータス・シンボルとなっている。

なお、関西圏では阪神・淡路大震災の復興事業が、駅近マンション建設の流れをつくったとも言える。例えばＪＲでは新長田、兵庫、六甲道、住吉、阪急では西宮北口、仁川、宝塚の各駅周辺で大規模な復興事業が行われ、その後も周辺で多くのマンション開発が行われている。例えば宝塚は宝塚歌劇で有名であり、ホテル、百貨店もあるおしゃれなまちというイメージがあり、旧温泉の旅館・保養所跡や、宝塚ファミリーランド跡地などで次々とマンション開発が行われ、人気の高いエリアとなっている（図3）。

駅の個性、デザイン、機能

和歌山電鐵の貴志駅（和歌山県紀の川市）はネコの「たま駅長」で有名である。新しい駅舎はネコのデザインを導入し、ホームには初代たまを祀る「たま神社」もありローカル線を生き返らせた。大手私鉄の郊外駅で有名なのは東急の田園調布駅であるが、個性的な郊外駅は各地にある。江ノ島電鉄の極楽寺駅（神奈川県鎌倉市）は映画のロケ地として人気がある。小さな駅の何気ない日常的なたたずまいが人をなごませる（図4）。駅舎は二〇一九年に改修されたが、旧駅舎は保存されている。小田急の片瀬江ノ島駅（神奈川県藤沢市）は二〇二〇年に建て替えられたが、竜宮城のような駅舎を踏襲している。京阪の萱島駅（大阪府寝屋川市）は、駅のホームを巨木が突き抜けている（図5）。高架化の際にご神木の大楠を保存し、高架下には萱島神社を再建した。こうした例は機能的な視点からの拠点性だけではなく、駅には愛着や象徴性という視点からの精神的よりどころとしての可能性があることをうかがわせる。

　駅舎の改修でもさまざまな試みがある。京王の高尾山口駅（東京都八王子市）では建築家・隈研吾のデザインにより地元の杉材を多用している。京阪の枚方市駅は無印良品がプロデュースし、阪神の甲子園駅は駅全体を大屋根が覆っている（図6）。阪神の西宮駅では「ストリート・キッチン」としてまちに開くカジュアルな飲食空間が整備された。公的施設（図書館、コミュニティ、子育て支援）の導入、地域との連携（地元野菜の販売など）と機能面でもいろいろな試みが各地で行われている。近鉄の大和西大寺駅（奈良県奈良市）は奈良線、京都線、橿原線が平面交差しているが、駅舎を改修し橋上駅舎のコンコースに駅ナカ商業を展開した。二〇〇九年に

図4　江ノ島電鉄・極楽寺駅
（提供：江ノ島電鉄）

図5　京阪・萱島駅
（撮影：水野浩志）

図6　阪神・甲子園駅
（提供：阪神電気鉄道）

は平城遷都一三〇〇年祭に向けて床面積を約二倍に拡張して二六店舗のショッピングモールとした。二〇二〇年四月にはさらなる増床で南北自由通路を一部共用開始し、「近未来ステーション構想」として大型マルチスクリーン、案内ロボット、見守りシステムを試験導入するとともに内外装のリニューアルも行い、「和の伝統と現代技術の融合」を目指している。

駅前再開発事業も近年、様変わりが進んでいる。一九九〇年代までは阪急の川西能勢口駅（一九八九年）や宝塚駅（一九九三年）のように、百貨店やスーパーなどの核店舗に地元商業と住宅という組み合わせが主流だったが、近年は商業とタワーマンションという組み合わせが増えている。タワーマンションの分譲が再開発事業の主要な収入となるためだが、その結果どこの駅前も同じようなまちとなり「均質化」が指摘されている（島原、二〇一六）。京阪の香里園駅の再開発（二〇一一年）では住宅はタワーマンションとなっている。阪急の宝塚南口駅や南海の堺東駅（堺市）など初期の再開発地区では再々開発が行われ始めているが、タワーマンションが建設されるケースが多い。これに対して近鉄の生駒駅は、低容積、分棟方式、図書館分室、コミュニティ広場などを導入した新しいタイプの「身の丈再開発」である（二〇一一年）。

大規模な高架下利用の事例としては、ＪＲ中央線の中央ラインモールの取り組みをあげることができる。武蔵境駅（東京都武蔵野市）から国立駅（東京都国立市）までの約九キロメートルの間で二〇一〇年以降、商業施設ｎｏｎｏｗａや回遊歩行空間、コミュニティスペースなどの整備が行われている。阪神の高架下は医療モール、マイクロ投資による飲食店、デイサービス、水耕栽培など多彩な利用が進められてきた。二〇一九年には武庫川女子大学の最寄り駅である阪神鳴尾駅（兵庫県西宮市）の高架下にステーションキャンパスという大学施設を誘致し、駅名も鳴尾・武庫川女子大前駅に変更した。阪急の高架下ではフラメンコ教室もある。床を踏み鳴らす音が大きくても問題にならない。阪急京都線の新駅である洛西口駅から桂駅（ともに京都市）の高架下は、計画段階から市民参加を進め、飲食・物販だけではなく多目的室・ライブラリー、プレイフルカフェ、子どもの遊び場なども整備して二〇一八年に開業した。

首都圏では連続立体交差事業として地下化も行われており、それに伴い東急の田園調布駅、京王の調布駅、小田急の下北沢駅などが地下化された。細長い駅の跡地の活用とまちの賑わいづくりはなかなか難しいようで、駅の空間的な中心性が大きかったことを示しているとも言える。

沿線経営の考え方

二一世紀を迎える頃、大手私鉄の輸送人員は減少傾向にあり、少子高齢化、人口減少、郊外の衰退への対応が沿線経営の課題となっていた。各社は沿線で高齢者向けの住宅やサービス、住み替え支援、子育て支援、次世代誘致などの取り組みを行うようになった。負のスパイラルと言えるような状況に対して小林一三モデルに代わる新たな経営モデルが求められるなかで、沿線価値の向上という言葉が広く使われ、近鉄の楽・元気サービス（二〇〇七年）、東急のたまプラーザ次世代郊外まちづくり（二〇一二年）、京王の沿線価値創造部の設置（二〇一二年）などより総合的な取り組みも行われるようになった。

二〇一一年の東日本大震災のあと二〇一二年頃から輸送人員が増加傾向に転じ、二〇一五年からはさらに大きく増加している。景気回復やインバウンドの増加だけではなく、首都圏では人口の社会増加が続いたことも大きい。例えば東急は二〇一九年の中期三か年経営計画で、沿線人口のピークが従来の予測の二〇二〇年から二〇三五年に後ろ倒しになると見込んでいる。

これに伴い各社は積極的にいろいろな投資を行うようになった。鉄道事業では新型車両（特急、座席指定）、バリアフリー、ホームドアなど快適性、安全性の向上、開発事業ではターミナルの再開発、インバウンドに対応したホテル開発、観光地開発に力を入れるようになった。

このような投資拡大は東西で共通しているが、沿線経営の考え方については違いが見られる。首都圏では沿線の商業、サービスの充実があくまでビジネスベースで進められる傾向が見られる。さらに事業のＤＸ、デジタルプラットフォーム、テレワーク、ＭａａＳなどにも取り組み始めている。例えば、東急は交通、不動産、生活サービスの各事業による「沿線価値・生活価値の螺旋的向上」を重点施策のひとつとしている。ＩＣＴ・メディア事業にも取り組み、多くの企業と連携して、インテリジェントホーム、スマートセキュリティ、スマホ決済、サテライトシェアオフィスの事業化などビジネス志向が強い。競合路線がない沿線の総人口は約五五〇万人にのぼり、高密度でポテンシャルの高いマーケットが成立する。ただし、首都圏でも沿線人口が減少傾向にある相鉄は、いずみ野線沿線で横浜市と次世代まちづくりの協定を結び、駅前広場でマルシェやカフェを開催するとともに駅周辺のリノベーションを進め、地域連携による沿線ブランド価値の向上に取り組んでいる。

一方、関西圏はインバウンドの増加はあるが、若年層の人口の転出超過が続いており、今後の沿線人口の減少に対応していくという意識が強い。例えば阪急阪神ＨＤは二〇一八年の長期ビジョンで「二〇四〇年までに関西圏の人口は一六パーセント減少、高齢化もさらに進み相応の影響を受ける」としている。また、南海は二〇一八年のグループ経営ビジョンで「沿線活性化策を総動員」「転出超過から一〇年後は転入超過に逆転」するとしている。各社は沿線価値向上に中長期的な視点から取り組む傾向が見られる。

とくに近年は地域密着型の取り組みがいろいろ行われている。南海は二〇一八年の経営ビジョンで「沿線を主たる事業エリアとし」「グループの総力を挙げて沿線価値向上に注力」「交流人口の増加を定住人口の増加につなげる」としている。駅貼りポスター「南海一〇〇駅自慢」、泉州ブランド野菜の直売店、「加太さかな線（和歌山県和歌山市）・めでたいでんしゃ」（縁結びツアー、図7）」、「くらし菜園」、堺市伝統工芸のオリジナル手ぬぐい、「南海えんせんアトツギソン」（中小企業のイノベーション）など多彩でまさに「総動員」である。しかも事業の手を拡げ過ぎていないため、新型コロナ流行下の二〇二〇年度の決算見通しで営業損益は黒字となっている。

近鉄は学園前〜登美ヶ丘エリアでの住宅・生活関連サービスを沿線価値の向上としており、新婚世帯向けの賃貸住宅など中長期的な視点で取り組んでいる。阪急の沿線価値向上の取り組みはやや散発的な感がある。阪急沿線には住みたいまちランキング上位の駅が多く、住宅・生活関連サービスには既に多くの企業が参入している。阪急としては沿線よりも都心や拠点駅の開発に注力している。阪神は「灘の酒蔵」活性化プロジェクト、「ぬりえ旅阪神」（沿線風景の塗り絵と周辺マップ）、親子で楽しむ沿線公園ガイド、「チアフル親子カフェ」など子育て世代の誘致に力点が置かれているようだ。「登下校ミマモルメ」（二〇一一年〜）はICタグを利用した見守りシステムで、有料だが学校の負担がなく阪神間の小中学校に広く普及して

図7　「加太さかな線」めでたいでんしゃ
（出典：南海電気鉄道ウェブサイト）

いる。さらに高齢者などの「まちなかミマモルメ」も開発し、合わせて全国展開して独立した子会社となった。二〇二〇年二月には社内に沿線価値創造推進室も新設されている。京阪は「ひらパー（枚方パーク）定期預金」、ウェブサイト「おけいはんポイントモール」、「京阪沿線コース、枚方八景コースを歩こう」健康ウォーキングマップなどで、さらに二〇一四年には有機野菜宅配の全国的な大手、ビオ・マルシェを子会社化、「ＢＩＯＳＴＹＬＥ」（ビオスタイル）をグループの事業の軸としている。

新型コロナの流行と沿線経営

新型コロナの流行は鉄道各社の全ての事業に大きな影響を与えた。二〇二〇年一一月の各社の中間決算説明資料によると、二〇二〇年度上半期の鉄道旅客数は三〇～四〇パーセントの減少、都心の百貨店の売り上げは三〇～三五パーセントの減少となり、ホテルの客室稼働率は一〇～二〇パーセントという水準で、休業するホテルも出ている。各社の業績を底上げしてきたインバウンドはオリンピックを目前に消滅してしまった。定期外の鉄道旅客数がより減少し、郊外のスーパーの売り上げが前年同月比で増加するなど生活行動の変化もうかがえる。首都圏のいくつかの鉄道会社は新型コロナ後に向けて新たな考え方で戦略的に対応しようとしている。

西武はアフターコロナでは「リアル」の価値が見直され「デジタルとリアルが融合した社会」となっていくと想定し、「究極の生活応援企業グループ」を目指すとしている。当面の事業としては、スマホアプリを活用した次世代ホテル「プリンススマートイン」の展開、シェアオフィス、賃貸ユニットハウス（パーソナルスペースプロジェクト）などを進めるとしている。また所沢の東口駅ビルの再整備ではグランエミオ所沢二期を二〇二〇年九月に開業した。西口では当初計画の大型商業施設だけではなく、リモートワーク、シェアオフィスも入れ込んでいくようである。小田急はコロナ収束後も市民生活は「前の水準に戻らない」と認識し、テレワーク、居住エリアの郊外シフト、オフィスニーズの変化、Ｅコマースの拡大など、アフターコロナの事業環境への適応を進めるとしている。ＭａａＳは新百合ヶ丘駅（川崎市）周辺などでオンデマンド交通の実証実験を行い、さらに新たな価値提供に向けた取り組みとして地域密着型サービスプラットフォーム「ＯＮＥ」の拡充を進めている。東急は目指す方向性を「新常態に適した収益構造改革や成長分野へのチャレンジ」を「スピード感を持って推進していく」としている。生活サービスは楽天と提携してオンライン販売と実店舗販売とのシームレスなサービス提供を進める。また二〇二〇年一一月からは田園都市線を中心に新たなサービス実験「ＤＥＮＴＯ」を開始している。これは通勤定期保有者がコミュニケーションアプリ使って、移動サービス（通勤高速バス、相乗りハイヤー）、就労環境の提供、沿線施設割引クーポンの提供などを行うものである。

アフターコロナの新たな生活様式に対応してサービスのデジタル・インフラが拡充されるとともに、デジタルとリアルの融合、都心と郊外の新たなあり方が模索されている。「職」（オフィス、テレワーク）が注目され、郊外拠点駅のまちづくりは「生活」と「職」の両面でより重要になっていこうとしている。鉄道会社、グループは当面極めて厳しい状況にある。沿線外も含め広く展開してきた事業の再編も必要となる。都心のオフィス、商業、ホテルの中長期的な見通しも定かではない。今後、本格的な縮退の時代を迎えるなかで、持続性のある新たな沿線経営のモデルへの転換が課題となる。

あとがき

四年間にわたる共同研究を経て執筆作業が佳境に差し掛かったころに、新型コロナウイルスが猛威を振るうことになった。テレワークが求められ、都心の集客施設や商業施設の利用が制限されるとともに、都心への過度な集中を避けて居住機能や業務機能の分散を図る声も聞こえ始めた。都心と郊外の関係を見直す議論に加え、地方都市への分散や、ワーケーションへの期待も高まることになった。新型コロナウイルス禍が一段落すれば、再び都心への集中が加速するのか、それとも郊外の復権が起こるのか、いやむしろ郊外を跳び越えて、地方都市や中山間地域が注目されることになるのだろうか。

少し古い話しになるが、阪神・淡路大震災の後、密集市街地の更新や老朽マンションの建て替え、市街地再開発などが進むなかで、「大震災は向こう二〇年間で起きる都市の変化を早送りで進めた」という感想を多くの関係者が持った。今回のコロナウイルス禍にも同じような側面がある。日常生活の回復を望みながらも、「新しい日常」を実感した社会は、ポストコロナ禍の新しい郊外像を描き直すことを求めている。

研究会では郊外再編のステークホルダーとしての鉄道事業者の可能性を多方面から論じてきた。

人口減少に伴う輸送客数の減少は研究会当初から長期的な課題として認識してきたが、コロナ禍によって鉄道利用者が急減し経営環境が悪化する様は、まさに「向こう二〇年間で起きる変化が早送りで進んだ」というべきかもしれない。本書でも明らかにしたように、郊外を考えることは同時に都心を考えることでもある。鉄道事業者は創設時から一貫して時代の変化を先取りする形で、都心と郊外の双方で様々な事業に取り組んできた。さらに近年は沿線外での諸事業にも幅広く取り組んでいるが、そのような柔軟性に加え、沿線の住民や事業者との関係のなかで培われてきた社会的信用と使命感は、郊外再編に不可欠な要件に違いない。

研究会の実施から出版にあたって、様々な情報と調査の機会を提供いただいた鉄道事業者の方々、そして的確なアドバイスと煩雑な編集作業に取り組んでいただいた鹿島出版会の久保田昭子さんと寺崎友香梨さんに、心からお礼を申し上げる。本書が、都心・郊外の新たな関係を構築するための参考になれば幸いである。

執筆者を代表して　角野幸博

を除く編纂分)、IR資料、プレスリリース

第6章

秋皐生(1912)『都市の遠心力(一)〜(四)』日本新聞 神戸大学経済経営研究所 新聞記事文庫 都市(二-〇〇一)所収
今尾恵介(2017)「地図と鉄道省文書で読む私鉄の歩み 関西1 阪神・阪急・京阪」白水社
上野美咲(2018)『地方版エリアマネジメント』日本経済評論社
エリアマネジメント推進マニュアル検討会編著、国土交通省土地・水資源局土地政策課監修(2008)『街を育てる——エリアマネジメント推進マニュアル』コム・ブレイン
扇田信(1961)「住居観の研究——住意識について」『日本建築学会論文報告集』第68巻
角野幸博(2000)『郊外の二〇世紀』学芸出版社
角野幸博(2010)「都心郊外再編の道筋」広原盛明・高田光雄・角野幸博・成田孝三『都心・まちなか・郊外の共生』晃洋書房
郊外・住まいと鉄道研究委員会(2015)『駅から始まるコンパクトシティ形成促進方策調査報告書』(公社)都市住宅学会関西支部
郊外・住まいと鉄道研究委員会(2016)『駅から始まるコンパクトシティ形成促進方策(2)調査報告書』(公社)都市住宅学会関西支部
郊外・住まいと鉄道研究委員会(2017)『駅から始まるコンパクトシティ形成促進方策(3)調査報告書』(公社)都市住宅学会関西支部
郊外・住まいと鉄道研究委員会(2018)『駅から始まるコンパクトシティ形成促進方策(4)調査報告書』(公社)都市住宅学会関西支部
小林重敬他(2005)『エリアマネジメント』学芸出版社
小林重敬編著(2015)『最新エリアマネジメント——街を運営する民間組織と活動財源』学芸出版社
小林重敬・森記念財団編著(2018)『まちの価値を高めるエリアマネジメント』学芸出版社
小林重敬・森記念財団編著(2020)『エリアマネジメント 効果と財源』学芸出版社
トマス・ジーバーツ著、蓑原敬監訳(2017)『「間にある都市」の思想 拡散する生活域のデザイン』水曜社、原書(2001)
田中絢人・高見沢実(2010)「大手民間鉄道事業者による沿線価値向上に向けた取り組みに関する研究」『日本都市計画学会都市計画報告集』No. 8
中西正彦(2020)「郊外住宅地の再生——第三回働き方と郊外住宅地」『家とまちなみ』第82号、(一財)住宅生産振興財団
ニーアル・ファーガソン著、柴田裕之訳(2019)『スクエア・アンド・タワー(上・下)——ネットワークが創り変えた世界』東洋経済新報社、原書(2017)
ジョセフ・ヒース、アンドルー・ポター著、栗原百代訳(2014)『反逆の神話——カウンターカルチャーはいかにして消費文化になったか』NTT出版
Mike Lydon, Anthony Garcia (2015) Tactical Urbanism, Island Press.
Leigh Gallagher (2013) The End of the Suburbs, Penguin Group.
フランシス・ケアンクロス著、藤田美砂子訳(1998)『国境なき世界——コミュニケーション革命で変わる経済活動のシナリオ』トッパン
馬場正尊(2016)『エリアリノベーション』学芸出版社

補論

伊藤博康(2017)『えきたの——駅を楽しむ』創元社
(一社)日本民営鉄道協会『大手民鉄の素顔——大手民鉄鉄道事業データブック二〇二〇』
小佐野カゲトシ(2019)『関東の私鉄格差』河出書房新社
島原万丈・HOMES総研(2016)『本当に住んで幸せな街——全国「官能都市」ランキング』光文社
「攻める私鉄」『週刊エコノミスト』2018年11月20日号
「ゼネコン— 不動産の呪縛」『週刊ダイヤモンド』2020年1月31日号
矢島隆・家田仁編著(2014)『鉄道が創りあげた世界都市・東京』計量計画研究所

Kneebone, E., Berube, A. (2014) Confronting Suburban Poverty in America, Brookings Institution Press.

第3章

柴田建 (2010)「郊外住宅地の成熟過程第二回　戦後郊外の住宅と家族の変容」『家とまちなみ』第61号
中西正彦・長嵐陽子・中井検裕 (2005)「東京都における建築協定の失効要因と継続可能性に関する研究」『日本都市計画学会都市計画論文集』第40巻、第3号、pp. 439–444
牧角雄・岡絵理子 (2014)「戸建て住宅地居住者の地区計画制度の認知・認識に関する研究——猪名川パークタウンを事例として」『日本建築学会近畿支部研究発表会梗概集』pp. 457–460
小浦久子・岡絵理子 (2007)「市街地更新における共同住宅形態の多様化に関する研究」『日本都市計画学会都市計画論文集』第37巻、pp. 559–546
岡絵理子・鳴海邦碩・田端修・宮田幸浩 (1998)「大阪市臨海部の土地利用転換および居住構造変化の動向に関する研究」『日本都市計画学会都市計画論文集』第33巻、第10号、pp. 769–774
松本邦彦・澤木昌典・小浦久子・岡絵理子 (2005)「郊外住宅地におけるクルマのある生活に関する研究」『日本建築学会近畿支部研究報告集』
大岡敏昭 (1999)『日本の風土文化とすまい』pp. 14–16, 相模書房
丸山良仁編著 (1971)『日本の住宅計画』住宅新報社
松村秀一 (1999)『「住宅」という考え方——20世紀的住宅の系譜』pp. 175-185、東京大学出版会
高橋寿一 (2011)「建築協定と地区計画——連続と断絶」『日本不動産学会誌』第24巻、第4号、pp. 65–72
東郷武 (2010)「日本の工業化住宅の産業と技術の変遷」『技術の系統化調査報告』第15集、(独) 国立科学博物館産業技術史資料情報センター
住生活研究会 (1987)『ライフスタイルから見た住居——環境計画に関する調査研究』
佐藤健正『ハウジングの話第7話 団地再生の時代』http://www.ichiura.co.jp/housing/pdf/e_housing/07.pdf (2020年6月6日閲覧)
日端康雄 (1985)「審議会答申に見る戦後住宅政策の変容と特質」『日本不動産学会誌』第2号
上田篤 (1985)『流民の都市と住まい』駸々堂

第4章

貝谷力 (2010)「わが国最大規模の住宅地開発「南海橋本林間田園都市」——当社住宅開発事業の歴史を踏まえて」『補償時報』第131号、pp.15–17
広井良典 (2009)『コミュニティを問いなおす——つながり・都市・日本社会の未来』筑摩書房
三好庸隆 (2020)「武庫女ステーションキャンパスプロジェクト・ノート」『生活環境学研究』第8号

第5章

南海電気鉄道 (1985)『南海電気鉄道百年史』
近畿日本鉄道 (2010)『近畿日本鉄道100年のあゆみ』
阪神電気鉄道 (2005)『阪神電気鉄道百年史』
阪急阪神ホールディングス (2008)『100年のあゆみ』
阪急百貨店 (1998)『株式会社阪急百貨店50年史』
東宝 (1982)『東宝五十年史』
京阪電気鉄道 (2011)『京阪百年のあゆみ』
中西健一 (1963)『日本私有鉄道史研究』日本評論社
斎藤峻彦 (1993)『私鉄産業』晃洋書房
谷内正往 (2014)『戦前大阪の鉄道とデパート』東方出版
森彰英 (2017)『少子高齢化時代の私鉄サバイバル』交通新聞社
片木篤編 (2017)『私鉄郊外の誕生』柏書房
泉谷透 (2017)「京阪グループの不動産戦略」『都市住宅学』第97号、pp. 72–76、都市住宅学会
木内徹・鈴木裕二 (2017)「次世代まちづくりに向けた阪急電鉄・阪急不動産の取り組み」『都市住宅学』第97号、pp. 77–81、都市住宅学会
日本民営鉄道協会 (2020)『大手民鉄の素顔』(旧号を含む)
ほか、南海電気鉄道、近鉄グループホールディングス、阪急阪神ホールディングス、京阪ホールディングス各社（グループを含む）社史（前掲

青木嵩・角野幸博（2019c）「鉄道沿線上の郊外地域における中・若年層居住者の生活行動実態——枚方市・寝屋川市を対象に」『日本都市計画学会関西支部研究発表会講演概要集』第17巻、pp. 73–76
青木嵩・角野幸博（2020）「空間自己相関を用いた世代別の郊外駅勢圏居住傾向に関する考察」『日本建築学会計画系論文集』第85巻、第774号、pp.1695–1704
AOKI Takashi, KADONO Yukihiro（2020）New Towns in the Kyoto-Osaka-Kobe Area, Typological Analysis of Regional Characteristics Based on Population Structure and Inflow, Urban and Regional Planning Review, Vol. 7pp. 43–66
青木嵩（2021）「居住者の世代交代からみた計画的郊外住宅地の持続可能性に関する研究——京阪神従業圏域における中・若年層居住者の居住実態に着目して」関西学院大学大学院総合政策研究科博士論文
石川雄一（1996）「京阪神大都市圏における多核化の動向と郊外核の特性」『地理学評論』69A6、pp. 387–414
伊東理恵・今井範子・牧野唯（2009）「郊外居住・奈良市学園前居住者の食生活の特徴」『日本家政学会誌』第60巻、第9号、pp. 803–815
上田篤（1985）『流民の都市とすまい』駸々堂出版
上野千鶴子（2011）「「家族」という神話——解体のあとで」『哲学』第2011巻、第62号、pp. 11–34
落合恵美子（1989）『近代家族とフェミニズム』勁草書房
くらしノベーション研究所共働き家族研究所（2014）『いまどき30代夫の家事参加の実態と意識——25年間の調査を踏まえて 調査報告書』旭化成ホームズ
郊外・住まいと鉄道研究委員会（2016）『駅から始まるコンパクトシティ形成促進方策（2）調査報告書』公益財団法人都市住宅学会関西支部
郊外・住まいと鉄道研究委員会（2017）『駅から始まるコンパクトシティ形成促進方策（3）調査報告書』公益財団法人都市住宅学会関西支部
郊外・住まいと鉄道研究委員会（2018）『駅から始まるコンパクトシティ形成促進方策（4）調査報告書』、公益財団法人都市住宅学会関西支部
厚生労働省（2020）「2019年 国民生活基礎調査の概況」https://www.mhlw.go.jp/toukei/saikin/hw/k-tyosa/k-tyosa19/dl/14.pdf（最終アクセス日：2021年1月28日）
厚生労働省（1995）「平成7年 国民生活基礎調査の概況」https://www.mhlw.go.jp/www1/toukei/ksk/index.html（最終アクセス日：2021年1月28日）
重松潜（1998）『定年ゴジラ』講談社
柴田建（2019）「郊外のリ・スタート——ベッドタウンから"創発するコミュニティ"へ」『建築のリ・スタート』pp. 13–18、2019年度日本建築学会大会（北陸）建築社会システム部門研究協議会
内閣府（2018）『平成30年版　男女共同参画白書』
内閣府政策統括官（2014）「平成26年度 高齢者の日常生活に関する意識調査結果」https://www8.cao.go.jp/kourei/ishiki/h26/sougou/zentai/index.html（最終アクセス日：2021年1月28日）
中澤高志・佐藤英人・川口太郎（2008）「世代交代に伴う東京圏郊外住宅地の変容——第一世代の高齢化と第二世代の動向」『人文地理』第60巻、第2号、pp. 144–162
中谷拓人・樋口秀・中出文平・松川寿也（2019）「地方都市における新築戸建住宅居住世帯の居住地選択意向からみたまちなか居住促進に向けた課題」『都市計画論文集』第54巻、第3号、pp. 1222–1228
松川尚子（2019）『〈近居〉の社会学——関西都市圏における親と子の居住実態』ミネルヴァ書房
松下東子・林裕之・日戸浩之（2019）『日本の消費者は何を考えているのか？——二極化時代のマーケティング』東洋経済新報社
松木洋人（2017）「日本社会の家族変動」『入門 家族社会学』永田夏来・松木洋人編、pp. 13–29、新泉社
三浦展（1995）『「第四山の手」型ライフスタイルの研究——「家族と郊外」の社会学』PHP研究所
三浦展（2004）『ファスト風土化する日本—郊外とその病理』洋泉社
三浦展（2020）『首都圏大予測——これから伸びるのはクリエイティブ・サバーブだ!』光文社
見田宗介（1995）『現代日本の感覚と思想』講談社
山田昌弘（1999）『パラサイト・シングルの時代』筑摩書房
山村崇・後藤春彦（2012）「東京大都市圏における郊外自立生活圏の住環境特性に関する研究」『日本建築学会計画系論文集』第77巻、第676号、pp. 138–390
若林幹夫（2001）「郊外論の地平」『日本都市社会学年報』第2001巻、第19号、pp. 39–54

参考文献

序章

扇田信（1961）「住居観の研究——住意識について」『日本建築学会論文報告集』第68巻
上田篤（1985）『流民の都市と住まい』駸々堂出版
小田光雄（1997）『郊外の誕生と死』青弓社
片木篤・角野幸博・藤谷陽悦（2000）『近代日本の郊外住宅地』鹿島出版会
片木篤編（2017）『私鉄郊外の誕生』柏書房
角野幸博（2000）『郊外の二〇世紀』学芸出版社
金子淳（2017）『ニュータウンの社会史』青弓社
郊外・住まいと鉄道研究委員会（2015）『駅から始まるコンパクトシティ形成促進方策調査報告書』（公社）都市住宅学会関西支部
郊外・住まいと鉄道研究委員会（2016）『駅から始まるコンパクトシティ形成促進方策（2）調査報告書』（公社）都市住宅学会関西支部
郊外・住まいと鉄道研究委員会（2017）『駅から始まるコンパクトシティ形成促進方策（3）調査報告書』（公社）都市住宅学会関西支部
郊外・住まいと鉄道研究委員会（2018）『駅から始まるコンパクトシティ形成促進方策（4）調査報告書』（公社）都市住宅学会関西支部
齊藤誠編（2018）『都市の老い　人口の高齢化と住宅の老朽化の交錯』勁草書房
（財）東北産業活性化センター（2008）『明日のニュータウン』日本地域社会研究所
鈴木博之（1996）『見える都市／見えない都市』岩波書店
鈴木博之（1999）『日本の近代10　都市へ』中央公論新社
東京急行電鉄株式会社・株式会社宣伝会議（2018）『次世代郊外まちづくり』宣伝会議
長谷川徳之輔（1988）『東京の宅地形成史』住まいの図書館出版局
広原盛明・高田光雄・角野幸博・成田孝三編（2010）『都心・まちなか・郊外の共生』晃洋書房
福原正弘（1998）『ニュータウンは今——四〇年目の夢と現実』東京新聞出版局
牧野文夫（2019）「戦前東京市における土地資産分配——明治末期と昭和初期の「地籍台帳」の分析」『経済志林』第86巻、第3・4号、pp.231–275、法政大学経済学部学会
三浦展（1995）『「家族と郊外」の社会学』PHP研究所
三浦展（1999）『「家族」と「幸福」の戦後史』講談社
三浦展（2017）『東京郊外の生存競争が始まった!』光文社
宮台真司（1997）『まぼろしの郊外——成熟社会を生きる若者たちの行方』朝日新聞社
安田孝（1992）『郊外住宅の形成』INAX
山口廣（1987）『郊外住宅地の系譜』鹿島出版会
山本茂（2009）『ニュータウン再生』学芸出版社
吉田友彦（2010）『郊外の衰退と再生　シュリンキング・シティを展望する』晃洋書房
Leigh Gallagher (2013) The End of the Suburbs, Penguin Group.

第1章

石井幸孝（2018）『人口減少と鉄道』朝日新聞出版
青木嵩・角野幸博（2020）「空間自己相関を用いた世代別の郊外駅勢圏居住傾向に関する考察」『日本建築学会計画系論文集』第85巻、第774号、pp.1695–1704
片木篤・藤谷陽悦・角野幸博編（2000）『近代日本の郊外住宅地』鹿島出版会
片木篤編（2017）『私鉄郊外の誕生』柏書房
角野幸博（2017）「沿線まちづくりにおける鉄道会社の役割」『都市住宅学』第97号
（一社）日本民営鉄道協会（2019）『大手民鉄の素顔』
東浦亮典（2018）『私鉄三.〇』ワニブックス

第2章

青木嵩（2018）「生活拠点機能の再編による郊外住宅地再生の可能性——三木市緑が丘町・志染町青山地区を対象に」関西学院大学大学院総合政策研究科
青木嵩・角野幸博（2019a）「兵庫県三木市緑が丘住宅地における中・若年世帯の生活行動と類型化の考察」『都市計画論文集』第54巻、第3号、pp. 1176–1183
青木嵩・角野幸博（2019b）高齢化・人口減少過程にある郊外戸建住宅地の施設変遷と立地傾向に関する考察——兵庫県三木市緑が丘・志染町青山地区を対象に」『日本建築学会計画系論文集』第84巻、第765号、pp. 2323–2333

執筆者紹介

角野幸博（かどの・ゆきひろ）関西学院大学建築学部教授

一九五五年京都府生まれ。一九七八年京都大学工学部建築学科卒業。一九八〇年同大学院修士課程修了。一九八四年大阪大学大学院工学研究科博士課程修了。（株）電通、武庫川女子大学教授等を経て、二〇〇六年関西学院大学総合政策学部教授、二〇二一年より現職。工学博士。一級建築士。著書に『郊外の二〇世紀』（学芸出版社）、『近代日本の郊外住宅地』（鹿島出版会、共編）、『都心・まちなか・郊外の共生』（晃洋書房、共編）他。

［編集、序章、第1章、第2章（共同執筆）、第6章第1・2・4・5節、あとがき］

青木 嵩（あおき・たかし）大阪大学大学院工学研究科助教

一九九一年神奈川県生まれ。二〇一四年関西学院大学総合政策学部都市政策学科卒業。（株）アクタスを経て、二〇二一年同大学院博士後期課程修了。同年四月より現職。博士（学術）。代表論文に「空間自己相関を用いた世代別の郊外駅勢圏居住傾向に関する考察」（日本建築学会・計画系論文集）「兵庫県三木市緑が丘住宅地における中・若年世帯の生活行動の特徴と類型化の考察」（日本都市計画学会、都市計画論文集）他。

［第2章（共同執筆）］

岡絵理子（おか・えりこ）関西大学環境都市工学部建築学科教授

一九六〇年大阪府生まれ。一九八三年京都府立大学生活科学部卒業。一九八五年大阪大学大学院工学研究科博士前期課程修了。都市計画コンサルタント勤務等を経て、二〇〇一年大阪大学大学院博士後期課程修了。大阪大学大学院工学研究科助手、関西大学環境都市工学部准教授、二〇一六年より現職。博士（工学）。著書に『市民自治の育て方』（関西大学出版会、共著）、『和室学』（平凡社、共著）他。

［第3章］

伊丹康二（いたみ・こうじ）

一九七四年大阪府生まれ。一九九七年大阪大学工学部建築工学科卒業。二〇〇三年同大学院博士後期課程修了。豊中市政研究所（現・とよなか都市創造研究所）、大阪大学大学院を経て、二〇一九年より現職。博士（工学）。著書に『公共施設の再編――計画と実践の手引き』（共著、森北出版）。二〇一八年、「観光路線と郊外路線の二面性を持つ林間田園都市駅に対する一提案」で都市住宅学会論説賞受賞。

［第4章］

水野優子（みずの・ゆうこ）武庫川女子大学生活環境学部生活環境学科准教授

一九七一年大阪府生まれ。一九九五年神戸女学院大学文学部卒業。二〇〇二年武庫川女子大学大学院家政学研究科生活環境学専攻修士課程修了。二〇〇五年同大学院生活環境学研究科博士後期課程単位取得満期退学。同大学生活環境学部生活環境学科助教、同講師等を経て、二〇一九年より現職。博士（生活環境学）。著書に『都心・まちなか・郊外の共生』（晃洋書房、共著）、『いま、都市をつくる仕事』（学芸出版社、共著）他。

［第5章］

松根辰一（まつね・しんいち）ソリオ宝塚都市開発（株）常務取締役

一九六〇年東京都生まれ。一九八三年慶応義塾大学法学部政治学科卒業。建築設計事務所勤務等の後、一九九一年阪急電鉄（株）入社。同社西宮北口開発事業室調査役、茶屋町東地区市街地再開発組合事務局長、阪急不動産（株）彩都事業推進部部長、（公財）都市活力研究所主席研究員等を経て、二〇二〇年より現職。一級建築士。

［第6章第3節］

坂田清三（さかた・せいぞう）

一九五二年兵庫県生まれ。一九七六年東京大学工学部都市工学科卒業。一九七九年同大学院修士課程修了。（株）三菱総合研究所を経て阪急電鉄（株）、茶屋町地区再開発などの開発業務を担当。二〇〇九年財団法人都市活力研究所所長。二〇一八年まで公益財団法人都市活力研究所客員研究員。

［補論］

鉄道と郊外　駅と沿線からの郊外再生

2021年8月30日　第1刷発行
2022年8月30日　第2刷発行

編著者　角野幸博
共著者　青木 嵩・岡絵理子・伊丹康二・水野優子・松根辰一・坂田清三

発行者　新妻 充
発行所　鹿島出版会
〒104-0028　東京都中央区八重洲2-5-14
電話 03-6202-5200
振替 00160-2-180883

印刷　壮光舎印刷
製本　牧製本
装丁・本文組版　北田雄一郎

ISBN 978-4-978-4-306-04686-3 C3052
落丁・乱丁本はお取り替えいたします。

本書の内容に関するご意見・ご感想は下記までお寄せ下さい。
URL: https://www.kajima-publishing.co.jp/　　e-mail: info@kajima-publishing.co.jp